U0058285

旗 標 事 業 群

好書能增進知識　提高學習效率　卓越的品質是旗標的信念與堅持

Flag Publishing

http://www.flag.com.tw

Flag Publishing

http://www.flag.com.tw

Microsoft

2016

Excel

使用手冊

The simple,
efficient and effective
way to learn Microsoft Excel

感謝您購買旗標書，
記得到旗標網站
www.flag.com.tw
更多的加值內容等著您⋯

● FB 官方粉絲專頁：旗標知識講堂

● 旗標「線上購買」專區：您不用出門就可選購旗標書!

● 如您對本書內容有不明瞭或建議改進之處，請連上旗標網站，點選首頁的 聯絡我們 專區。

若需線上即時詢問問題，可點選旗標官方粉絲專頁留言詢問，小編客服隨時待命，盡速回覆。

若是寄信聯絡旗標客服emaill，我們收到您的訊息後，將由專業客服人員為您解答。

我們所提供的售後服務範圍僅限於書籍本身或內容表達不清楚的地方，至於軟硬體的問題，請直接連絡廠商。

學生團體　訂購專線：(02)2396-3257 轉 362
　　　　　傳真專線：(02)2321-2545

經銷商　　服務專線：(02)2396-3257 轉 331
　　　　　將派專人拜訪
　　　　　傳真專線：(02)2321-2545

國家圖書館出版品預行編目資料

Microsoft Excel 2016 使用手冊 / 施威銘研究室 著.
-- 臺北市：旗標，西元 2016.05　面；公分

ISBN 978-986-312-327-9 (平裝/附光碟片)

1. Excel 2016 (電腦程式)

312.49E9　　　　　　　　　　　　105001255

作　　者／施威銘研究室

發 行 所／旗標科技股份有限公司

　　　　　台北市杭州南路一段15-1號19樓

電　　話／(02)2396-3257(代表號)

傳　　真／(02)2321-2545

劃撥帳號／1332727-9

帳　　戶／旗標科技股份有限公司

監　　督／楊中雄

執行企劃／林佳怡

執行編輯／林佳怡

美術編輯／林美麗

封面設計／古鴻杰

校　　對／林佳怡

新台幣售價：490 元

西元 2024 年 6 月初版 10 刷

行政院新聞局核准登記-局版台業字第 4512 號

ISBN 978-986-312-327-9

版權所有‧翻印必究

辦公軟體 學習地圖

序 Preface

　　Excel 是目前公司行號及學校使用率最高的試算軟體，不僅可將我們輸入的資料做計算處理，還能進一步分析出有用的資訊。然而多數人都只停留在建立表格資料、簡單計算加總、平均的階段，而錯過了 Excel 最精華的函數、圖表、分析工具。若想好好善用建立的資料，彙整出有助於判斷、決策的資訊，讓你的數字、統計圖表會說話，必定要將 Excel 的功能完整學通。

　　本書從編輯工作表的技巧開始介紹，讓您奠定良好的基礎，接著進一步教您使用各種資料篩選、排序、繪製統計圖表、以及分析資料的工具，例如樞紐分析表、設定格式化的條件、合併彙算、群組與大綱…等等，並透過職場及生活化的範例，讓您學到 Excel 的各項功能。此外還有 Excel 最強的函數功能，我們也以豐富的實例讓您演練函數的應用，包括：財務、統計、數學、參照、日期、時間、文字…等，幫助您面對日後各類的運算、查表需求。

　　最後，我們還要告訴你如何與雲端服務整合，只要申請一組 Microsoft 帳號，就能將 Excel 文件儲存到 OneDrive 網頁空間，不論你在哪裡只要能連上網路，就能編輯 OneDrive 上的 Excel 文件，相當地便利。

施威銘研究室
2016/5/13

本書範例檔案 Sample Files

本書的範例檔案, 請透過網頁瀏覽器 (如:Firefox、Chrome、Microsoft Edge) 連到以下網址, 將檔案下載到你的電腦中, 以便跟著書上的說明進行操作。

範例檔案下載連結:

https://www.flag.com.tw/DL.asp?F6002

(輸入下載連結時, 請注意大小寫必須相同)

將檔案下載到你的電腦中, 只要解開壓縮檔案就可以使用了!

1 點選下載的檔案　　**2** 按下此鈕, 進行解壓縮

3 選擇要將檔案儲存在電腦中的哪個位置

4 按下**解壓縮**鈕即可解開檔案

點開各個資料夾, 即可瀏覽範例檔案, 在檔案上雙按即可開啟

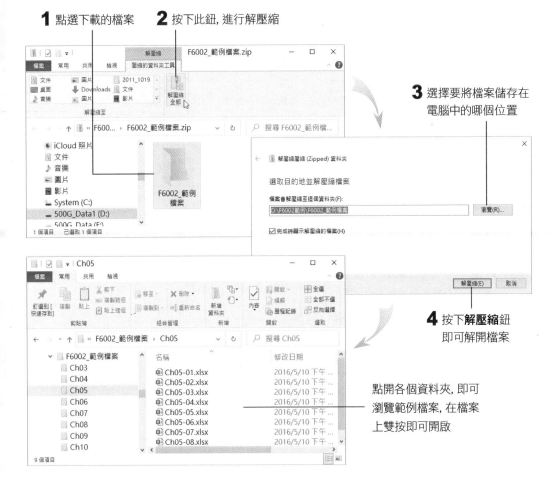

目錄 Contents

PART 01 基礎學習篇

Chapter 1　Excel 入門

1-1　啟動 Excel 與認識工作環境 1-2

啟動 Excel．認識「功能頁次」．認識「功能區」
快速存取工具列．顯示比例工具

1-2　認識活頁簿 1-14

活頁簿與工作表．儲存格與儲存格位址．捲軸．頁次標籤

1-3　結束 Excel 1-16

Chapter 2　建立 Excel 文件

2-1　開新檔案與切換活頁簿視窗 2-2

建立新活頁簿．切換活頁簿視窗

2-2　在儲存格中輸入資料 2-4

資料的種類．輸入資料的程序．修改儲存格資料．取代儲存格資料
輸入多行資料．清除儲存格內容．復原與取消復原操作

2-3　資料的顯示方式與調整儲存格寬度 2-11

數字資料超出儲存格寬度．文字資料超出儲存格寬度．調整儲存格的寬度

2-4　選取儲存格的技巧 2-13

選取連續的多個儲存格．選取不相鄰的多個儲存格
選取整欄或整列．選取整張工作表

節省設計表格時間－套用活頁簿範本 2-17

Chapter 3　工作表的操作與存檔、開啟舊檔

3-1　工作表的操作 3-2

建立新工作表・為工作表命名・設定頁次標籤顏色・刪除工作表

3-2　儲存檔案與傳送給他人 3-5

第一次存檔・存檔並以 E-mail 傳送
儲存成不可修改內容的 PDF 或 XPS 檔案格式

3-3　開啟活頁簿檔案 3-11

使用『開啟舊檔』命令・開啟最近使用過的檔案・版本的相容性

PART 02　工作表篇

Chapter 4　加快輸入資料的方法

4-1　資料的規則 4-2

哪些資料可以加速輸入・加速輸入資料的四種方法

4-2　自動完成－輸入出現過的資料 4-3

4-3　從下拉式清單挑選輸入過的資料 4-4

4-4　自動填滿－快速填滿相同的內容 4-6

填滿選取範圍・自動填滿選項

4-5　建立等差、日期及等比數列 4-9

數列的類型・利用「填滿控點」建立等差數列・利用「填滿控點」建立日期數列
利用「填滿控點」建立自動填入數列・建立等比數列

4-6　自訂自動填入數列 4-14

自訂清單・刪除自訂數列

4-7　資料驗證 4-17

設定輸入提示訊息・設定資料驗證準則
設定錯誤提醒訊息・清除資料驗證

實用知識 輸入資料的省時妙招 4-21

Chapter 5　公式與函數

5-1　建立公式 5-2

公式的表示法‧輸入公式‧更新公式計算的結果

5-2　相對參照位址與絕對參照位址 5-5

相對與絕對參照的差異‧相對與絕對參照的使用
混合參照的使用

5-3　使用 Excel 函數 5-10

函數的格式‧輸入函數 – 使用函數方塊
輸入其它函數 –「插入函數」交談窗
從工作表函數清單輸入函數‧變更引數設定

5-4　自動計算功能 — 選取範圍即自動計算 5-17

使用自動計算‧自動計算的功能項目

5-5　在公式中使用名稱 5-19

命名的原則‧定義名稱‧在公式中貼上名稱‧刪除名稱

5-6　公式與函數的校正與除錯 5-22

公式自動校正‧範圍搜尋─表示公式參照位址
公式稽核‧追蹤錯誤

5-7　利用錯誤檢查選項鈕除錯 5-27

使用錯誤檢查功能‧關閉錯誤檢查功能
利用「錯誤檢查鈕」執行錯誤檢查

Chapter 6　工作表的編輯作業

6-1　複製儲存格資料 6-2

先複製再貼上‧以拉曳方式進行複製‧插入複製的資料

6-2　搬移儲存格資料 6-6

先剪下再貼上‧以拉曳方式進行搬移‧插入搬移的資料

6-3　複製與搬移對公式的影響 6-8

複製公式的注意事項‧搬移公式的注意事項

6-4　選擇性貼上 — 複製儲存格屬性 6-10

複製儲存格屬性‧選擇性貼上
「貼上選項」鈕‧交換欄列資料

6-5 Office 剪貼簿的使用方法 6-14

開啟 Office 剪貼簿・收集資料項目・貼上剪貼簿中的資料項目
清除剪貼簿資料・Office 剪貼簿的使用時機與限制

6-6 儲存格的新增、刪除與清除 6-19

插入空白欄、列・刪除欄、列・插入空白儲存格
刪除儲存格・清除儲存格資料

6-7 儲存格的註解 6-23

加上註解・檢視註解・顯示或隱藏註解
修改註解・刪除註解

6-8 工作表的選取、搬移與複製 6-26

選取工作表・搬移工作表・複製工作表

Chapter 7　儲存格的美化與格式設定

7-1 儲存格的文字格式設定 7-2

變更儲存格內的文字格式・變更儲存格中個別的文字格式

7-2 數字資料的格式化 7-4

直接輸入數字格式・以「數值格式」列示窗設定格式
由「數值」區設定各種數字格式

7-3 設定儲存格的樣式 7-6

套用儲存格樣式・套用「佈景主題」

7-4 日期和時間的格式設定 7-9

輸入日期與時間・更改日期的顯示方式
計算兩個日期間相隔的天數・計算數天後的日期

7-5 資料對齊、方向、自動換列與縮小功能 7-14

設定儲存格資料的水平及垂直對齊方式・設定文字的方向
讓文字配合欄寬自動換列・讓文字配合欄寬自動縮小

7-6 儲存格的框線與圖樣效果 7-16

為儲存格加上框線・在儲存格中填色或加上圖樣效果
快速套用相同的儲存格格式

7-7 尋找與取代儲存格格式 7-20

尋找儲存格格式・取代儲存格格式

一次刪除空白儲存格所在的資料列 7-24

Chapter 8　利用視覺化圖形表達數據特徵

8-1　利用「格式化條件」分析數據資料.. 8-2

實例 1：分析考試成績
實例 2：分析書籍排行榜資料
實例 3：查詢業務員業績
實例 4：用「資料橫條」規則標示業績數據高低
實例 5：用「色階」規則標示 DVD 租借次數
實例 6：用「圖示集」規則標示學生成績

8-2　繪製走勢圖快速了解數據 8-18

實例 1：用「折線圖」了解每一個業務的業績狀況，調整走勢圖的格式
實例 2：建立書籍月銷售資料的直線圖
實例 3：利用輸贏分析圖觀察原物料的庫存狀態

Chapter 9　函數實例應用

9-1　統計函數 9-2

插入統計函數，AVERAGE、MAX、MIN—計算平均及最大、最小值
COUNTA 函數－計算非空白儲存格個數，COUNTIF 函數－計算符合條件的個數
FREQUENCY 函數－計算符合區間的個數

9-2　財務函數 9-13

PV 函數－計算現值，FV 函數－計算未來值，PMT 函數－計算每期的數值
RATE 函數－計算利率，NPER 函數－計算期數

9-3　數學與三角函數 9-19

RANDBETWEEN 函數－求得亂數，SUMIF 函數－計算符合條件的總和
ROUND 函數－將數字四捨五入

9-4　邏輯函數 9-23

IF 函數－判斷條件，AND 函數－條件全部成立
OR 函數－有一項條件成立

9-5　檢視與參照函數 9-28

VLOOKUP 函數－自動查表填入資料
HLOOKUP 函數－在清單中尋找特定值
INDEX 函數－傳回指定欄列交會值
MATCH 函數－傳回陣列中符合條件的儲存格內容

9-6　日期及時間函數 9-37

TODAY 函數－傳回現在系統的日期‧DATEDIF 函數－計算日期間隔

9-7　文字函數 9-39

LEFT 函數－擷取左起字串
RIGHT 函數－擷取右起字串
MID 函數－擷取指定位置、字數的字串
CONCATENATE 函數－組合字串

Chapter 10　活頁簿與工作表的管理與保護

10-1　並排多個活頁簿或工作表 10-2

多重視窗的排列‧檢視同一本活頁簿的不同工作表

10-2　分割與凍結視窗－讓欄位名稱固定顯示 10-7

分割視窗‧凍結窗格‧使用『監看視窗』觀察儲存格值的變化

10-3　隱藏欄、列、工作表與活頁簿 10-13

隱藏欄與列‧取消隱藏欄與列‧隱藏活頁簿視窗‧隱藏工作表‧取消工作表的隱藏

10-4　為重要活頁簿設定開啟及防寫密碼 10-17

設定保護密碼防止開啟檔案‧設定防寫密碼避免修改內容‧取消密碼設定

10-5　限制工作表的增刪 10-21

保護活頁簿的結構‧取消活頁簿結構的保護

10-6　自訂工作表的保護範圍與限制操作 10-23

設定工作表的保護項目‧只保護部分儲存格範圍
解除保護狀態‧設定允許使用者編輯的範圍

實用知識　巨集病毒的防護 10-31

PART 03 圖表與列印篇

Chapter 11 建立圖表

11-1 圖表類型介紹 11-2

11-2 建立圖表物件 11-8

建立銷售圖．將圖表移動到新工作表中

11-3 調整圖表物件的位置及大小 11-11

移動圖表的位置．調整圖表的大小
調整圖表文字的大小

11-4 認識圖表的組成項目 11-13

11-5 變更圖表類型 11-16

選取資料來源範圍與圖表類型的關係
更換成其他圖表類型

11-6 變更資料範圍 11-19

Chapter 12 圖表的編輯與格式化

12-1 選取圖表項目 12-2

利用「圖表工具提示」辨識選取對象
使用下拉列示窗來選取圖表項目．取消選取圖表項目

12-2 快速變換圖表的版面配置及樣式 12-4

變換圖表的版面配置．更換圖表的樣式

12-3 編輯圖表項目 12-7

修改圖表標題．將圖表文字與來源資料連結．刪除圖表文字

12-4 手動加入圖表項目 12-10

替圖表加上標題．加入「座標軸標題」．調整「圖例」的位置
加上「資料標籤」讓圖表更容易理解．在圖表中顯示來源數據
調整「座標軸」的位置及顯示單位．加上「格線」

12-5 變換圖表的背景 12-18

替「圖表牆」與「圖表底板」填上背景
繪圖區的美化．立體圖表的旋轉

12-6 套用現成的圖案樣式美化圖表 12-25

套用「圖案樣式」・進一步調整圖案樣式的色彩、框線及立體效果

Chapter 13　快速列印工作表、圖表與列印設定

13-1 快速列印工作表 13-2

列印檔案・指定要列印的印表機・指定列印對象
設定列印的頁次・指定列印份數・預覽列印結果

13-2 在頁首、頁尾加入報表資訊 13-5

插入內建的頁首及頁尾樣式・自訂頁首、頁尾內容

13-3 調整頁面四周留白的邊界 13-8

13-4 設定列印方向與縮放列印比例 13-10

變更列印方向・放大或縮小列印比例
在列印前迅速調整版面設定

13-5 列印工作表格線與欄列標題 13-13

列印工作表格線・列印工作表的欄、列標題

13-6 單獨列印圖表物件 13-16

Chapter 14　列印的進階設定

14-1 分頁與分頁預覽模式 14-2

在「分頁預覽」模式檢視分頁結果・調整自動分頁線
手動為文件分頁・取消手動分頁線

14-2 設定跨頁的欄、列標題 14-8

14-3 指定列印範圍 14-11

14-4 為同一份工作表建立不同的檢視模式 14-13

建立自訂檢視模式・切換到自訂檢視模式
刪除自訂檢視模式

實用的知識 列印不連續的範圍 14-16

Chapter 15　使用「表格」管理大量資料

15-1 何種資料適合用「表格」功能來管理 15-2

　　表格的組成

15-2 建立表格資料 15-4

　　將工作表中的資料建立成表格．由現成的檔案匯入資料

15-3 表格資料的操作 15-9

　　修改表格資料的範圍．新增或刪除表格資料
　　插入「合計列」．更換表格樣式．將「表格」轉換為一般的資料

15-4 排序資料 15-15

　　如何決定排序．以單一欄位排序．多欄位的排序

15-5 善用「自動篩選」功能找出需要的資料 15-18

　　篩選出需要的資料．清除篩選條件．自訂篩選條件
　　依色彩篩選．移除自動篩選箭頭

15-6 自動小計功能 15-25

　　自動小計的三大要素．使用小計功能
　　「小計」功能的其他設定．取消小計列

15-7 群組及大綱 15-29

　　建立大綱．大綱符號．大綱的應用．自訂大綱

實用的知識　核算個人收支－使用「合併彙算」功能 15-34

Chapter 16　樞紐分析表及樞紐分析圖

16-1 認識樞紐分析表 16-2

　　樞紐分析表的應用．樞紐分析表的組成元件

16-2 建立樞紐分析表 16-5

　　設定資料來源．設定樞紐分析表的位置
　　版面配置．刪除樞紐分析表

16-3 新增及移除樞紐分析表的欄位 16-10

新增樞紐分析表欄位‧移除樞紐分析表欄位

16-4 調整樞紐分析表的欄位 16-12

顯示或隱藏欄位中的項目‧調整欄位的排列順序

16-5 設定樞紐分析表的篩選欄位 16-14

設定分頁欄位‧使用交叉分析篩選器

16-6 更新樞紐分析表 16-17

16-7 改變資料欄位的摘要方式 16-18

改變摘要方式‧新增計算欄位

16-8 美化樞紐分析表 16-22

套用樞紐分析表樣式‧移除套用的樞紐分析表樣式

16-9 繪製樞紐分析圖 16-24

建立樞紐分析圖‧調整樞紐分析圖的欄位及項目

PART 05　網路應用篇

Chapter 17　將 Excel 文件儲存到雲端

17-1 將文件儲存到 OneDrive 網路硬碟 17-2

從「另存新檔」交談窗中將文件儲存到雲端‧使用瀏覽器上傳檔案到 OneDrive

17-2 從 OneDrive 開啟與修改文件內容 17-11

透過 「Excel Online」 來開啟檔案

17-3 與他人共享網路上的 Excel 文件 17-14

傳送檔案連結給朋友‧檢視共享的試算表檔案

Chapter 18　透過網路運用活頁簿

18-1 在活頁簿裡建立超連結 18-2

　　建立超連結‧「插入超連結」交談窗的設定
　　編輯與移除超連結‧輸入網址時自動套用格式

18-2 將活頁簿存成網頁 18-9

18-3 將網頁上的資料匯入 Excel 18-12

　　複製網頁資料‧將網頁資料匯入活頁簿並進行更新

附錄

附錄 A　自訂功能區

A-1 建立自訂的頁次標籤、功能區和按鈕 A-2

　　新增頁次標籤‧移除自訂頁次標籤、功能區、按鈕

A-2 調整頁次、功能區、按鈕的排列順序 A-7

CHAPTER

1

Excel 入門

這一章我們要啟動 Excel, 並逐步帶您認識 Excel 的工作環境, 接著再為您說明活頁簿、工作表、儲存格與儲存格位址的關係, 為之後的學習奠定基礎。

- 啟動 Excel 與認識工作環境
- 認識活頁簿
- 結束 Excel

1-1 啟動 Excel 與認識工作環境

Microsoft Excel 是一套功能完整、操作簡易的電子試算表軟體, 提供豐富的函數及強大的圖表、報表製作功能, 可以幫助您有效率地建立與管理資料。

在 Excel 97、XP、2003 等版本中, 大部份的功能都收納在功能表內, 必須一一展開功能表選單才能執行各種命令; 而 Excel 2007/2010/2013/2016 的操作介面則是將各項操作功能都整合為工具按鈕, 只要點選按鈕就能執行各種命令, 讓操作更為便捷。以下就為您說明 Excel 2016 的介面操作方式, 讓您快速上手!

啟動 Excel

現在就請執行『開始/所有程式/Excel 2016』命令啟動 Excel, 啟動後會看到如下的畫面, 你可以在此點選 Excel 提供的各種範本, 或是點選空白活頁簿, 建立一份空白的活頁簿來認識 Excel 的操作環境。

請點選空白活頁簿

啟動 Excel 後, 您可別被這些密密麻麻的格子, 以及看似複雜的工具按鈕給嚇到了, 底下我們將逐步帶您認識 Excel 的工作環境。

快速存取工具列　　　　功能頁次　　　　　　　　　　　　　　　　功能區

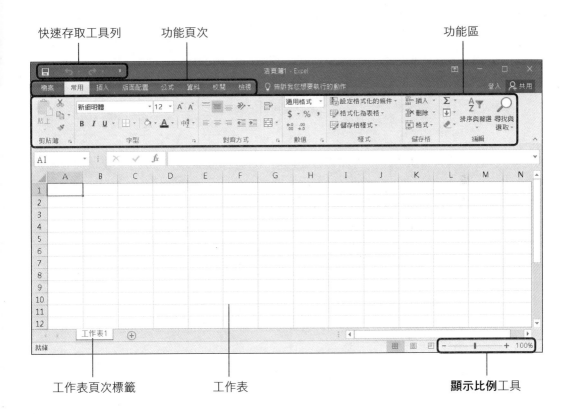

工作表頁次標籤　　　　　工作表　　　　　　　　　　　　　　**顯示比例**工具

認識「功能頁次」

Excel 將所有的功能操作分別歸納為 8 大頁次, 包括**檔案、常用、插入、版面配置、公式、資料、校閱**及**檢視**, 各頁次中收錄相關的功能群組, 方便使用者切換、選用。例如**常用**功能頁次裡的功能就是屬於基本的操作功能, 像是文字的字型、對齊方式等設定。

在功能頁次上按一下, 即可切換到該頁次

▲ 目前在**常用**頁次下

▲ 切換到**版面配置**頁次了

認識「功能區」

每個**功能頁次**又分為數個**功能區**, 放置了編輯工作表時需要使用的工具按鈕。開啟 Excel 時預設會顯示**常用**頁次下的工具按鈕, 若你切換到其它的功能頁次, 便會改為顯示該頁次所包含的功能區和按鈕。

目前顯示**常用**頁次的工具按鈕

依功能還會再區隔成數個
區塊, 例如此處為**字型**區

當我們要進行某一項工作時, 就先點選**功能區**上方的**功能頁次**, 再從中選擇所需的工具鈕。例如我們想在工作表中插入 1 張圖片, 便可如下操作:

1 切換到**插入**頁次

2 按下**圖例**區的**圖片**鈕, 即可開啟交談窗讓我們選取要插入的圖片

與圖片、圖形有關的功能, 都可以在**圖例**區中找到

我們在介紹**功能區**的操作時, 統一以「切換至 AA 頁次, 按下 BB 區的 CC 鈕」來表示, 其中 AA 表示頁次名稱、BB 是按鈕所在的區域、CC 則是按鈕名稱, 例如要在工作表插入圖片的動作, 我們會簡化為「請切換至**插入**頁次, 按下**圖例**區的**圖片**鈕」。

另外, 為了避免整個畫面太凌亂, 有些頁次標籤會在需要使用時才顯示。例如當您在工作表中插入了一個圖表物件, 選取圖表後, 與圖表有關的工具才會顯示出來:

美化及調整圖表屬性的相關工具, 都放在**圖表工具**頁次下

螢幕尺寸及視窗大小會影響功能區的顯示方式

如果使用尺寸較小的螢幕, 功能區有可能因為無法容納所有的按鈕和名稱, 而將部份按鈕縮小並省略按鈕名稱:

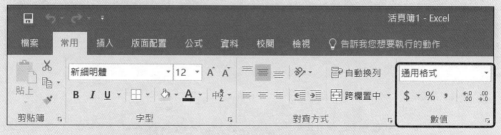

▲ 當螢幕尺寸 (或 Excel 視窗) 夠大, 會顯示較多按鈕

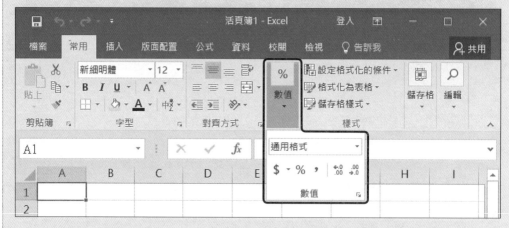

▲ 當螢幕尺寸較小 (或縮小 Excel 視窗), 部分按鈕會收合成一個圖示, 得按下按鈕來展開

在**功能區**中按下 ▫ 鈕, 還可以開啟專屬的「交談窗」或「工作窗格」來做更細部的設定。例如我們想要美化儲存格中的文字, 就可以切換到**常用**頁次, 按下**字型**區右下角的 ▫ 鈕, 開啟**儲存格格式**交談窗來設定。

1 切換到**常用**頁次　　　**2** 按下此鈕

3 開啟交談窗做更細部的設定

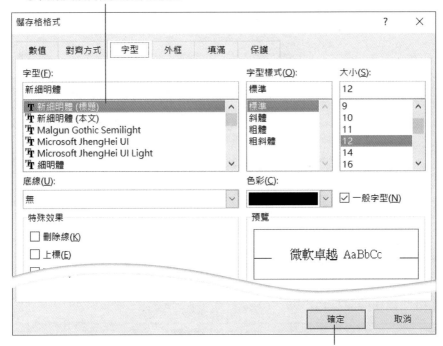

4 設定完畢再按此鈕關閉交談窗

隱藏與顯示「功能區」

如果覺得**功能區**佔用太大的版面位置, 可以將**功能區**隱藏起來, 待需要時再顯示。隱藏功能區的方法如下：

按下此鈕

▲ 目前**功能區**是完整顯示

▲ 將**功能區**隱藏起來

將**功能區**隱藏起來後，要再度使用**功能區**時，只要將滑鼠移到任一個頁次上按一下即可開啟；然而當滑鼠移到其它地方再按下左鈕時，**功能區**又會自動隱藏了。

將滑鼠移到任何一個功能頁次上按一下，即會再度出現功能區

按下此鈕，可固定功能區

如果要固定顯示**功能區**，請按下**功能區顯示選項**鈕 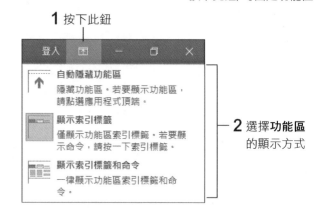，選擇**顯示索引標籤和命令**項目，則會同時顯示最上面的頁次標籤及各個功能按鈕；若是選擇**顯示索引標籤**項目，只會顯示**檔案、常用、插入**…等頁次標籤。

1 按下此鈕

2 選擇**功能區**的顯示方式

若選擇**自動隱藏功能區**項目，會將視窗最大化，並隱藏整個**功能區**變成如下的畫面：

按下此鈕，會暫時顯示**功能區**的頁次標籤及按鈕，當你繼續編輯文件時，**功能區**就會自動隱藏起來

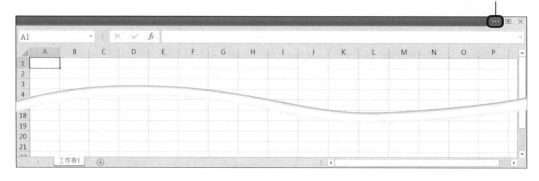

「檔案」頁次

在 Excel 主視窗的左上角, 有一個特別的頁次, 那就是**檔案**頁次, 切換到此頁次可以執行與檔案有關的命令, 例如開新檔案、開啟舊檔、列印、傳送檔案…等。

按一次此鈕, 可關閉此頁次, 回到之前所在的編輯畫面

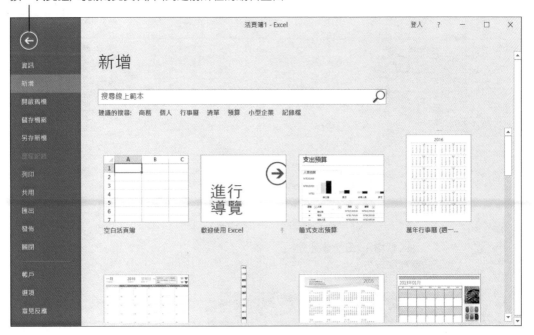

快速存取工具列

快速存取工具列顧名思義就是將常用的工具擺放於此, 幫助您快速完成工作。預設的**快速存取工具列**只有 3 個常用的工具, 分別是**儲存檔案、復原**及**取消復原**, 如果想將自己常用的工具也加在此區, 請按下 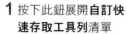 鈕進行設定。

1 按下此鈕展開**自訂快速存取工具列**清單

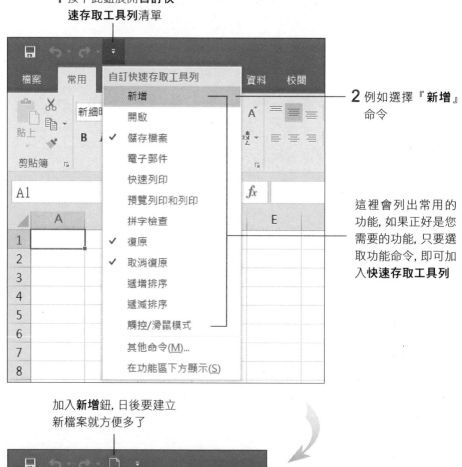

2 例如選擇『**新增**』命令

這裡會列出常用的功能, 如果正好是您需要的功能, 只要選取功能命令, 即可加入**快速存取工具列**

加入**新增**鈕, 日後要建立新檔案就方便多了

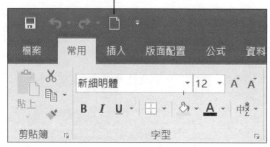

將常用操作放入「快速存取工具列」

如果您經常使用的命令不在清單中，您可以執行『**其他命令**』命令，開啟 **Excel 選項**交談窗來設定：

1 按下此鈕

2 選擇此命令

3 在此列表中選擇命令
（例如選擇**插入工作表列**）

4 按下**新增**鈕

這裡會列出已加入**快速存取工具列**的命令

5 按下**確定**鈕

剛才選取的**插入工作表列**功能已經加到**快速存取工具列**了

調整「快速存取工具列」的位置

按下 ⁊ 鈕還可設定工具列的位置。如果選擇『**在功能區下方顯示**』命令, 可將**快速存取工具列**移至**功能區**下方:

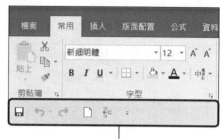

將**快速存取工具列**移至**功能區**的下方

顯示比例工具

視窗右下角是**顯示比例**區, 顯示目前工作表的檢視比例, 按下 ➕ 可放大工作表的顯示比例, 每按一次放大 10%, 例如 90% → 100% → 110%...; 反之按下 ➖ 鈕會縮小顯示比例, 每按一次則會縮小 10%, 例如 110% → 100% → 90%...。或者您也可以直接拉曳中間的滑動桿, 往 ➕ 鈕方向拉曳可放大顯示比例; 往 ➖ 鈕方向拉曳可縮小顯示比例。

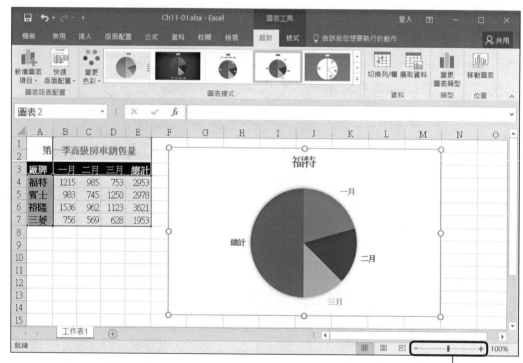

可利用按扭或滑動桿來調整顯示比例

 放大或縮小工作表的顯示比例, 並不會放大或縮小字型, 也不會影響列印出來的結果, 只是方便我們在螢幕上檢視而已。

底下是 2 種不同縮放比例的顯示結果, 提供您當作編輯工作表內容時的參考:

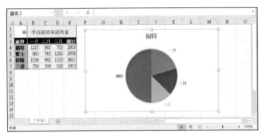

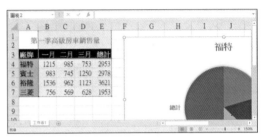

▲ 顯示比例為 100% 時的工作表　　　　▲ 顯示比例為 150% 時的工作表
　 內容, 適合編輯資料　　　　　　　　　　 內容, 適合檢視細部資料

 若您的滑鼠附有滾輪, 只要按住 Ctrl 鍵再滾動滾輪, 即可快速放大、縮小工作表的顯示比例。

　　此外, 你也可以按下**縮放比例**鈕, 由**顯示比例**交談窗來設定顯示比例, 或自行輸入想要顯示的比例。

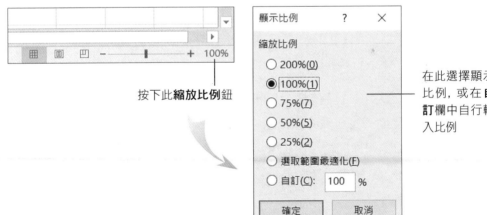

按下此**縮放比例**鈕

在此選擇顯示比例, 或在**自訂**欄中自行輸入比例

　　當設定的值小於 100%, 表示要縮小顯示比例;大於 100%, 則表示要放大。若按下**選取範圍最適化**項目, 則 Excel 會根據您在工作表上選定的範圍來計算縮放比例, 使這個範圍剛好填滿整個活頁簿視窗。

 若切換至**檢視**頁次, 亦可利用其中**顯示比例**區的按鈕, 快速切換工作表的顯示比例。

認識活頁簿

這一節我們要帶您來認識 Excel 的活頁簿檔案, 包括活頁簿與工作表的關係, 以及工作表中如何定義儲存格位置, 還有工作表的捲軸操作技巧等, 熟悉這些操作, 日後的學習將會更加輕鬆哦！

活頁簿與工作表

活頁簿是 Excel 使用的檔案架構, 我們可以將它想像成是一本活頁夾, 在這個活頁夾裡面有許多活頁紙, 這些活頁紙對 Excel 而言, 就是所謂的**工作表**：

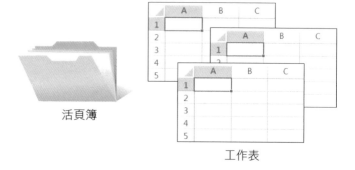

活頁簿

工作表

儲存格與儲存格位址

工作表內的方格稱為**儲存格**, 我們所輸入的資料便是排放在一個個的儲存格中。在工作表的上面有每一欄的**欄標題** A、B、C、…, 左邊則有各列的**列標題** 1、2、3、…, 將欄標題和列標題組合起來, 就是儲存格的「位址」。例如工作表最左上角的儲存格位於第 A 欄第 1 列, 其位址便是 A1；同理, E 欄的第 3 列儲存格, 其位址就是 E3。

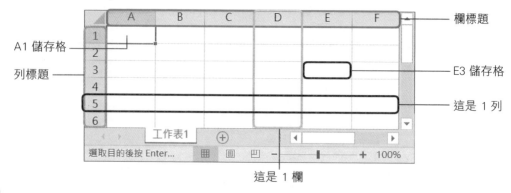

A1 儲存格

列標題

欄標題

E3 儲存格

這是 1 列

工作表1

選取目的後按 Enter... 100%

這是 1 欄

捲軸

　　一張工作表共有 16,384 欄 (A ~ XFD) × 1,048,576 列 (1 ~ 1,048,576), 相當於 17,179,869,184 儲存格。這麼大的一張工作表, 不論是 17、21、24 吋的螢幕都容納不下。不過沒關係, 我們可以利用活頁簿視窗的捲軸, 將工作表的各個部份分批捲到螢幕上來。捲軸的前後端各有一個**捲動鈕**, 中間則有一個**滑動桿**, 底下我們以垂直捲軸來說明其用法 (水平捲軸的用法也是一樣, 不過它捲動的對象是「欄」):

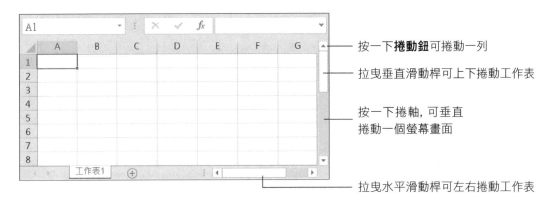

按一下**捲動鈕**可捲動一列

拉曳垂直滑動桿可上下捲動工作表

按一下捲軸, 可垂直捲動一個螢幕畫面

拉曳水平滑動桿可左右捲動工作表

 在拉曳滑動桿時若搭配 Shift 鍵 (即按住 Shift 鍵再拉曳滑動桿), 便能快速捲動工作表。

頁次標籤

　　每一本新的活頁簿預設只有 1 張空白工作表, 工作表中會有一個**頁次標籤 (工作表 1)**, 你可以按下 ⊕ 鈕來建立新的工作表, 利用**頁次標籤**, 可以區分不同的工作表。

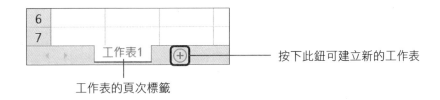

按下此鈕可建立新的工作表

工作表的頁次標籤

 一本活頁簿中可以有數張工作表, 目前顯示在螢幕上的那張工作表稱為**作用工作表**, 也就是您現在編輯的對象。若想要編輯其它的工作表, 只要按下該工作表的頁次標籤即可將它切換成**作用工作表**。有關工作表的操作, 我們在第 3 章還會再做說明。

1-3 結束 Excel

認識 Excel 的工作環境後，我們先稍作休息，學習如何關閉剛才練習的活頁簿視窗及 Excel 程式。

每建立或開啟一份活頁簿就會產生一個視窗，要關閉檔案只要按下視窗右上角的**關閉**鈕 ✕ 即可；若目前只有一個活頁簿，按下 ✕ 鈕就會同時結束 Excel。若是開啟多份活頁簿，則要關閉所有活頁簿視窗才會結束 Excel 程式。

按此鈕關閉活頁簿檔案

 按住 Ctrl 鍵再按 W 鍵，或按住 Alt 鍵再按 F4 鍵，可關閉目前編輯中的活頁簿檔案。

🗄 出現提示存檔訊息

按下活頁簿視窗的**關閉**鈕後，若 Excel 沒有直接關閉，而是出現下面的詢問訊息，別緊張，這表示您剛才曾在 Excel 視窗中做過輸入或編輯的動作，所以 Excel 才特別提醒您是否要存檔：

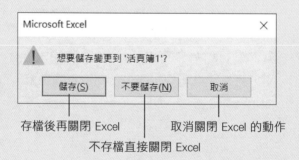

存檔後再關閉 Excel   取消關閉 Excel 的動作

不存檔直接關閉 Excel

由於目前我們尚未有正式的編輯動作，所以請您先按下**不要儲存**鈕，以不存檔方式直接關閉 Excel。

看完了本章的介紹，相信您對 Excel 已經不會感到陌生了吧！有了這些基本的概念之後，要深入學習 Excel 的各項功能也就變的容易多囉！

CHAPTER

2

建立 Excel 文件

本章將帶你快速了解建立新活頁簿與切換活頁
簿的方法，還有如何在儲存格中輸入與選取資
料，學會這些基本的資料輸入，就可以從無到有
建立你的第一份活頁簿檔案。

- 開新檔案與切換活頁簿視窗

- 在儲存格中輸入資料

- 資料的顯示方式與調整儲存格寬度

- 選取儲存格的技巧

- 節省設計表格時間－套用活頁簿範本

2-1 開新檔案與切換活頁簿視窗

在第 1 章中我們介紹過，啟動 Excel 後按下空白活頁簿範本會建立一份空白的活頁簿讓你編輯，但如果想再建立另一份新的活頁簿該怎麼做呢？還有建立了多個活頁簿該怎麼切換呢？本節將為你說明這些操作。

建立新活頁簿

當你建立好一份活頁簿，但想再建立另一份新活頁簿來做對照，請切換到**檔案**頁次如下操作：

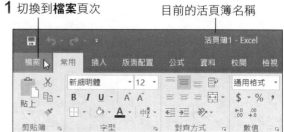

1 切換到**檔案**頁次

目前的活頁簿名稱

2 點選**新增**項目

3 按下**空白活頁簿**

▶ 建立一份新的活頁簿

如果想要快速建立一份新活頁簿檔案, 直接按下 **Ctrl** + **N** 鍵即可。

　　每開啟一份新的活頁簿檔案, Excel 會依序以**活頁簿 1**、**活頁簿 2**、…來命名, 若要重新替活頁簿命名, 可在儲存檔案時做變更 (請參閱 3-2 節)。

切換活頁簿視窗

　　請利用剛才所學的方法, 再建立一份新活頁簿, 然後仔細觀察螢幕最下方的工作列, 您會發現在 Excel 工作鈕後方又再重疊了另一個工作鈕, 只要按一下工作鈕, 便能如圖顯示目前開啟的活頁簿視窗, 並進行切換:

按一下**工作鈕**, 即可選擇要將哪個
活頁簿視窗切換到最上層來編輯

　　除了使用**工作鈕**來切換活頁簿視窗之外, 還可以切換到**檢視**頁次, 在**視窗**區中按下**切換視窗**鈕來選擇活頁簿視窗:

檔名前有打勾符號, 表　　按一下即可將此活頁
示為作用活頁簿檔案　　簿切換為作用活頁簿

顯示目前 Excel 中所有已開啟的活頁簿檔案

2-2 在儲存格中輸入資料

每一份活頁簿預設只有 1 張工作表，其名稱為工作表 1。而工作表中一個一個的方格稱為「儲存格」，我們所輸入的資料就是擺放在儲存格中。

資料的種類

在輸入資料前，我們先認識一下儲存格的資料種類。儲存格的資料可分成兩類：一種是可計算的**數字資料** (包括日期、時間)，另一種則是不可計算的**文字資料**。

數字資料

數字資料是由數字 0~9 及一些符號 (如小數點、+、−、$、%…) 所組成，例如 15.36、-99、$350、75% 等都是數字資料。此外，日期與時間資料，例如 **2016/6/10**、**8：30 PM**，在儲存格中可以多種格式來顯示，如 **2016 年 6 月 10 日**、**10-Jun-16**…，這些也都屬於可運算的數字資料 (例如將當天日期與生日相減可求得年齡)。

文字資料

文字資料包括：中文字元、英文字元、文字與數字的組合 (如身份證號碼)。此外，數字資料有時亦會被當成文字輸入，如：電話號碼、郵遞區號等。

輸入資料的程序

認識儲存格的資料種類後，現在我們要練習在儲存格中輸入資料。不管是文字資料或數字資料，其輸入程序都是一樣的，底下我們以文字資料來做示範：

STEP 01 **選取儲存格**。將滑鼠指標移到欲選取儲存格的內部，然後按一下左鈕，即可選取該儲存格。例如我們要在 B2 儲存格中輸入資料，則在 B2 儲存格中按一下，選取 B2 做為存放輸入資料的儲存格：

名稱方塊會顯示作用儲存格的位址

作用儲存格的欄、列標題編號會變成灰底綠字

1 在 B2 儲存格按一下

2 此時狀態列會顯示**就緒**, 表示可以開始輸入資料了

STEP 02 **輸入資料**。請鍵入 "型號" 兩個字, 在輸入資料時環境會有些變化, 請看下圖的說明:

輸入資料時, **資料編輯列**還會出現**取消**鈕及**輸入**鈕

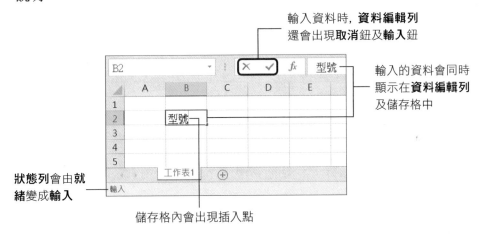

輸入的資料會同時顯示在**資料編輯列**及儲存格中

狀態列會由**就緒**變成**輸入**

儲存格內會出現插入點

🗄 **輸入資料時的注意事項**

- 輸入資料時若發現打錯字了, 可按 ⬅Backspace 鍵消去插入點前的一個字元, 或按 Delete 鍵消去插入點後的一個字元, 重新輸入。

- 在**輸入**模式下, 當資料尚未輸入完畢, 就按下 ↑、↓、←、→ 方向鍵時, 會視為已輸入完成並移動到另一個作用儲存格, 回到**就緒**模式。若要修改, 則再按方向鍵回到原儲存格即可。

👤 若按下 ↑、↓、←、→ 方向鍵無法移動儲存格, 而是捲動工作表時, 請按一下鍵盤上的 Scroll Lock 鍵, 將 Scroll Lock 燈關掉 (該按鍵通常位於方向鍵的上方區域), 就可以正常使用方向鍵了。

STEP 03 **確定資料**。請按 Enter 鍵或是**資料編輯列**的**輸入鈕** ☑ 確認，Excel 便會將資料存入 B2 儲存格並回到**就緒**模式：

若在輸入的過程中打錯字，可按下 Esc 鍵或**資料編輯列**的**取消鈕** ☒ 鈕，放棄剛才的輸入動作，那麼資料便不會存入儲存格中。

STEP 04 輸入數字資料的方法也是一樣：選取儲存格 → 鍵入資料 → 確認，您可以自己試看看。輸入一格資料後，可按下 Enter 鍵來確認，此時作用儲存格會往下移一格。此外，按下 Tab 鍵也可確認資料的輸入，但作用儲存格會往右移一格，以便繼續輸入其他資料。

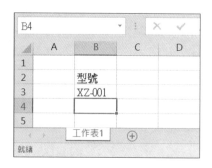

STEP 05 接下來就請大家練習一下，依照步驟 1 到 3 的說明繼續輸入如圖的資料：

	A	B	C	D	E
1					
2		型號	顏色	單價	庫存
3		XZ-001	晶鑽紅	920	650
4		RU-052	時尚金	600	850
5		TX-933	典雅黑	1200	1800
6					
7					

輸入這個資料範圍時，建議你採用一列一列的方式，即輸入一個儲存格後按 Tab 鍵移到右邊一格繼續輸入，當你在此資料範圍的最後一個儲存格按下 Enter 鍵，則 Excel 會自動跳至此資料範圍的第一欄，方便你繼續輸入資料

注意觀察上圖，您有沒有發現，Excel 在顯示資料時，預設會自動將文字資料「靠左對齊」，而將數字資料「靠右對齊」喔！

 如果想調整對齊的位置，可切換到**常用**頁次，在**對齊方式**區中調整，詳細說明請參考 7-5 節。

修改儲存格資料

D3 儲存格的正確內容應為 850, 但誤打為 920, 我們想修改成正確的數字:

01 請雙按 D3 儲存格, 進入編輯模式:

出現**取消鈕**和**輸入鈕**

| D3 | | | × | ✓ | fx | 920 |

	A	B	C	D	E	F
1						
2		型號	顏色	單價	庫存	
3		XZ-001	晶鑽紅	920	650	
4		RU-052	時尚金	600	850	
5		TX-933	典雅黑	1200	1800	
6						

工作表1

編輯

雙按儲存格以後, 便出現插入點

變成**編輯**模式

選取欲修改的儲存格, 再按 F2 鍵, 也可以進入編輯模式。

02 將插入點移到第一個數字 9, 按 Delete 鍵, 將 920 刪除。

03 接著輸入 "850" 並按 Enter 鍵 (或**輸入鈕** ✓), 就完成修改資料的動作了。

修改完成

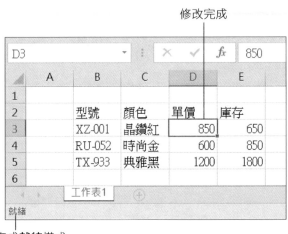

| D3 | | | × | ✓ | fx | 850 |

	A	B	C	D	E
1					
2		型號	顏色	單價	庫存
3		XZ-001	晶鑽紅	850	650
4		RU-052	時尚金	600	850
5		TX-933	典雅黑	1200	1800
6					

工作表1

就緒

又恢復成**就緒**模式

取代儲存格資料

另外還有一種修改資料的方法，就是選取儲存格後直接鍵入資料。這個方式會取代儲存格裡原先的內容，而且狀態列會顯示**輸入**模式。接續上例，假設我們想將 D3 儲存格內容改為 980：

STEP 01 請選取 D3 儲存格，並直接輸入 "980"：

	A	B	C	D	E
1					
2		型號	顏色	單價	庫存
3		XZ-001	晶鑽紅	980	650
4		RU-052	時尚金	600	850
5		TX-933	典雅黑	1200	1800
6					

取代原先的資料 →

變成**輸入**模式 → 輸入

STEP 02 輸入完後請按 Enter 鍵 (或**輸入鈕** ✓)，即可將正確資料存入儲存格中。

輸入多行資料

若您想要在一個儲存格內輸入多行資料該怎麼辦呢？其實您只要在要換行時，按下 Alt + Enter 鍵，將插入點移到下一行，便能在同一儲存格中繼續輸入下一行資料。

STEP 01 請將插入點移到 A2 儲存格，輸入 "產品" 兩個字，然後按下 Alt + Enter 鍵，便可將插入點移到下一行：

	A	B	C	D	E
1					
2	產品	型號	顏色	單價	庫存
3		XZ-001	晶鑽紅	980	650
4		RU-052	時尚金	600	850
5		TX-933	典雅黑	1200	1800
6					

插入點移到第 2 行了 →

輸入

STEP 02 接著繼續輸入 "資訊" 兩個字, 然後按 Enter 鍵, 該儲存格便有兩行文字了:

儲存格的列高
會自動調整

A2			f_x	產品
	A	B	C	D	E	F
1						
2	產品 資訊	型號	顏色	單價	庫存	
3		XZ-001	晶鑽紅	980	650	
4		RU-052	時尚金	600	850	
5		TX-933	典雅黑	1200	1800	
6						

工作表1

就緒

清除儲存格內容

如果要清除儲存格內的資料, 請先選取欲清除的儲存格, 然後按下 Delete 鍵即可。

復原與取消復原操作

啊!儲存格 D3 的資料應該還是 920 才對, 可是已經一改再改變成 980 了, 怎麼辦?難道還要再改一次嗎?其實只要使用**復原**和**取消復原**功能, 就可以解決這個問題了。

復原操作

按下**快速存取工具列**中的**復原鈕** 🔙 , 可取消我們最近一次所做的動作或命令。若是要連續取消一個以上的動作, 只須按一下**復原鈕** 🔙 旁的下拉鈕, 拉下**復原**列示窗, 然後在列示窗中選取要取消的動作, 即可恢復成原先的樣子。

 復原功能只能讓我們從最近一次所做的操作開始往前做復原, 也就是無法單獨挑選前面進行的某個操作來做復原。

接續上例, 假設我們要將 D3 的內容恢復成 920:

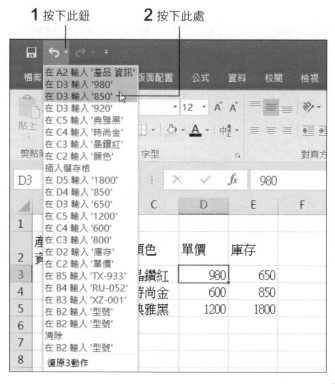

1 按下此鈕 　 **2** 按下此處

恢復成原本的 920

取消復原

　　被**復原**鈕取消的動作也可以復原哦！只要按下**快速存取工具列**的**取消復原**鈕  ，即可將剛才的復原動作取消；同樣的，利用**取消復原**鈕 旁的下拉鈕亦可取消多項復原動作。

2-3 資料的顯示方式與調整儲存格寬度

當輸入的資料比較冗長而且超過儲存格寬度時, Excel 就會自動改變資料的顯示方式喔!底下分別針對數字及文字資料做說明。

數字資料超出儲存格寬度

當數字資料超過儲存格寬度, Excel 會用**科學記號法**來表示。請任選一個空白儲存格, 輸入 12 個數字 (如: 123456789012), 然後按下 Enter 鍵:

改用科學記號法表示

C1			× ✓ fx	123456789012	
	A	B	C	D	E	F
1			1.23457E+11			
2						
3						

科學記號法

科學記號法是一種統一數字的表示法, 適用於多位數字的表示。使用科學記號來表示數字時, 有以下二個原則:

● 在小數點前, 只能有一位 1~9 的數字。

● 所有數字都用 10 的整數乘冪表示, 但 $10°$ (=1) 可以不必寫出來。

如 111111111111 經科學記號法定義, 最後表示為 1.11111E+11, 234567891023 經科學記號法定義, 最後表示為 2.34568E+11 (E+11 意思是 10 的 11 次方)。

文字資料超出儲存格寬度

當文字資料超過儲存格的寬度時, 其顯示方式將由右邊相鄰的儲存格來決定:

● 若右邊相鄰的是空白儲存格, 則超出寬度的字元將跨越到右鄰儲存格顯示。

● 若右邊相鄰的不是空白儲存格, 則超出寬度的字元將不會顯示出來。

C1 儲存格無資料, B1 儲存格的內容跨越到 C1 了

B2			× ✓ fx	延平南路一段18號	
	A	B	C	D	E	F
1		忠孝東路一段199號				
2		延平南路	捷立公司			
3						

C2 儲存格有資料, B2 儲存格有部份資料被蓋住了

調整儲存格的寬度

在儲存格中輸入的資料，常會發生因欄寬不夠而無法完整顯示資料的狀況，這時候只要拉曳欄標題的右框線就可以改善。

請將指標移到 A 欄的右框線上，指標呈 ✛ 形狀，向左拉曳會縮小欄寬，向右拉曳會加大欄寬

拉曳時，指標旁會出現一方框顯示該欄寬度，調整好欄寬後，放開滑鼠即可

A 欄有部份資料被蓋住了

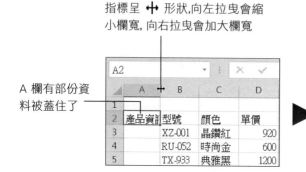

調整列高的方法和調整欄寬差不多，您可以自行試試。

在此拉曳即可調整列高

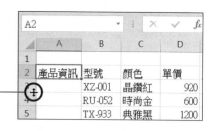

將儲存格調整為最適欄寬

直接在欄標題的右框線上雙按滑鼠左鈕，Excel 會根據儲存格的內容，自動將該欄調成最適合的寬度。

在此雙按滑鼠左鈕

依據資料長度自動調整好儲存格欄寬

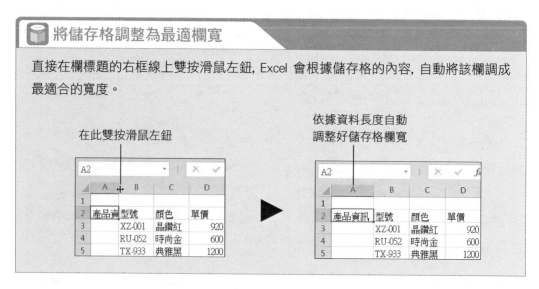

2-4 選取儲存格的技巧

學會輸入資料的技巧後，接下來我們要說明選取儲存格的方法。您可自行輸入資料來練習如何選取儲存格；或是參照範例圖的內容，先建立好儲存格資料後再開始後續的練習步驟。

選取連續的多個儲存格

剛才我們介紹過，將滑鼠指標移到欲選取的儲存格內，再按一下滑鼠左鈕，即可選取該儲存格；若要一次選取多個相鄰的儲存格，請將指標移到欲選取範圍的第一個儲存格內部，然後按住滑鼠不放，拉曳到欲選取範圍的最後一個儲存格，最後放開左鈕即可。

先前曾經說明過，在儲存格中輸入文字和數字後，預設的對齊位置會不同。假設我們想將儲存格中的資料，都設定為置中對齊，便可如下操作：

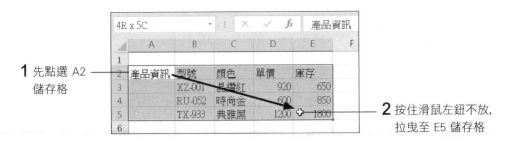

1 先點選 A2 儲存格

2 按住滑鼠左鈕不放，拉曳至 E5 儲存格

選取好儲存格範圍之後，再切換到**常用**頁次，按下**對齊方式**區的**置中**鈕 ：

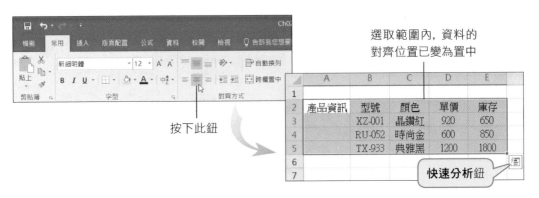

按下此鈕

選取範圍內，資料的對齊位置已變為置中

快速分析鈕

選取的儲存格範圍會以範圍左上角及右下角的儲存格位址來表示，如上例選取的範圍即表示為 A2：E5。另外，若想要取消剛剛選取的範圍，只要在工作表內按下任一個儲存格即可。

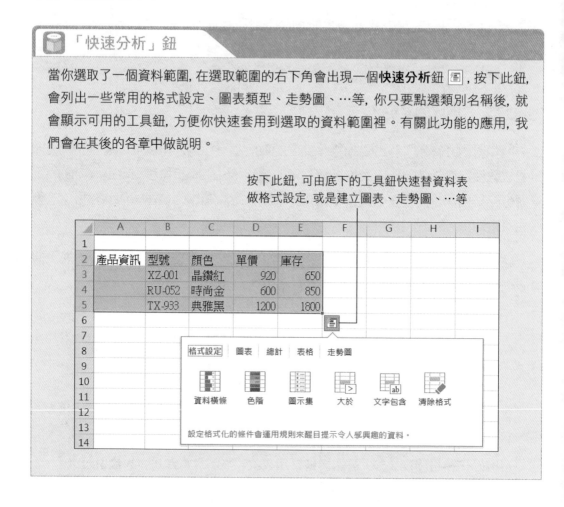

「快速分析」鈕

當你選取了一個資料範圍，在選取範圍的右下角會出現一個**快速分析**鈕 ，按下此鈕，會列出一些常用的格式設定、圖表類型、走勢圖、…等，你只要點選類別名稱後，就會顯示可用的工具鈕，方便你快速套用到選取的資料範圍裡。有關此功能的應用，我們會在其後的各章中做說明。

按下此鈕，可由底下的工具鈕快速替資料表
做格式設定，或是建立圖表、走勢圖、…等

選取不相鄰的多個儲存格

如果想選取多個不相鄰的儲存格範圍，則先選取第 1 個範圍，然後再按住 Ctrl 鍵，選取第 2 個範圍，選好後再放開 Ctrl 鍵，就可以同時選取好幾個不相鄰的儲存格了。

例如我們想將輸入的資料中, 屬於標題的儲存格內容變為紅色的文字, 便可如下操作:

1 先選取 B2：E2

3R x 1C		✕ ✓ fx	1	
	A	B	C	D	E
1					
2		型號	顏色	單價	庫存
3	1	XZ-001	晶鑽紅	920	650
4	2	RU-052	時尚金	600	850
5	3	TX-933	典雅黑	1200	1800
6					

2 按住 Ctrl 鍵後, 再接著選取 A3：A5 儲存格

選取儲存格之後, 再切換到**常用**頁次, 按下**字型**區的**字型色彩**鈕 **A·** 選擇紅色:

A3		✕ ✓ fx	1	
	A	B	C	D	E
1					
2		型號	顏色	單價	庫存
3	1	XZ-001	晶鑽紅	920	650
4	2	RU-052	時尚金	600	850
5	3	TX-933	典雅黑	1200	1800
6					

選取的儲存格中, 文字已變為紅色

選取整欄或整列

要選取整欄或整列的儲存格, 只要在欄標題或列標題上按一下即可。假設我們想將標題部份的文字都設定為**粗體**, 就可以如下操作:

在此按一下, 選取整個第 2 列

	A	B	C	D	E	F	G
1							
2		型號	顏色	單價	庫存		
3	1	XZ-001	晶鑽紅	920	650		
4	2	RU-052	時尚金	600	850		
5	3	TX-933	典雅黑	1200	1800		
6							
7							

按住 Ctrl 鍵
在此按一下,
選取整個 A 欄

	A	B	C	D	E	F	G
1							
2		型號	顏色	單價	庫存		
3	1	XZ-001	晶鑽紅	920	650		
4	2	RU-052	時尚金	600	850		
5	3	TX-933	典雅黑	1200	1800		
6							
7							

選取完成後，再切換到**常用**頁次，按下**字型**區的**粗體鈕** ：

選取的欄列部份已變成粗體字

	A	B	C	D	E
1					
2		型號	顏色	單價	庫存
3	1	XZ-001	晶鑽紅	920	650
4	2	RU-052	時尚金	600	850
5	3	TX-933	典雅黑	1200	1800
6					

選取整張工作表

若是要選取整張工作表，按下**全選**按鈕即可一次將所有的儲存格選取起來。假設我們想將整張工作表使用的字型都設定為**標楷體**，就可以如圖操作：

按下這個**全選**按鈕選取整張工作表

	A	B	C	D	E
1					
2		型號	顏色	單價	庫存
3	1	XZ-001	晶鑽紅	920	650
4	2	RU-052	時尚金	600	850
5	3	TX-933	典雅黑	1200	1800
6					

接著請切換到**常用**頁次，在**字型**區中選擇**標楷體**：

按此鈕從下拉列示窗中選擇**標楷體**

	A	B	C	D	E
1					
2		型號	顏色	單價	庫存
3	1	XZ-001	晶鑽紅	920	650
4	2	RU-052	時尚金	600	850
5	3	TX-933	典雅黑	1200	1800
6					

工作表已設定為**標楷體**，之後輸入的資料都會自動套用**標楷體**

如果工作表中已建立資料，在資料範圍內按下 `Ctrl` + `A` 鍵可選取此資料範圍，若連按 2 次 `Ctrl` + `A` 鍵則可選取整個工作表。

實用的知識

節省設計表格時間─套用活頁簿範本

切換到**檔案**頁次的**新增**項目，除了可建立**空白活頁簿**外，還有許多現成的活頁簿範本可供使用，像是費用報表、行事曆、庫存清單、每日排程、每日銷售報表、行事曆…等等，只要依範本裡的欄位說明輸入資料就可以了，可大大節省設計表格、公式的時間。

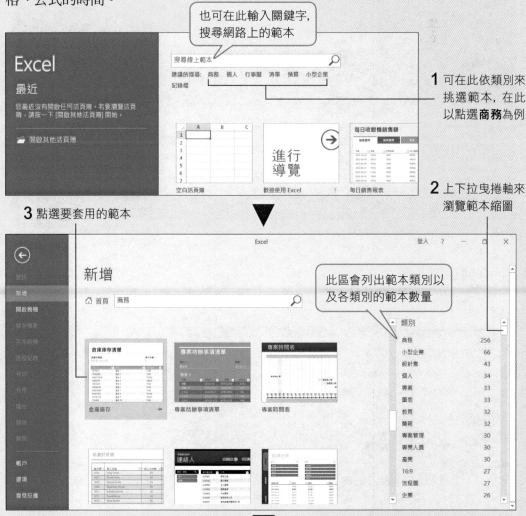

也可在此輸入關鍵字，搜尋網路上的範本

1 可在此依類別來挑選範本，在此以點選**商務**為例

2 上下拉曳捲軸來瀏覽範本縮圖

3 點選要套用的範本

此區會列出範本類別以及各類別的範本數量

按左、右兩側的箭頭,可瀏覽上一個/下一個範本

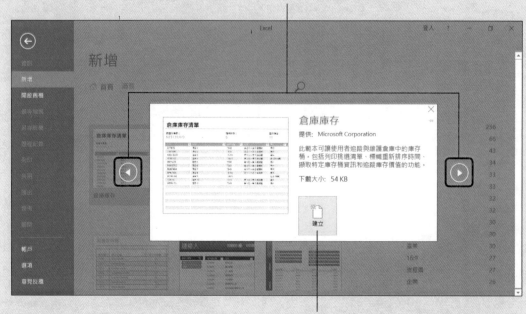

4 按下**建立**鈕即可下載此範本

此範本已經設計好庫存資料的欄位及公式了,你只要輸入實際的資料就可以了,若是範本不符合需求,也可以自行修改增、減欄位或重新設計公式

CHAPTER 3

工作表的操作與存檔、開啟舊檔

一份活頁簿只有 1 張工作表，若不夠用還可以擴增，就像在活頁夾裡面增加活頁紙一樣！還有，編輯老半天的資料要如何保存呢？只要把檔案儲存下來，要用時，隨時都可以重新載入 Excel！看完本章的介紹，您就可以輕鬆地完成這些事情了。

- 工作表的操作
- 儲存檔案與傳送給他人
- 開啟活頁簿檔案

3-1 工作表的操作

工作表就好比活頁夾裡的活頁紙, 不夠用隨時可以增加、不需要的可以抽掉, 而且還可以按照內容來為工作表命名, 並更換頁次標籤的色彩。

建立新工作表

通常一本活頁簿預設只有 1 張工作表, 若不夠用, 我們可以自行插入新的工作表。請開啟一個新的空白活頁簿, 現在我們要插入一張新的工作表:

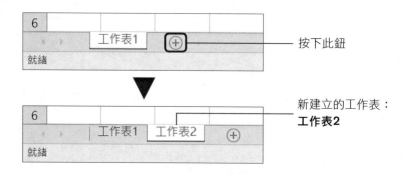

按下此鈕

新建立的工作表:
工作表2

💾 自訂活頁簿的預設工作表數量

在預設的情況下, 建立一個活頁簿檔案會包含 1 個工作表, 如果您希望開啟新檔時就建立更多 (或較少) 的工作表, 請按下**檔案**頁次, 再按下**選項**, 在開啟的 **Excel 選項**交談窗的**一般**頁次下, 更改**包括的工作表份數**欄位的數字。

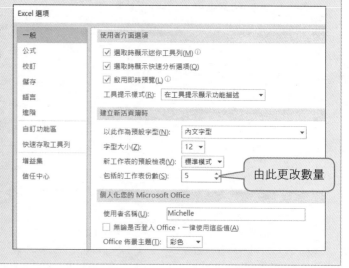

由此更改數量

為工作表命名

Excel 會以工作表 1、工作表 2、工作表 3…為工作表命名, 但這類名稱沒什麼意義, 因此現在我們要告訴您如何將工作表更改成實用又有意義的名稱。

假設我們要在**活頁簿 1** 的**工作表 1** 中輸入各項商品的銷售統計數量, 那就將**工作表 1** 重新命名為「銷售數量」吧!

STEP 01 請雙按**工作表 1** 頁次標籤, 讓它呈現選取狀態:

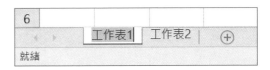

STEP 02 輸入 "銷售數量", 緊接著按下 `Enter` 鍵, 工作表就更名成功了。

設定頁次標籤顏色

除了可以更改工作表的名稱, 頁次標籤的顏色也都可以個別做設定, 這樣看起來就更富有變化而且容易辨識了! 例如我們想將「銷售數量」這個頁次標籤改為橘色:

1 在頁次標籤上按下滑鼠右鈕

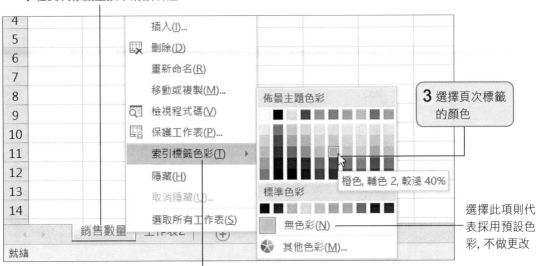

3 選擇頁次標籤的顏色

選擇此項則代表採用預設色彩, 不做更改

2 選擇此命令

設定完後，切換至其他工作表 (如**工作表 2**)，就可明顯看出剛才所設定的**銷售數量**工作表的標籤色彩了！

銷售數量工作表頁次標籤已改為橘色

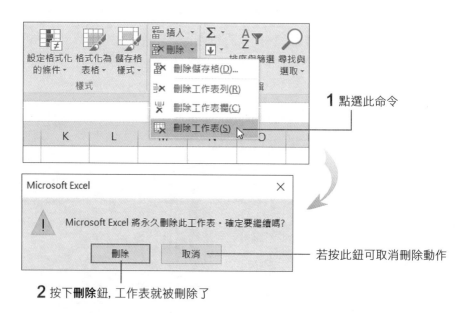

將作用工作表切換到**工作表 2**

刪除工作表

對於不再需要的工作表，我們可以將它刪除。例如我們要刪除此活頁簿的**工作表 2**，請在**工作表 2** 的頁次標籤上按下滑鼠右鈕，執行『**刪除**』命令 (或是先選取**工作表 2**，然後按下**常用**頁次**儲存格**區的**刪除**鈕，在下拉式選單中執行『**刪除工作表**』命令)：

1 點選此命令

2 按下**刪除**鈕，工作表就被刪除了

若按此鈕可取消刪除動作

如果您要刪除的是從未輸入過資料的空白工作表，則不會出現以上的詢問視窗，而直接將工作表刪除掉。

3-2 儲存檔案與傳送給他人

本節要教你如何將活頁簿內容存檔保留下來，以及直接在 Excel 中將檔案 e-mail 傳送出去。若是只想給他人檢閱而不允許修改，也可轉存成 PDF 或 XPS 格式。

第一次存檔

要儲存活頁簿中的資料，請按下**快速存取工具列**的**儲存檔案鈕** 🔲 (或是按下**檔案**頁次，點選**儲存檔案**項目)。由於目前活頁簿是第一次存檔，所以會開啟**另存新檔**視窗，讓您設定儲存檔案的相關資訊。

STEP 01 開啟**另存新檔**視窗後，首先要選取檔案的儲存位置，你可以將檔案儲存在電腦中，也可以儲存到 Microsoft 公司提供的 **OneDrive** 網路硬碟，在此以儲存到電腦為例，關於儲存到網路空間，請參考第 17 章的說明。

若選擇此項，可在登入 **Microsoft** 帳號、密碼後，將文件儲存到網路硬碟

1 點選**這台電腦**項目

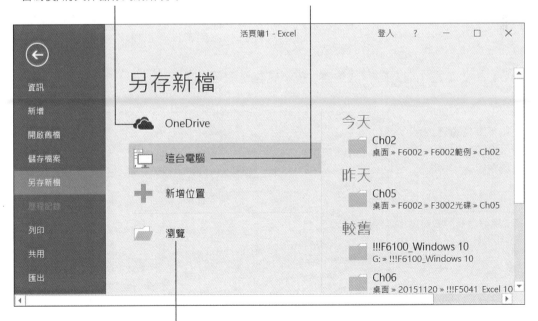

2 按下**瀏覽**鈕

STEP 02 請在**檔案名稱**欄中輸入活頁簿的檔名, 接著拉下**存檔類型**列示窗選擇儲存的類型, 預設是 **Excel 活頁簿**, 也就是 Excel 2016 的格式, 其副檔名為 .xlsx, 不過此格式無法直接在舊版 Excel (如 Excel 97-2003) 中開啟, 若您的活頁簿需要在舊版 Excel 中開啟, 那麼建議您選擇 **Excel 97-2003 活頁簿**的格式。

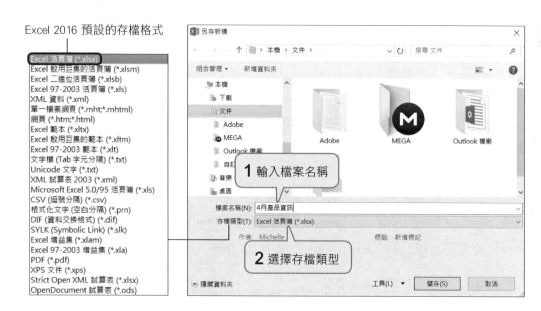

Excel 2016 預設的存檔格式

1 輸入檔案名稱

2 選擇存檔類型

 我們要特別提醒您, 在建立活頁簿的過程中, 請養成隨時存檔的好習慣, 以免有意外狀況發生, 又得再重新建立一次檔案囉!

STEP 03 接著請選擇檔案的存放位置, 按下**儲存**鈕即可。

按下**新增資料夾**鈕, 可建立一個資料夾來存放活頁簿檔案

1 點選磁碟機, 並選擇要儲存的資料夾

2 選定的資料夾會顯示在此

3 按下**儲存**鈕

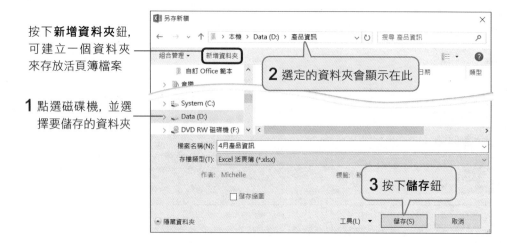

當您修改了活頁簿的內容, 而再次按下**儲存檔案**鈕時, Excel 就會將修改後的活頁簿直接儲存, 而不會出現**另存新檔**交談窗。若想要保留原來的檔案, 又要儲存新的修改內容, 則可按下**檔案**頁次再點選**另存新檔**項目, 另外設定一個檔名來儲存。

讓舊版 Excel 也能開啟 Excel 2007、2010、2013 及 2016 的 .xlsx 活頁簿

舊版的 Excel 97、2000、XP、2003 無法打開 Excel 2016 的 .xlsx 檔案, 必須要到**微軟**網站下載並安裝**檔案格式相容性套件**, 才能在舊版的 Excel 中開啟 .xlsx 格式的活頁簿。

連結到**台灣微軟**網站的下載中心網頁 (http://www.microsoft.com/zh-tw/download/default.aspx), 以 **"FileFormatConverters.exe"** 關鍵字來搜尋, 即可找到該轉換工具的下載位址及相關說明, 請依網站的說明下載及安裝。

按此鈕下載回來安裝

安裝好**檔案相容性套件**後, 在舊版的 Excel 中執行『**檔案/開啟舊檔**』命令, 即可開啟 Excel 2007、2010、2013 及 2016 的 .xlsx 檔案格式。

存檔並以 E-mail 傳送

如果電腦中有安裝郵件收發軟體, 則可以將檔案透過 E-mail 寄給他人。

STEP 01 請按下**檔案**頁次, 並先在左側選擇**共用**, 然後選取**電子郵件**項目, 再於右邊的窗格中選擇要以何種方式來傳送檔案:

1 點選**共用**　　　**2** 選擇此項目　　　**3** 將檔案做為附加檔案來傳送

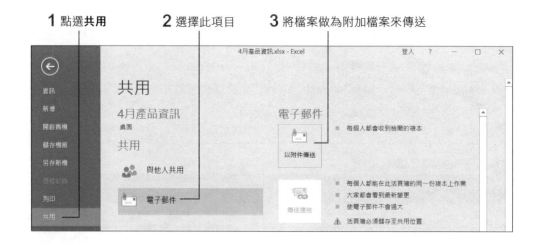

STEP 02 輸入收件者的郵件地址, 再加入主旨及郵件的內容後, 按下**傳送**鈕。

此為 Outlook 的新郵件畫面

儲存成不可修改內容的 PDF 或 XPS 檔案格式

　　有些報表我們只想提供給需要的人檢視或列印內容, 但不希望內容被任意修改, 便可以將檔案儲存成 PDF 或 XPS 格式。同樣是進到 **檔案/共用** 頁次來操作:

1 選擇此項目　　**2** 點選**電子郵件**　　**3** 按下此鈕

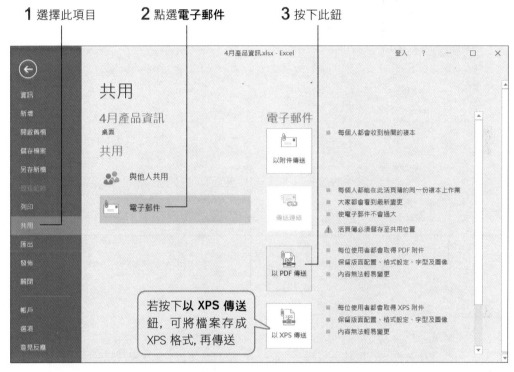

若按下**以 XPS 傳送**鈕, 可將檔案存成 XPS 格式, 再傳送

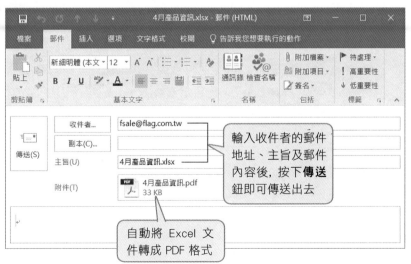

輸入收件者的郵件地址、主旨及郵件內容後, 按下**傳送**鈕即可傳送出去

自動將 Excel 文件轉成 PDF 格式

如果只想單純將 Excel 轉成 PDF 格式, 而不想透過電子郵件軟體傳送出去, 那麼可在**檔案/另存新檔**頁次, 選好儲存的位置後, 在**另存新檔**交談窗中的**存檔類型**列示窗, 選擇 **PDF** 格式再儲存。

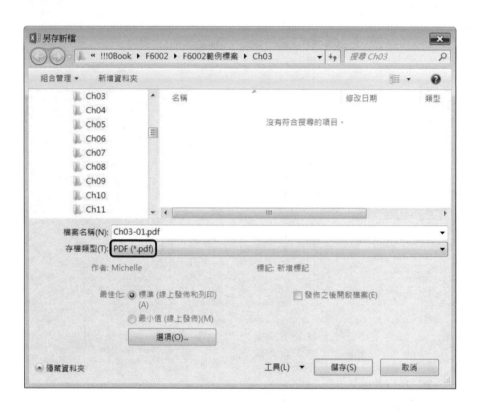

● PDF 是一種可攜式文件格式, 在任何電腦檢視或列印時仍可以保有原本的文件格式設定, 並可設定為禁止編輯, 只要在電腦上安裝由 **Adobe** 公司所提供的 **Adobe Acrobat Reader DC**, 便可以檢視 PDF 檔案。PDF 是目前許多公司行號及組織機構廣為使用的文件檔案格式, 目前使用的人數多過 XPS。

● XML Paper Specification (XPS), XPS 格式與 PDF 一樣可以完整保存文件的原有格式, 具有檔案共用、無法輕易變更的功能, 並可加上數位簽章保護文件內容。

3-3 開啟活頁簿檔案

將檔案儲存起來之後，下次要怎麼重新打開來編輯？萬一不小心忘了檔案存在哪裡怎麼辦？還有新舊版檔案格式的相容性問題，這些都在本節有詳細的說明。

使用『開啟舊檔』命令

為了節省您寶貴的時間，我們已經在書附光碟中準備好供您練習的範例檔案，現在就開啟光碟中的範例檔案 Ch03-01 來練習吧！請按下**檔案**頁次，再如下操作：

1 點選**開啟舊檔**項目　　　　**2** 選擇**這台電腦**

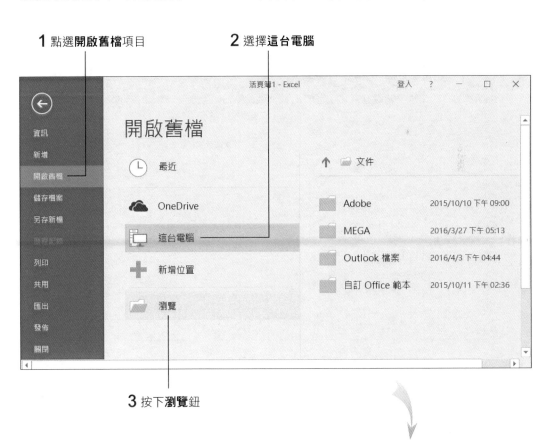

3 按下**瀏覽**鈕

4 切換到書附光碟的 Ch03 資料夾下

5 選取 Ch03-01活頁簿

6 按下此鈕

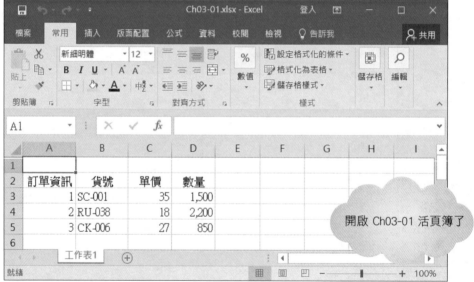

開啟 Ch03-01 活頁簿了

活頁簿的開啟方式

按下**開啟**鈕旁邊的下拉箭頭, 可看到 Excel 活頁簿提供了 6 種開啟方式：

按下此箭頭, 可選擇開啟方式

另外 5 種選擇

- 開啟為唯讀檔案：以唯讀方式開啟活頁簿, 即只能顯示活頁簿內容, 但不能執行儲存動作, 可防止活頁簿被竄改。如果您還是要儲存活頁簿, 只能以「另存新檔」的方式進行。

- 開啟複本：在檔案儲存的資料夾中建立一個複本活頁簿, 然後開啟該複本活頁簿。Excel 會在正本活頁簿的名稱前加上 "複本 (1)" 的字樣來做為複本活頁簿的名稱 (若再開啟一次, 就會變成 "複本 (2)"…依此類推)。

複本活頁簿的檔名

- 以瀏覽器開啟：在瀏覽器中開啟儲存成網頁的 Excel 活頁簿。此項可用來開啟 .htm、.html、.htx 或 .asp 格式的檔案。

- 以受保護的檢視開啟：若是要開啟別人傳送或來自網際網路的檔案時, 因為無法確認檔案是否包含病毒、或其他種類的惡意程式, 便可選擇在此模式下開啟這些可能不安全的檔案。使用此模式來開啟, 即可讀取檔案並檢查其內容, 降低可能發生的風險。

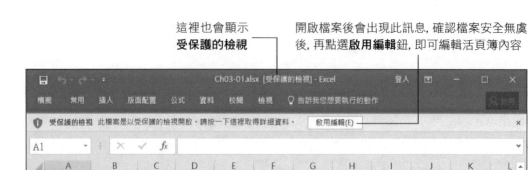

這裡也會顯示
受保護的檢視

開啟檔案後會出現此訊息, 確認檔案安全無虞後, 再點選**啟用編輯**鈕, 即可編輯活頁簿內容

● 開啟並修復：在開啟檔案時, Excel 會偵測活頁簿的內容是否毀損, 並嘗試做修復後再開啟。

開啟最近使用過的檔案

萬一忘了最近編輯過的檔案存到哪兒, 可在 Excel 中開啟最近使用過的檔案, 以便快速找到您的活頁簿檔案。請按下**檔案**頁次, 選擇其中的**開啟舊檔**項目, 再點選**最近**, 便可在右側窗格中看到您最近曾開啟過的檔案, 以及檔案所在的資料夾位置。只要在檔案上按一下滑鼠左鈕, 即可開啟該檔案來進行編輯。

1 點選**開啟舊檔**項目　　　**2** 點選**最近**

在此列出最近曾使用過的活頁簿及檔案位置

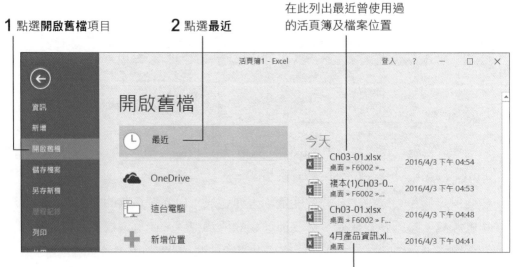

3 按一下要開啟的檔案, 即可開啟檔案來進行編輯

版本的相容性

談到開啟舊檔, 免不了又要牽涉到新舊版本檔案相容性的問題。在 Excel 2016 開啟 **Excel 97-2003 活頁簿**, 便會在檔案名稱右邊出現**[相容模式]**的字樣:

出現**相容模式**的字樣

此外, Excel 2016 的部份功能也會呈現無法使用的狀態 (例如:**插入**頁次中的 **3D 地圖**), 而在存檔的時候, 仍會以原本的檔案版本來進行儲存。

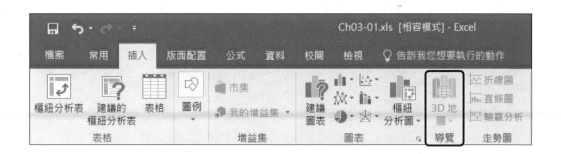

將舊版 .xls 檔案轉換成新版 .xlsx 格式

若要將活頁簿轉成新的 .xlsx 格式, 可在**檔案**頁次如下操作:

1 按下**資訊**項目

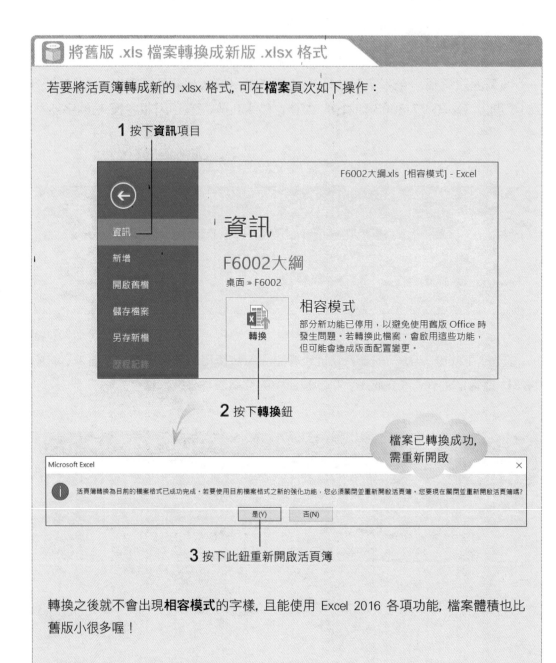

F6002大綱.xls [相容模式] - Excel

資訊

F6002大綱

桌面 » F6002

相容模式

轉換

部分新功能已停用, 以避免使用舊版 Office 時發生問題。若轉換此檔案, 會啟用這些功能, 但可能會造成版面配置變更。

資訊
新增
開啟舊檔
儲存檔案
另存新檔
歷程紀錄

2 按下**轉換**鈕

檔案已轉換成功, 需重新開啟

Microsoft Excel

活頁簿轉換為目前的檔案格式已成功完成。若要使用目前檔案格式之新的強化功能, 您必須關閉並重新開啟活頁簿。您要現在關閉並重新開啟活頁簿嗎?

是(Y)　　否(N)

3 按下此鈕重新開啟活頁簿

轉換之後就不會出現**相容模式**的字樣, 且能使用 Excel 2016 各項功能, 檔案體積也比舊版小很多喔!

加快輸入資料的方法

Excel 提供許多加快輸入資料的法寶,可加快我們在輸入大量資料時的速度。另外,在加快速度之餘,Excel 也提供了驗證資料的工具,可避免因人為疏失而輸入錯誤的資料。

- 資料的規則
- 自動完成一輸入出現過的資料
- 從下拉式清單挑選輸入過的資料
- 自動填滿一快速填滿相同的內容
- 建立等差、日期及等比數列
- 自訂自動填入數列
- 資料驗證
- 輸入資料的省時妙招

4-1 資料的規則

在 Excel 中, 除了將資料一個字一個字地輸入到儲存格以外, 還有幾種加速輸入的技巧。但並不是每種資料類型都具有「加速輸入」的特性, 因此在開始學習快速輸入資料的方式前, 要先了解一下關於資料的規則。

哪些資料可以加速輸入

首先讓我們來判斷一下, 哪些資料具備「加速輸入」的條件：

員工編號	員工姓名	考績	部門
1	李宥晴	甲等	管理部
2	周育昇	乙等	管理部
3	謝常斌	乙等	管理部
4	宋茹芸	甲等	管理部
5	郝隆佳	甲等	管理部

規則一　　　　　　　　規則二　　　規則三

● **規則一**：具有某種規律的資料, 如：1 、2 、3 、4、5 。

● **規則二**：同一欄中只有特定的幾種資料, 如：甲等、乙等。

● **規則三**：連續的幾個儲存格都是相同的資料, 如：管理部。

加速輸入資料的四種方法

遇到上述三種規則的資料時, 便可以使用下列的方法來加快輸入資料的速度：

● 自動完成。

● 從下拉式清單挑選。

● 自動填滿。

● 數列。

以下各節將分別為您介紹如何使用這些方法來提升輸入的效率。

4-2 自動完成 — 輸入出現過的資料

「自動完成」功能適合加快符合「規則二」或「規則三」的資料。也就是當同一欄中只有特定的幾種資料, 如：甲等、乙等；或連續的幾個儲存格都是相同的資料, 就可以使用自動完成功能。

首先, 請您開啟一個新的活頁簿檔案, 在**工作表 1** 的 A1：A3 輸入 "考績"、"甲等"、"乙等"。

接著我們要告訴您如何利用**自動完成**功能在 A4 中輸入資料。

STEP 01　請您在 A4 儲存格中輸入 "甲", 結果會發現在 "甲" 之後自動填入 "等" 這個字, 並以反白的方式顯示。這就是所謂的**自動完成**功能。當您輸入資料時, Excel 會比對輸入的資料和同欄中其他的儲存格資料, 若發現有相同的內容 (如在 A4 輸入 "甲" 和 A2 儲存格中 "甲等" 的 "甲" 相同), 就會為該儲存格填入剩餘的內容。

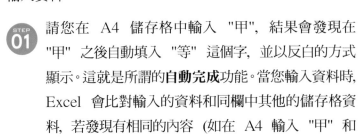

自動填入的資料

自動完成功能, 只適用於文字資料。

STEP 02　若自動填入的資料恰巧是您接著想輸入的文字, 此時只要直接按下 `Enter` 鍵或資料編輯列的**輸入鈕** ✓, 即可將資料存入儲存格中；反之, 若不是您想要的文字, 則可以不予理會自動填入的文字, 繼續輸入即可。在此請按 `Enter` 鍵, 接受自動填入的文字。

自動完成的特殊狀況

當同欄中出現二個以上儲存格資料雷同的情況, 例如 "業一部"、"業二部", 若在緊鄰的儲存格中輸入 "業" 這個字時, 因為 Excel 無從判定是 "業一部" 或是 "業二部", 所以暫時無法使用自動完成功能。待您繼續輸入 "一" 這個字以後, Excel 才會運用自動完成功能為我們自動填入 "部" 這個字。

輸入 "業一" 以後, 才會出現剩餘的 "部" 字

4-3 從下拉式清單
挑選輸入過的資料

從「下拉式清單」挑選這個功能適合用來加快符合「規則二」(即一欄中只有特定幾種資料, 如:甲等、乙等) 的情況。而且完全不用打字就可完成輸入喔!

請建立一份新工作表, 並如下圖輸入資料, 我們要在 B5 中輸入 "甲等":

STEP 01 將指標移到 B5 (可以不用按下), 然後按下滑鼠右鈕, 選擇快顯功能表中的『**從下拉式清單挑選**』命令:

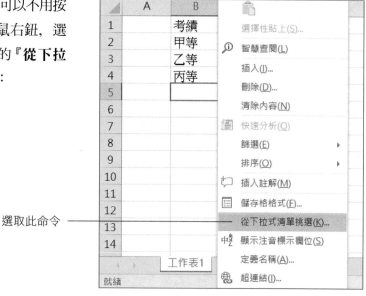

選取此命令 ─────

STEP 02 儲存格 B5 下方會出現一個列示窗, 記錄著同一欄 (即 B 欄) 中已出現過的資料, 如: "考績"、"甲等"、"乙等"、"丙等", 您只要在其中選取就可輸入資料:

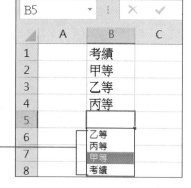

在此選取 ─────

最後請您練習利用相同的方法將 "乙等" 填入 B6 儲存格中。

	A	B	C
1		考績	
2		甲等	
3		乙等	
4		丙等	
5		甲等	
6		丙等	
7		乙等	
8		丙等	
9		甲等	
		考績	
10			

 從下拉式清單挑選功能與上一節介紹的**自動完成**功能一樣, 都只適用於文字資料。

下拉式清單中的資料是怎麼來的?

Excel 會從選取的儲存格往上、往下尋找, 只要找到的儲存格內有資料, 就把它放到下拉式清單中, 直到遇到空白儲存格為止。

以本例來說, 下拉式清單中會列出 "財務部"、"人資部"、"行銷部" 與 "業務部" 這四個項目, 而不會出現 "生產部"、"資訊部"。

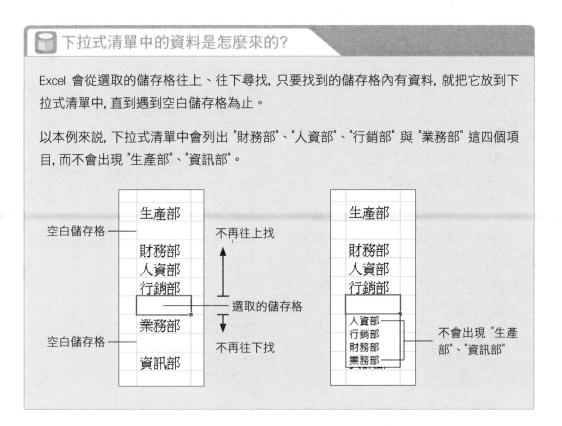

4-4 自動填滿──快速填滿相同的內容

Excel 的「自動填滿」功能, 可以將相同資料填滿連續的幾個儲存格; 也可以根據儲存格的資料, 自動產生一串遞增或遞減的數列, 本節先來學習第一種情況。

填滿選取範圍

請您切換到一張空白的工作表, 我們來看看如何利用**自動填滿**功能, 在 B2：B6 範圍內填滿 "管理部" 這個字串。

STEP 01 先在 B2 儲存格輸入 "管理部", 並使其呈選定狀態, 然後將指標移至粗框線的右下角 (此時指標會變成 +)：

這就是**填滿控點**的所在

關於『填滿控點』

當我們選取某個儲存格或範圍時, 其周圍會被粗框線圍住, 在粗框線的右下角有個小方塊, 那就是**填滿控點**。

這就是**填滿控點**

如果沒有發現**填滿控點**, 請按下**檔案**頁次, 再按下**選項**, 在 **Excel 選項**交談窗中切換到**進階**頁次, 然後勾選**啟用填滿控點與儲存格拖放功能**這一項, **填滿控點**就會出現了。

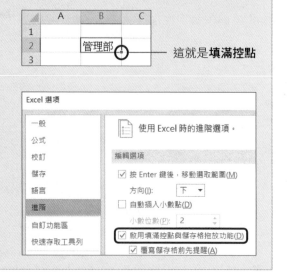

STEP 02 將指標指在**填滿控點**上, 按住左鈕不放, 向下拉至儲存格 B6, "管理部" 字串就會填滿 B2：B6 範圍了：

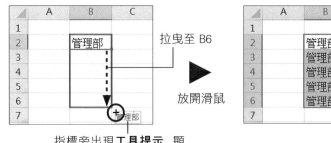

拉曳至 B6

放開滑鼠

指標旁出現**工具提示**, 顯
示將被填入儲存格的資料

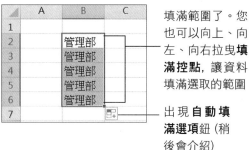

填滿範圍了。您
也可以向上、向
左、向右拉曳**填
滿控點**, 讓資料
填滿選取的範圍

出現 **自動填
滿選項**鈕 (稍
後會介紹)

自動填滿選項

咦？資料是自動填滿了, 可是 B6 儲存格旁邊怎麼出現了一個按鈕？這個按鈕
稱為**自動填滿選項**鈕, 它提供您選擇自動填滿的方式, 當您按下此鈕, 便可拉出下
拉選單, 從中改變自動填滿的方式：

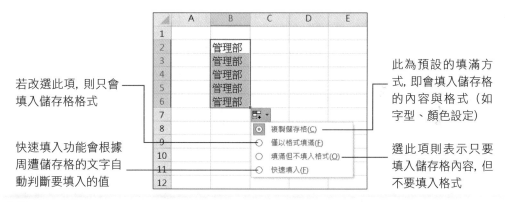

若改選此項, 則只會
填入儲存格格式

快速填入功能會根據
周遭儲存格的文字自
動判斷要填入的值

此為預設的填滿方
式, 即會填入儲存格
的內容與格式 (如
字型、顏色設定)

選此項則表示只要
填入儲存格內容, 但
不要填入格式

 有關儲存格的格式設定, 請參考第 7 章的說明。

底下使用**自動填滿**功
能, 將 B2、C2、D2 的
資料分別填入 B3：B5、
C3：C5、D3：D5 範圍,
並為您呈現出 3 種自動
填滿方式的差異：

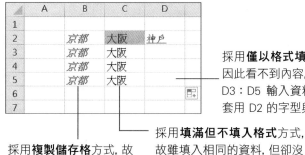

採用**僅以格式填滿**方式,
因此看不到內容, 但若在
D3：D5 輸入資料, 就會
套用 D2 的字型與顏色

採用**填滿但不填入格式**方式,
故雖填入相同的資料, 但卻沒
套用 C2 的字型與顏色格式

採用**複製儲存格**方式, 故
資料及格式會完全一樣

快速填入

快速填入功能，可以根據周遭儲存格的文字格式自動判斷要填入的值。舉例來說，在輸入顧客資料時，如果想將原本的名字另外分成姓跟名兩個欄位，以往需要手動輸入或使用公式，但現在可以使用快速填入功能來完成。

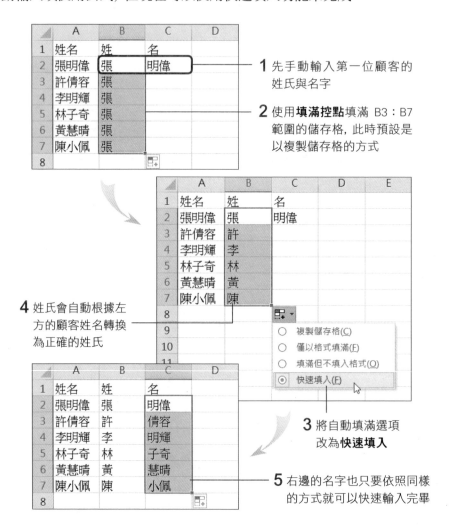

1 先手動輸入第一位顧客的姓氏與名字

2 使用**填滿控點**填滿 B3：B7 範圍的儲存格，此時預設是以複製儲存格的方式

4 姓氏會自動根據左方的顧客姓名轉換為正確的姓氏

3 將自動填滿選項改為**快速填入**

5 右邊的名字也只要依照同樣的方式就可以快速輸入完畢

另外，當您選取別的儲存格，並做了編輯動作後，**自動填滿選項鈕**就會消失不見囉！而若您根本不希望在使用**自動填滿**功能時出現按鈕，請按下**檔案**頁次，再按下**選項**項目，在 **Excel 選項**交談窗中切換到**進階**頁次，然後取消**內容貼上時，顯示 [貼上選項] 按鈕**這個項目即可。

4-5 建立等差、日期及等比數列

本節繼續為您說明如何運用「自動填滿」功能來填滿符合「規則一」(即數列, 如 1、3、5、7… 等) 的資料。首先介紹數列的類型, 以及如何用 Excel 來建立數列。

數列的類型

Excel 可建立的數列類型有 4 種:

● 等差級數:例如:1、3、5、7、…。

● 等比級數:例如:2、4、8、16、…。

● 日期數列:例如:2015/12/31、2016/1/1、2016/1/2、…。

● 自動填入:與上述三種數列不同在於, **自動填入數列**是屬於不可計算的文字資料, 例如:一月、二月、三月、…, 星期一、星期二、星期三、…等皆是。Excel 將這類型文字資料建立成資料庫, 讓我們使用自動填入數列時, 就像使用一般數列一樣。

利用拉曳**填滿控點**的方式, 可以建立**等差級數、日期、自動填入**這三種數列。

利用「填滿控點」建立等差數列

假設我們要在工作表的 A1:A5 建立 1、2、3、4、5 等差數列:

STEP 01 在儲存格 A1、A2 分別輸入 1、2, 並選取 A1:A2 範圍做為來源儲存格, 也就是要有兩個初始值 (如 1、2), 這樣 Excel 才能判斷等差數列的間距值是多少:

來源儲存格

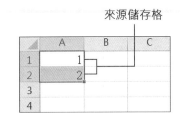

STEP 02 將指標移到**填滿控點**上, 按住左鈕不放, 向下拉曳至儲存格 A5:

拉曳至 A5

指標旁的數字表示目前到達的儲存格將填入的值

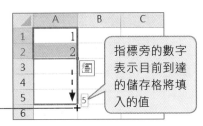

放開滑鼠, 等差數列就建立好了:

您應該發現**自動填滿選項**鈕再度出現了！而且, 下拉選單中的項目略有不同, 讓我們一起來瞧一瞧:

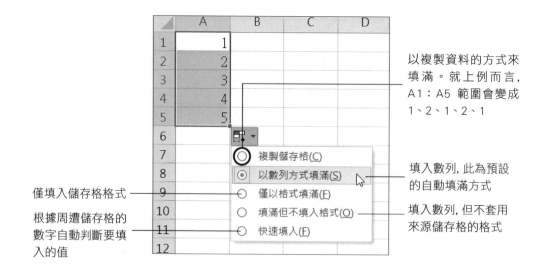

以複製資料的方式來填滿。就上例而言, A1：A5 範圍會變成 1、2、1、2、1

填入數列, 此為預設的自動填滿方式

僅填入儲存格格式

根據周遭儲存格的數字自動判斷要填入的值

填入數列, 但不套用來源儲存格的格式

 在建立編號時, 經常要輸入間距為 1 的等差級數, 例如：輸入項目編號 1、2、3、…、100, 此時只要輸入第一筆資料, 然後按住 **Ctrl** 鍵再拉曳**填滿控點**, 便可建立好等差級數；若要輸入的是含有文字及數字的商品編號, 例如 C1001、C1002、…、C1099, 此時只要輸入第一筆資料, 然後按住 **Alt** 鍵再拉曳**填滿控點**, 即可建立好等差級數。

另外, 利用**填滿控點**也可以建立 "專案 1、專案 3、專案 5、專案 7…" 的文數字組合數列 (提示：在來源儲存格輸入 "專案 1"、"專案 3"), 您不妨自己試試看。

利用「填滿控點」建立日期數列

我們想在 A1：E1 建立一個日期數列, 就可以在來源儲存格 A1 中輸入起始日期, 然後拉曳**填滿控點**至 E1：

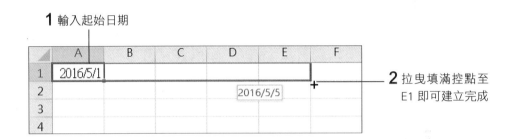

1 輸入起始日期

2 拉曳填滿控點至 E1 即可建立完成

由於我們建立的是日期數列, 當您拉出**自動填滿選項**鈕的下拉選單時, 將會發現選單中還多出幾個跟日期有關的選項：

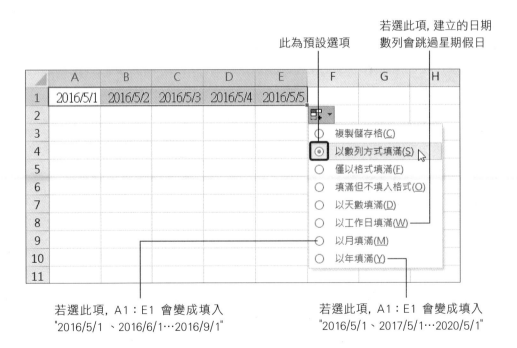

此為預設選項

若選此項, 建立的日期數列會跳過星期假日

若選此項, A1：E1 會變成填入 "2016/5/1、2016/6/1…2016/9/1"

若選此項, A1：E1 會變成填入 "2016/5/1、2017/5/1…2020/5/1"

若要建立間距值 2 天以上的日期數列, 同樣要輸入 2 個初始值再拉曳**填滿控點**。

利用「填滿控點」建立自動填入數列

Excel 已內建許多常用的自動填入數列, 例如月份和星期等, 方便我們使用**填滿控點**快速完成輸入。底下我們來練習在 A1：A7 建立 "Sunday、Monday、…Saturday" 這個自動填入數列：

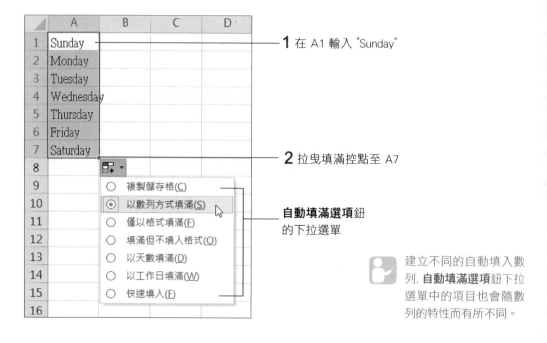

1 在 A1 輸入 "Sunday"

2 拉曳填滿控點至 A7

自動填滿選項鈕
的下拉選單

建立不同的自動填入數列, **自動填滿選項**鈕下拉選單中的項目也會隨數列的特性而有所不同。

建立等比數列

由於等比數列無法以拉曳**填滿控點**的方式來建立, 因此接下來要為您介紹等比數列的建立方法。假設要在 A10：A15 建立 5、25、125、…的等比數列：

01 在 A10 輸入 5, 接著選取 A10：A15 的範圍：

STEP 02 按下**常用**頁次**編輯**區的**填滿**鈕 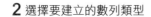，會展開下拉式選單，請選擇『**數列**』，開啟**數列**交談窗：

2 選擇要建立的數列類型

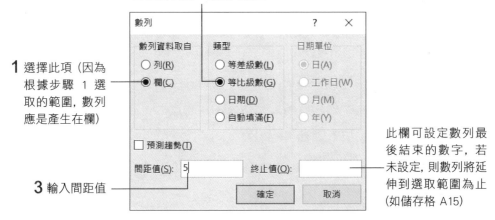

1 選擇此項 (因為根據步驟 1 選取的範圍, 數列應是產生在欄)

3 輸入間距值

此欄可設定數列最後結束的數字, 若未設定, 則數列將延伸到選取範圍為止 (如儲存格 A15)

STEP 03 按下**確定**鈕, 等比數列就建立完成了。

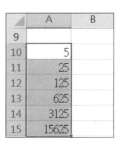

此外, **數列**交談窗也可建立日期數列, 但必須設定**日期單位**和**間距值**：

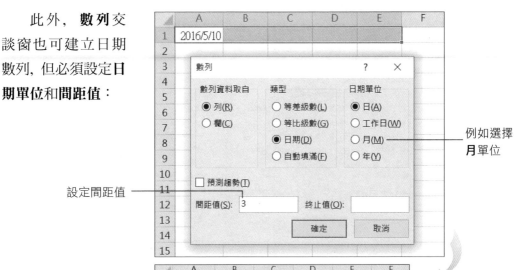

設定間距值

例如選擇**月**單位

4-6 自訂自動填入數列

除了 Excel 內建的自動填入數列, 我們還可以自訂常用的自動填入數列, 如小組 1、小組 2……等, 方便隨時重複使用。

自訂清單

假設您經常需要在工作表中輸入 "專案一、專案二、專案三、…" 的數列, 就可以將它們自訂為自動填入數列:

STEP 01 請先開啟範例檔案 Ch04-01, 並選取**工作表 1** 的 A1:A5 範圍:

選取 A1：A5 儲存格

	A	B
1	專案一	
2	專案二	
3	專案三	
4	專案四	
5	專案五	
6		

STEP 02 按下**檔案**頁次, 再按下**選項**項目, 在 **Excel 選項**交談窗中切換到**進階**頁次, 按下**一般**區下的**編輯自訂清單**鈕, 在**自訂清單**交談窗的下方欄位中即可看到我們剛剛選取的範圍, 若此範圍不適合, 可在欄中直接修改, 或是按下欄位旁的**折疊**鈕, 重新選取儲存格的範圍:

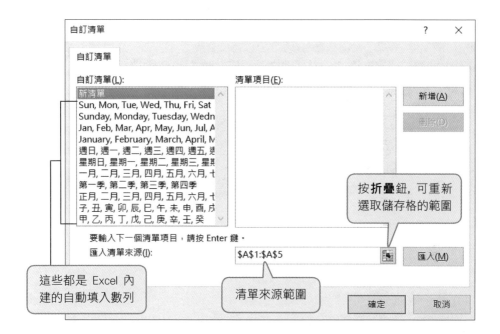

這些都是 Excel 內
建的自動填入數列

清單來源範圍

按**折疊**鈕, 可重新
選取儲存格的範圍

STEP
03 按下**匯入**鈕, 將選取的數列匯入到**自訂清單**與**清單項目**列示窗中:

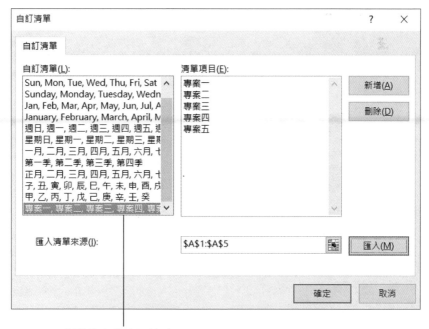

新增的自動填入數列

最後按下**確定**鈕, 即可完成自訂的自動填入數列。

以後只要輸入 "專案一", 再利用**自動填滿**功能即可自動填入 "專案二" 至 "專案五", 這樣是不是方便多了呢?

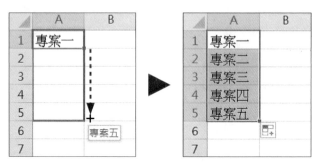

利用**自動填滿**功能即可輸入完成

刪除自訂數列

若要刪除自訂的自動填入數列, 只要在**自訂清單**列示窗中選取要刪除的數列, 再按下**刪除**鈕即可。不過, Excel 內的自動填入數列是無法刪除的喔!

4-7 資料驗證

若要對儲存格的內容加以限制, 最好的方法就是在輸入資料之前, 先出現提示訊息來提醒我們資料的限制；待完成輸入, 再驗證資料是否正確, 以避免輸入時的人為疏失。

設定輸入提示訊息

提示訊息的作用在於告訴我們該輸入哪一類的資料？例如我們可以設定, 當選取 B2：B7 的任一儲存格時, 能夠出現如右的提示訊息：

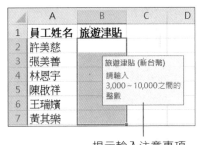

提示輸入注意事項

請開啟範例檔案 Ch04-02, 我們一起來為 B2：B7 儲存格設定提示訊息。請選取 B2：B7, 如下操作：

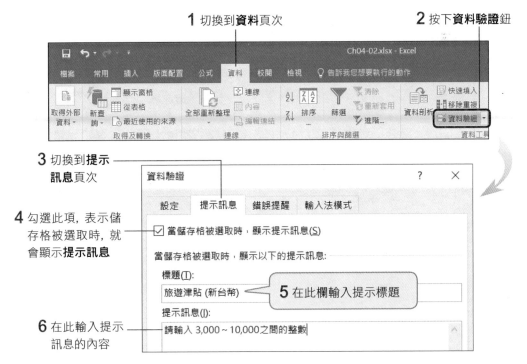

1 切換到**資料**頁次

2 按下**資料驗證**鈕

3 切換到**提示訊息**頁次

4 勾選此項, 表示儲存格被選取時, 就會顯示**提示訊息**

5 在此欄輸入提示標題

6 在此輸入提示訊息的內容

設定資料驗證準則

接著，您可以為儲存格設定資料驗證的準則，來驗證輸入的資料是否正確。請切換到**設定**頁次：

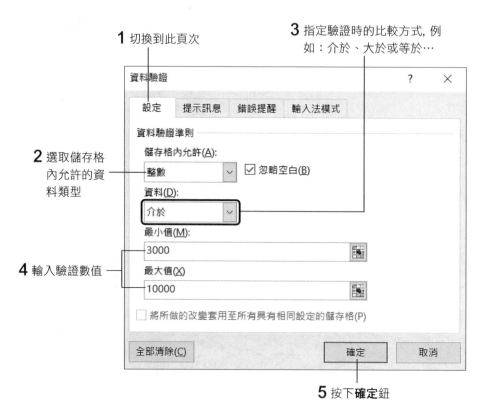

1 切換到此頁次

3 指定驗證時的比較方式, 例如：介於、大於或等於…

2 選取儲存格內允許的資料類型

4 輸入驗證數值

5 按下**確定**鈕

設定完成後，只要一選取 B2：B7 任一儲存格，就會出現輸入提示訊息，若你還是在 B2：B7 中輸入非 3,000~10,000 之間的整數，就出現錯誤警告，提示我們輸入的資料不符合資料驗證準則：

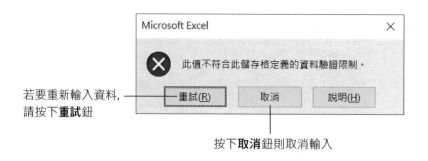

若要重新輸入資料，請按下**重試**鈕

按下**取消**鈕則取消輸入

設定錯誤提醒訊息

錯誤提醒的標誌與內容都是可以修改的。請選取 B2：B7 ，接著按下**資料**頁次**資料工具**區的**資料驗證**鈕，並切換到**錯誤提醒**頁次：

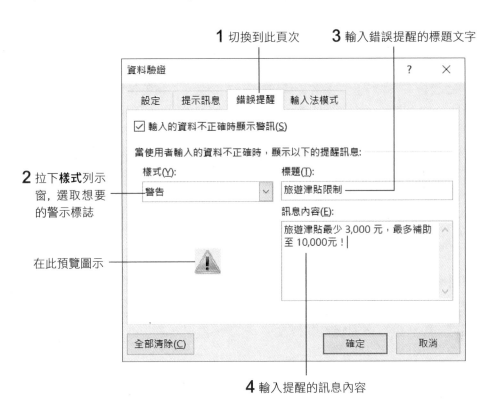

1 切換到此頁次　　**3** 輸入錯誤提醒的標題文字

2 拉下**樣式**列示窗，選取想要的警示標誌

在此預覽圖示

4 輸入提醒的訊息內容

按下**確定**鈕即可改變**錯誤提醒**的內容，下次出現**錯誤提醒**就會變成下圖：

改變了警示標誌

仍要輸入目前的數值

回到儲存格重新輸入　　取消輸入的數值

在上述的設定中, 我們可以選擇以下 3 種類型的錯誤提醒標示:

圖示	警示	說明
✖	停止	防止使用者在儲存格中輸入無效資料。提醒訊息有**重試**或**取消**兩個選項。
⚠	警告	告知使用者所輸入的資料無效, 但不會阻止使用者輸入資料。出現**警告**提醒訊息時, 使用者可以按下**是**鈕接受無效輸入、**否**鈕重新編輯無效輸入, 或**取消**鈕以移除無效輸入。
ⓘ	資訊	告知使用者所輸入的資料無效, 但不會阻止使用者輸入資料。此種錯誤提醒最具彈性, 出現此類提醒訊息時, 使用者可以按下**確定**鈕, 以接受無效值, 或**取消**鈕以拒絕無效值。

清除資料驗證

清除**資料驗證**設定的方法很簡單, 您只需選取設有**資料驗證**的儲存格, 然後按下**資料**頁次**資料工具**區的**資料驗證**鈕, 在**資料驗證**交談窗中按下**全部清除**鈕, 再按下**確定**鈕即可清除該儲存格的**資料驗證**設定。

1 按下此鈕

2 按下**確定**鈕

輸入資料的省時妙招

技巧 1

前面我們提過可以用**下拉式清單**的方式, 列出同一欄中出現過的資料, 其實你可以善用快速鍵 Alt + ↓ , 快速產生**下拉式清單**來填入資料。

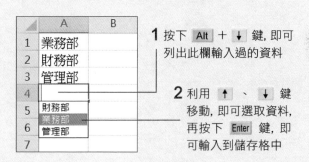

1 按下 Alt + ↓ 鍵, 即可列出此欄輸入過的資料

2 利用 ↑ 、 ↓ 鍵移動, 即可選取資料, 再按下 Enter 鍵, 即可輸入到儲存格中

技巧 2

想要在不連續的儲存格裡輸入相同的資料, 你不需慢慢打字或是一個一個複製、貼上, 可善用 Ctrl + Enter 鍵來完成。

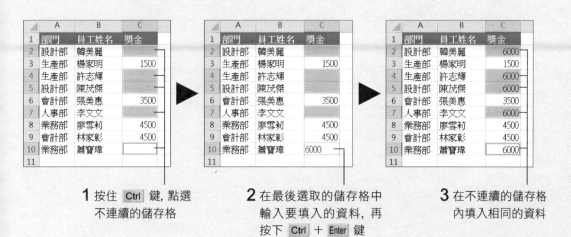

1 按住 Ctrl 鍵, 點選不連續的儲存格

2 在最後選取的儲存格中輸入要填入的資料, 再按下 Ctrl + Enter 鍵

3 在不連續的儲存格內填入相同的資料

技巧 3　有時我們會需要輸入和上一個 (或上一列) 儲存格相同的資料，這時你可以善用 Ctrl + D 快速鍵快速輸入。

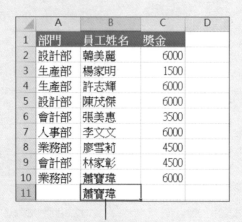

	A	B	C	D
1	部門	員工姓名	獎金	
2	設計部	韓美麗	6000	
3	生產部	楊家明	1500	
4	生產部	許志輝	6000	
5	設計部	陳茂傑	6000	
6	會計部	張美惠	3500	
7	人事部	李文文	6000	
8	業務部	廖雪莉	4500	
9	會計部	林家彰	4500	
10	業務部	蕭寶瑋	6000	
11		蕭寶瑋		

在 B11 輸入 Ctrl + D，即可產生與 B10 相同的資料

	A	B	C	D
1	部門	員工姓名	獎金	
2	設計部	韓美麗	6000	
3	生產部	楊家明	1500	
4	生產部	許志輝	6000	
5	設計部	陳茂傑	6000	
6	會計部	張美惠	3500	
7	人事部	李文文	6000	
8	業務部	廖雪莉	4500	
9	會計部	林家彰	4500	
10	業務部	蕭寶瑋	6000	
11				

選取 A11：C11 儲存格範例，再按下 Ctrl + D 鍵

	A	B	C	D
1	部門	員工姓名	獎金	
2	設計部	韓美麗	6000	
3	生產部	楊家明	1500	
4	生產部	許志輝	6000	
5	設計部	陳茂傑	6000	
6	會計部	張美惠	3500	
7	人事部	李文文	6000	
8	業務部	廖雪莉	4500	
9	會計部	林家彰	4500	
10	業務部	蕭寶瑋	6000	
11	業務部	蕭寶瑋	6000	

輸入與上一列相同的資料

CHAPTER

5

公式與函數

當我們在 Excel 中輸入一堆資料與數據之後，總是希望能為這些數據做些後續的處理，如：數值的加總、算出平均值…等等，以便將數字資料變成有用的資訊，做為我們決策分析的參考。本章即要告訴您如何建立公式及使用函數，讓 Excel 幫我們計算數字資料。

- 建立公式
- 相對參照位址與絕對參照位址
- 使用 Excel 函數
- 自動計算功能 — 選取範圍即自動計算
- 在公式中使用名稱
- 公式與函數的校正與除錯
- 利用錯誤檢查選項鈕除錯

5-1 建立公式

當我們需要將工作表中的數字資料做加、減、乘、除…等等運算時, 就可以把計算的動作交給 Excel 的「公式」去做, 省去自行運算的工夫。而且當資料有所變動時, 公式計算的結果還會立即更新。

公式的表示法

Excel 的公式和一般數學公式很類似, 通常數學公式的表示法為:

```
A3 = A1 + A2
```

若將這個公式改用 Excel 表示, 則變成要在 A3 儲存格中輸入:

```
= A1 + A2
```

意思是 Excel 會將 A1 儲存格的值加上 A2 儲存格的值, 然後將結果顯示在 A3 儲存格中。

運算子

Excel 的公式運算共分為**參照**、**算術**、**文字**與**比較**四大類, 下表按運算的優先順序列出所有的運算子:

優先性	類型	運算子	說明
高	參照	:	範圍, 例如 C1：C5
		空格	交集, 例如 C1：C5 A3：D3 的交集為 C3
		,	聯集, 例如 C1：C5, A3：D3
	算術	-	負號, 例如：-B2
		%	百分比, 例如：B2%
		^	指數, 例如：B2^C1
		* 和 /	乘法和除法, 例如：C1* B2, C1/B2
		+ 和 -	加法和減法, 例如：C1+B2, C1-B2
	文字	&	連接文字
	比較	= 、>	等於、大於, 例如：C1 > B2
		< 、>=	小於、大於或等於, 例如：C1 > = B2
低		<= 、<>	小於或等於、不等於, 例如：C1 < > B2

輸入公式

輸入公式必須以等號 "=" 起首, 例如 "= A1 + A2", 這樣 Excel 才知道我們輸入的是公式, 而不是一般的文字資料。現在我們就來練習建立公式, 請開啟範例檔案 Ch05-01:

	A	B	C	D	E
1	科目	1月	2月	3月	第一季
2	零用金	1500	3120	4500	
3	差旅費	8000	6555	5103	
4	郵電費	605	852	789	
5	文具費	1245	2540	3140	

我們打算在儲存格 E2 存放零用金的加總, 也就是要將 1~3 月的零用金加總起來, 放到儲存格 E2 中, 因此將儲存格 E2 的公式設計為 "= B2 + C2 + D2":

函數方塊　　　　　　　　　　在此輸入 "="

STEP 01 請選定要輸入公式的儲存格, 也就是 E2, 接著將指標移到**資料編輯列**, 輸入 "=":

	A	B	C	D	E	F
1	科目	1月	2月	3月	第一季	
2	零用金	1500	3120	4500	=	
3	差旅費	8000	6555	5103		
4	郵電費	605	852	789		
5	文具費	1245	2540	3140		

SUM　×　✓　fx　=

B2 自動輸入到公式中

STEP 02 接著輸入 "=" 之後的公式, 即 "B2 + C2 + D2"。請在儲存格 B2 上按一下, Excel 便會將 B2 輸入到**資料編輯列**中:

B2　×　✓　fx　=B2

	A	B	C	D	E	F
1	科目	1月	2月	3月	第一季	
2	零用金	1500	3120	4500	=B2	
3	差旅費	8000	6555	5103		
4	郵電費	605	852	789		
5	文具費	1245	2540	3140		

此時 B2 被虛線框包圍住

運算元與儲存格的框線會使用相同的顏色, 以利於辨識　　公式建好了

STEP 03 再來請輸入 "+", 然後選取 C2、接著輸入 "+", 再選取 D2, 如此公式的內容便輸入完成了:

D2　×　✓　fx　=B2+C2+D2

	A	B	C	D	E	F
1	科目	1月	2月	3月	第一季	
2	零用金	1500	3120	4500	C2+D2	
3	差旅費	8000	6555	5103		
4	郵電費	605	852	789		
5	文具費	1245	2540	3140		

最後按下**資料編輯列**上的**輸入鈕** ☑ 或 Enter 鍵, 公式計算的結果馬上就會
顯示在儲存格 E2 中:

資料編輯列會顯示公式

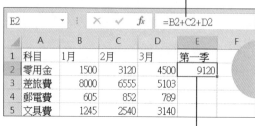

您也可以直接從鍵盤鍵入
"= B2 + C2 + D2", 再按下
Enter 鍵來輸入公式, 省下
滑鼠、鍵盤交替使用的麻煩

儲存格顯示公式計算的結果

在儲存格中查看公式

若想直接在儲存格中查看公式, 可按下 Ctrl + \ 鍵 (\ 鍵在 Tab 鍵的上方), 在公
式和計算結果間做切換。

	A	B	C	D	E
1	科目	1月	2月	3月	第一季
2	零用金	1500	3120	4500	=B2+C2+D2
3	差旅費	8000	6555	5103	
4	郵電費	605	852	789	
5	文具費	1245	2540	3140	

E2   fx   =B2+C2+D2

更新公式計算的結果

公式的計算結果會隨著儲存格的內
容變動而自動更新。以上例來說, 假設
當公式建好以後, 才發現 1 月的零用金
打錯了, 應該是 "1300" 才對。當我們
將儲存格 B2 的值改成 "1300", 您將
發現在 E2 儲存格中的計算結果立即從
9120 更新為 8920:

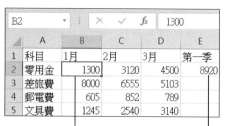

修改 1 月的零用金　　自動更新計算結果

5-2 相對參照位址與絕對參照位址

公式中的位址有兩種類型：「相對參照位址」與「絕對參照位址」。前者的表示法如：B1、C4；後者則須在儲存格位址前面加上 "$" 符號，如：$B$1、$C$4。本節來看看要怎麼運用。

相對與絕對參照的差異

假設您要前往某地，但不知道該怎麼走，於是就向路人打聽。結果得知從您現在的位置往前走，碰到第一個紅綠燈後右轉，再直走約 100 公尺就到了，這就是「相對參照位址」的概念。

另外有人乾脆將實際地址告訴您，假設為「杭州南路一段 15-1 號」，這就是「絕對參照位址」的概念，由於地址具有唯一性，所以不論您在什麼地方，根據這個絕對參照位址，所找到的永遠是同一個地點。

將這兩者的特性套用在公式上，相對參照位址會隨著公式的位置而改變，而絕對參照位址則不管公式在什麼地方，它永遠指向同一個儲存格。

相對與絕對參照的使用

以下我們以實際範例為您說明相對參照位址與絕對參照位址的使用方式。請開啟範例檔案 Ch05-02，會看到如右圖的畫面：

▲	A	B	C
1	5	5	
2	3	3	
3			
4			

STEP 01 請選取 A3 儲存格，輸入公式 "= A1 + A2" 並計算出結果。根據前面的說明，這是相對參照位址。接著我們要在 B3 輸入絕對參照位址的公式，請選取 B3 儲存格，然後在**資料編輯列**中輸入 "=B1"。

按下 F4 鍵, 則 B1 便切換成 $B$1, 成為絕對參照位址了:

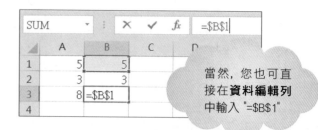

當然, 您也可直接在**資料編輯列**中輸入 "=$B$1"

💾 切換相對參照與絕對參照位址: F4 鍵

F4 鍵可循序切換儲存格位址的參照類型, 每按一次 F4 鍵, 參照位址的類型就會改變, 其切換結果如下:

F4	儲存格	參照位址 B1
第 1 次	$B$1	絕對參照
第 2 次	B$1	混合參照, 只有列編號是絕對位址
第 3 次	$B1	混合參照, 只有欄編號是絕對位址
第 4 次	B1	相對參照

接著輸入 "+B2", 再按 F4 鍵將 B2 變成 $B$2, 最後按下 Enter 鍵, 將公式建立完成:

絕對參照位址

B3   × ✓ fx   =$B$1+$B$2 ——— B3 的公式內容

◢	A	B	C	D	E
1	5	5			
2	3	3			
3	8	8			
4					

A3 及 B3 的公式分別是由相對位址與絕對位址組成, 但兩者的計算結果卻一樣。到底它們差別在哪裡呢? 請選定 A3:B3, 拉曳**填滿控點**到下一列, 將公式複製到下方的儲存格中:

 拉曳**填滿控點**到下一列時, 會出現**自動填滿選項**鈕 ▦, 不過在此您可以不予理會。

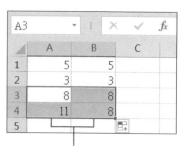

A4:B4 的計算結果不同了

相對位址公式

A3 的公式 "= A1 + A2",使用了相對位址,表示要計算 A3 往上找兩個儲存格 (A1、A2) 的總和,因此當公式複製到 A4 後,便改成從 A4 往上找兩個儲存格相加,結果就變成 A2 和 A3 相加的結果:

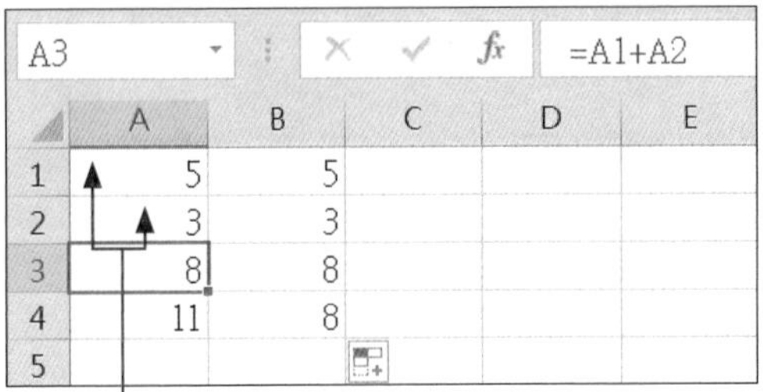

往上找兩個儲存格 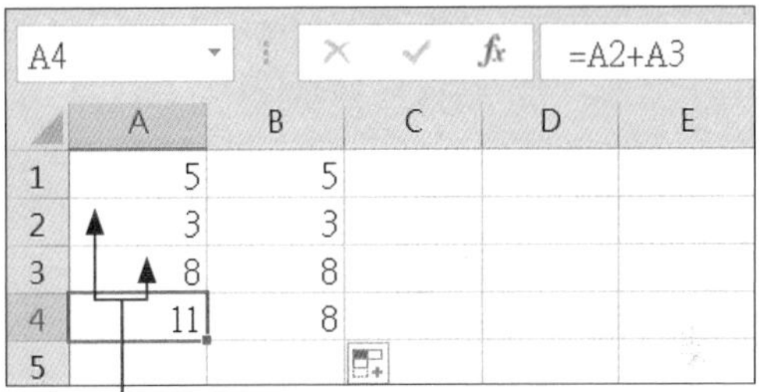　　　　　　　　往上找兩個儲存格

絕對位址公式

還是找 B1 和 B2 進行相加

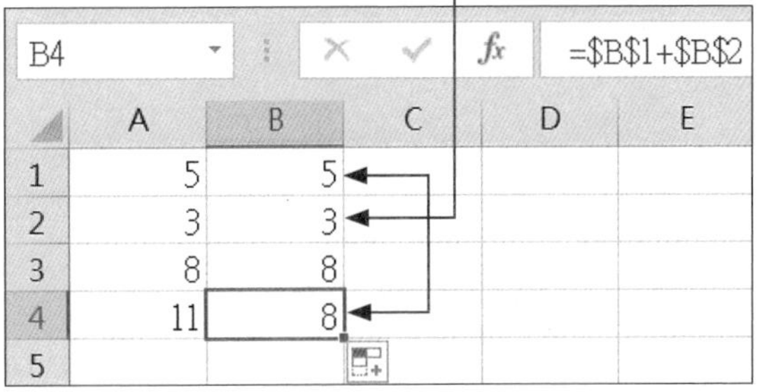

B3 的公式 "= $B$1＋$B$2",使用了絕對位址,因此不管公式複製到哪裡,Excel 都是找出 B1 和 B2 的值來相加,所以 B3 和 B4 的結果都是一樣的:

混合參照的使用

我們可以在公式中同時使用相對參照與絕對參照,這種情形稱為「混合參照」。例如:

```
= $A$1 + A2
```
絕對參照　　　相對參照

和

```
= $B1 + B2
```
絕對參照　　　相對參照

這種公式在複製後, 絕對參照的部份 (如 $B1 的 $B) 不會變動, 而相對參照的部份則會隨情況做調整。

我們還是以 Ch05-02 為例, 請依照下列步驟將 B4 儲存格中的公式改成混合參照公式 = $B1+ B2：

STEP 01 請雙按 B4 儲存格進入編輯模式, 將插入點移至 "=" 之後, 接著按兩次 F4 鍵, 讓 $B$1 變成 $B1。

STEP 02 將插入點移至 "+" 之後, 按 3 次 F4 鍵將 $B$2 變成 B2, 最後按下 Enter 鍵, 公式便輸入完成。

STEP 03 接著選定 B4 儲存格, 分別拉曳填滿控點至 C4 及 B5：

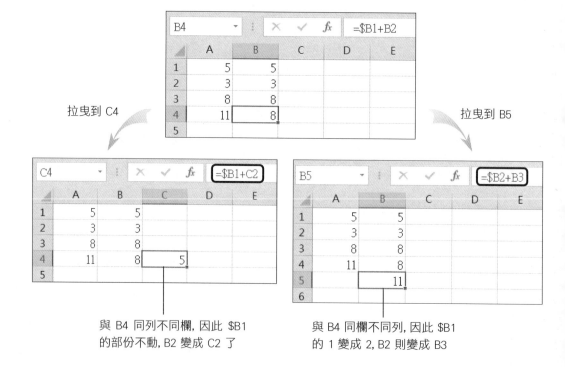

拉曳到 C4

拉曳到 B5

與 B4 同列不同欄, 因此 $B1 的部份不動, B2 變成 C2 了

與 B4 同欄不同列, 因此 $B1 的 1 變成 2, B2 則變成 B3

為什麼公式要有這麼多種參照方式？

當我們在設計公式時，並不是每一次都使用相對位址的參照方式就可以了。舉個例子來說，我們要計算股利，其公式為 "=分配盈餘＊((原有股數＋配股數) / 業績)"，若以相對參照位址設計公式，再拉曳填滿控點來複製公式，就會發現計算出來的結果有錯：

使用相對參照位址的公式，再複製到 E5：E8

E4			fx	=B1*((C4+D4)/B4)		
	A	B	C	D	E	F	G
1	分配盈餘	32,000,000					
2							
3	姓名	業績	原有股數	配股數	股利		
4	張終牟	640,000	250,000	10,000	13000000		
5	曹星辰	5,290,000	120,000	25,000	0		
6	郭抬茗	6,262,000	375,000	25,000	#VALUE!		
7	施正堂	715,000	175,000	10,000	165594.4056		
8	李紋隆	2,158,000	43,000	15,000	142177.9425		
9							
10							
11							

咦…算出來的結果不對耶！

此儲存格的公式變成 "=B2*((C5+D5)/B5)"

在公式中，「分配盈餘」應該固定指向 B1 儲存格，不論公式複製到其他的儲存格也不會改變。所以，我們應將 E4 的公式修正為 "=$B$1*((C4+D4)/B4)"，亦即使用「絕對位址」的參照方式來指定 $B$1 這個儲存格，然後再複製到 E5：E8。依據不同的工作表設計，公式也必須使用不同的參照方式，才能確保在複製公式到其他儲存格時，其結果會是正確的。

E8			fx	=$B$1*((C8+D8)/B8)		
	A	B	C	D	E	F
1	分配盈餘	32,000,000				
2						
3	姓名	業績	原有股數	配股數	股利	
4	張終牟	640,000	250,000	10,000	13,000,000	
5	曹星辰	5,290,000	120,000	25,000	877,127	
6	郭抬茗	6,262,000	375,000	25,000	2,044,075	
7	施正堂	715,000	175,000	10,000	8,279,720	
8	李紋隆	2,158,000	43,000	15,000	860,056	
9						
10						

5-3 使用 Excel 函數

函數是 Excel 根據各種需要, 預先設計好的運算公式, 可讓您省下不少自己設計公式的時間, 底下我們就來看看如何運用 Excel 的函數。

函數的格式

每個函數都包含三個部份: **函數名稱**、**引數**和**小括號**。我們以加總函數 SUM 來說明:

- SUM 即是函數名稱, 從函數名稱可大略得知函數的功能、用途。

- 小括號用來括住引數, 有些函數雖沒有引數, 但小括號還是不可以省略。

- 引數是函數計算時所必須使用的資料, 例如 SUM (1,3,5) 即表示要計算 1、3、5 三個數字的總和, 其中的 1,3,5 就是引數。

📀 引數的資料類型

函數的引數可不僅是數字類型而已, 它還可以是文字, 或是以下幾種類型:

- **位址**: 如 SUM (B1, C3) 即是要計算 B1 儲存格的值加上 C3 儲存格的值。

- **範圍**: 如 SUM (A1:A4) 即是要加總 A1 儲存格至 A4 儲存格範圍的值。

- **函數**: 如 SQRT (SUM(B1:B4)) 即是先求出 B1 儲存格至 B4 儲存格的總和後, 再開平方根的結果。

輸入函數 － 使用函數方塊

函數也是公式的一種, 所以輸入函數時, 也必須以 "=" 起首。請開啟範例檔案 Ch05-03, 我們要在 B9 儲存格運用 SUM 函數來計算費用的總支出:

STEP 01 首先選取存放計算結果的儲存格 B9, 並在**資料編輯列**中數入 "="。

STEP 02 接著按下**函數方塊**右側的下拉鈕, 在**函數列示窗**中選取 **SUM**, 此時會開啟**函數引數**交談窗來協助您輸入函數。

函數方塊

選取 **SUM** 函數

Excel 會自動判斷範圍, 在此誤判了 B8 儲存格, 我們也可以手動修改

函數引數 ? ×

SUM

Number1 B4:B8 = {5487;2548;3654;6840;0}

Number2 = 數字

= 18529

傳回儲存格範圍中所有數值的總和

Number1: number1,number2,... 為 1 到 255 個所要加總的數值。在所要加總的儲存格中邏輯值及文字將略過不計, 而所要加總的引數如有邏輯值及文字亦略過不計。

計算結果 = 18,529

函數說明(H)

確定   取消

若按下此處, 可取得函數的進階說明

這裡會描述此函數的功能

函數方塊列示窗只會顯示最近用過的 10 個函數, 若您在函數方塊列示窗中找不到想要的函數, 就得選取其他函數項目開啟插入函數交談窗來尋找欲使用的函數。

STEP
03
請先按下第一個引數欄 Number1 右側的摺疊鈕  將函數引數交談窗收起來, 再從工作表中選取 B4：B7 當作引數:

STEP
04
請按一下 Number1 欄右側的展開鈕 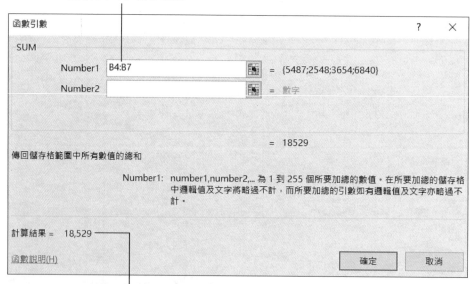, 再度將函數引數交談窗展開:

選取 B4：B7 當作引數

這裡會顯示計算的結果

除了從工作表中選取儲存格來設定引數, 您也可以直接在引數欄中輸入引數, 省下摺疊與展開函數引數交談窗的麻煩。

快速設定引數

照理說, 一個引數欄只用來設定一個儲存格位址, 例如上面的例子本來應該要做如下的設定:

函數引數	? ×

SUM

Number1	B4	圖	= 5487
Number2	B5	圖	= 2548
Number3	B6	圖	= 3654

用指標在 Number2 欄按一下, 則 Number3 欄便會出現

= 11689

傳回儲存格範圍中所有數值的總和

Number3: number1,number2,... 為 1 到 255 個所要加總的數值。在所要加總的儲存格中邏輯值及文字將略過不計, 而所要加總的引數如有邏輯值及文字亦略過不計。

計算結果 = 11,689

函數說明(H)　　　　　　　　　　　　　　　　　　　確定　　取消

但為了節省時間, 我們通常會將整個引數範圍都設定在一個引數欄中。

剛才輸入的函數

STEP 05 按下**確定鈕**, 函數的計算結果就顯示在 B9 儲存格內:

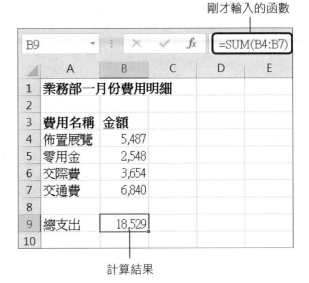

計算結果

利用「自動加總」鈕快速建立函數公式

切換到**公式**頁次，在**函數程式庫**區的 $\sum_{自動加總}$ 鈕可以讓我們快速輸入函數。例如當我們選取儲存格 B9，並按下 $\sum_{自動加總}$ 鈕時，便會自動插入 SUM 函數，連引數都幫我們設定好了：

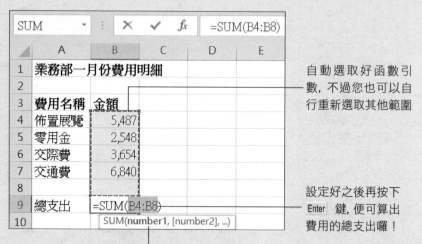

自動選取好函數引數，不過您也可以自行重新選取其他範圍

設定好之後再按下 Enter 鍵，便可算出費用的總支出囉！

這裡會有函數的輸入格式提示

事實上，除了加總功能之外，$\sum_{自動加總}$ 鈕還提供數種常用的計算供我們選擇。您只要按下 ▼ 鈕，即可選擇要進行的計算：

可使用**自動加總**鈕來做這些運算

若選此項，會開啟**插入函數**交談窗

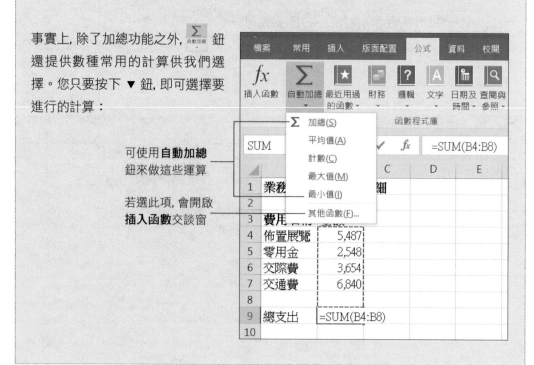

輸入其它函數 – 「插入函數」交談窗

插入函數交談窗是 Excel 函數的大本營。請您開啟範例檔案 Ch05-04, 現在我們要練習透過**插入函數**交談窗來輸入函數, 計算業務部的總支出:

STEP 01 請選取儲存格 B9, 然後按下**資料編輯列**上的**插入函數**鈕 f_x (或按下**公式**頁次**函數程式庫**區的**插入函數**鈕), 您會發現**資料編輯列**自動輸入 "=", 並且開啟**插入函數**交談窗:

可從這裡選擇函數的類別, 如財務、統計、文字…等

列出 Excel 所提供的函數

函數的功能敘述

按下此處可顯示目前所選取函數的使用說明

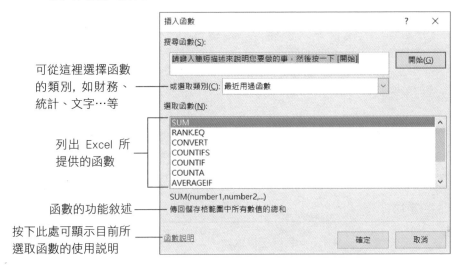

STEP 02 接著我們要從**插入函數**交談窗中選取 SUM 函數:

1 選擇**數學與三角函數**類別

若您不知道 Excel 是否提供您所要的函數, 也可在此輸入中、英文關鍵字, 再按下右側的**開始**鈕進行搜尋

2 選取此類別下的 **SUM** 函數

3 按下**確定**鈕, 開啟**函數引數**交談窗

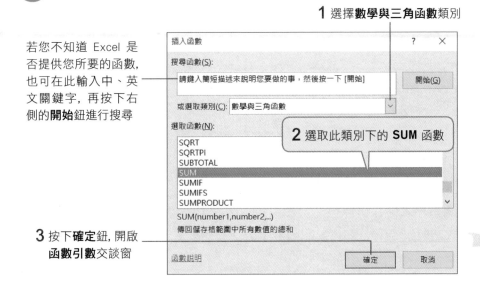

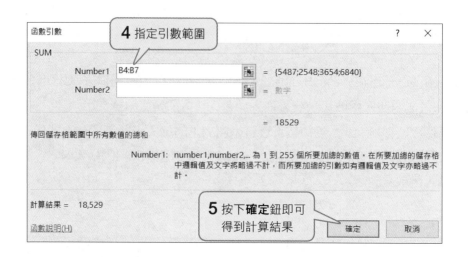

從工作表函數清單輸入函數

若你已經知道要使用哪一個函數，可以直接在儲存格輸入 "="，再輸入函數的第一個字母，此時儲存格下方就會列出該字母開頭的函數清單，如果還沒出現要用的函數，可繼續輸入第 2 個字母，當清單中出現要用的函數後，用滑鼠雙按函數即可自動輸入儲存格中：

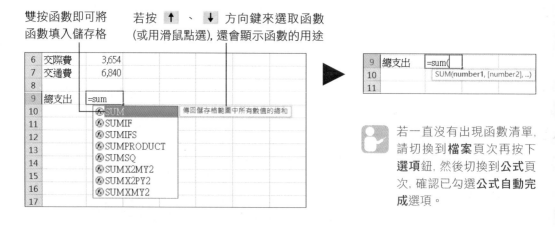

若一直沒有出現函數清單，請切換到**檔案**頁次再按下**選項**鈕，然後切換到**公式**頁次，確認已勾選**公式自動完成**選項。

變更引數設定

當您將函數存入儲存格以後，若想變更引數設定，請選取函數所在的儲存格，然後按下**插入函數**鈕 f_x，即可展開**函數引數**交談窗來重新設定引數。或者你也可以直接在**資料編輯列**中修改引數。

5-4 自動計算功能 —
選取範圍即自動計算

之前我們想要得知某範圍內的總和時,總是要在儲存格中建立公式或函數來計算。「自動計算」功能則讓您不需撰寫公式或使用函數,就能快速得到運算結果。

使用自動計算

請您開啟 Ch05-05 範例檔案,接著只要選取 B2：D2 儲存格範圍,這 3 個儲存格的加總值馬上就會顯示在**狀態列**上:

	A	B	C	D	E
1	客戶名稱	成交金額	工資	運費	總價
2	杉零科技	654,872	7,500	3,000	
3	偉創公司	125,000	2,500	1,200	
4	佳峰實業	800,000	8,500	3,500	
5	昕凌有限公司	568,745	6,000	2,800	
6	茂夕股份有限公司	95,841	8,500	4,000	
7	宏全實業公司	658,845	5,500	3,200	
8	藍海科技公司	350,000	4,000	1,800	
9					

工作表1

就緒　　　　平均值: 221,791　項目個數: 3　加總: 665,372

顯示選取範圍的加總值,
這就是**自動計算**的功能

自動計算的功能項目

自動計算功能不僅會計算總和,還可以計算最大、最小值以及平均值等等。假設我們現在想知道成交金額最高是多少,則可如下操作:

1 選取 B2：B8 範圍　　　　**3** 在快顯功能表中勾選**最大值**項目

	A	B
1	客戶名稱	成交金額
2	杉零科技	654,872
3	偉創公司	125,000
4	佳峰實業	800,000
5	昕凌有限公司	568,745
6	茂夕股份有限公司	95,841
7	宏全實業公司	658,845
8	藍海科技公司	350,000

- ✓ 自動設定小數點(F) — 關閉
- 取代模式(O)
- ✓ 結束模式(E)
- 巨集錄製(M) — 未在錄製中
- ✓ 選取範圍模式(L)
- ✓ 頁碼(P)
- ✓ 平均值(A) — 464,758
- ✓ 項目個數(C) — 7
- 數字計數(T)
- 最小值(I)
- 最大值(X) — 800,000
- ✓ 加總(S) — 3,253,303
- ✓ 上傳狀態(U)
- ✓ 檢視捷徑(V)

計算功能項目前面有打勾者,都會在狀態列中顯示各項計算結果

2 在狀態列按下滑鼠右鈕

工作表1

就緒

	A	B	C	D	E
1	客戶名稱	成交金額	工資	運費	總價
2	杉零科技	654,872	7,500	3,000	
3	偉創公司	125,000	2,500	1,200	
4	佳峰實業	800,000	8,500	3,500	
5	昕淩有限公司	568,745	6,000	2,800	
6	茂夕股份有限公司	95,841	8,500	4,000	
7	宏全實業公司	658,845	5,500	3,200	
8	藍海科技公司	350,000	4,000	1,800	
9					

工作表1 ⊕

就緒　平均值: 464,758　項目個數: 7　最大值: 800,000　加總: 3,253,303

最大值顯示
在狀態列上

平均值和**項目個數**及**加總**是
預設就會顯示的計算項目

 「項目個數」與「數字計數」的作用

在自動計算功能中，**項目個數**與**數字計數**比較不容易從字面上明白其用途。**項目個數**
可計算選定範圍中，有幾個非空白的儲存格；**數字計數**則是計算選定範圍中，資料為
數值的儲存格個數。

	A	B	C	D	E	F
1		學科	術科	特殊表現	總分	
2	陳美惠	85	75	60		
3	許純純	78		85		
4	張輝明		85	75		
5	林寒清	68	90	85		
6	謝震明	84	75	80		
7						
8						

工作表1 ⊕

就緒　平均值: 78.75　項目個數: 4　數字計數: 4　最大值: 85　加總: 315

B2：B6 當中有 4 個非空白
儲存格且為數值資料

5-5 在公式中使用名稱

用儲存格位址來當作公式的運算元或函數的引數, 雖然可以直接指出計算的範圍, 但卻無法看出公式的用途。這裡要教您為儲存格取名稱, 以後就直接用名稱代替儲存格位址, 使公式更容易明白。

命名的原則

當我們為儲存格定義名稱時, 必須遵守下列的命名規則:

● 名稱的第一個字元必須是中文、英文、或底線 (_) 字元。其餘字元則可以是英文、中文、數字、底線、句點 (.) 和問號 (?)。

● 名稱最多可達 255 個字元。但別忘了一個中文字就佔兩個字元。

● 名稱不能類似儲存格的位址, 如 A3、$C$5。

● 名稱不區分大小寫字母, 所以 MONEY 和 money 視為同一個名稱。

定義名稱

請您開啟範例檔案 Ch05-06, 現在我們要將 B2:B3 儲存格範圍命名為 "歷史分數":

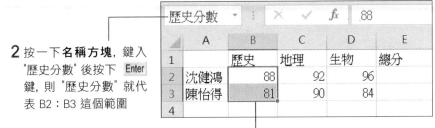

2 按一下 **名稱方塊**, 鍵入 "歷史分數" 後按下 Enter 鍵, 則 "歷史分數" 就代表 B2:B3 這個範圍

1 選定欲命名的範圍 B2:B3

在公式中貼上名稱

接續上例, 剛才已將 B2:B3 命名為 "歷史分數", 那麼現在就試著用 "歷史分數" 這個名稱, 來建立儲存格 E2 的公式:

STEP 01 請選取 E2，接著按下**公式**頁次**已定義之名稱**區的 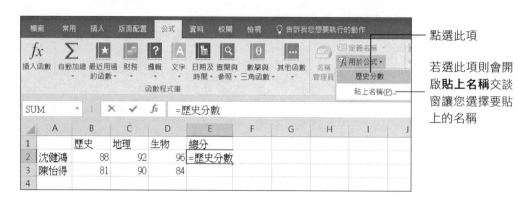 鈕並選擇「歷史分數」，於是**資料編輯列**和儲存格中便會出現 "=歷史分數"。

點選此項

若選此項則會開啟**貼上名稱**交談窗讓您選擇要貼上的名稱

STEP 02 接著鍵入 "+ C2 + D2"，並按下 Enter 鍵，如此沈健鴻的總分便會顯示在 E2 儲存格中。

公式的內容

沈健鴻的總分

如果您還記得當初所命名的**名稱**，也可直接在儲存格中輸入**名稱**，不一定要按下 用於公式 鈕來做選擇。

💾 公式錯了吧？

公式 "=歷史分數 (即 B2：B3 這兩個儲存格) + C2 + D2"，怎麼會是沈健鴻的 3 科總分呢？

一般而言，公式的運算元應是單一值、單一儲存格、或參照單一儲存格的名稱，因此當我們指定一欄或一列的儲存格來參照時，Excel 便會主動從範圍中選擇一個儲存格來計算，其原則如下：

● 若指定的範圍是一列，則選擇與公式同欄的儲存格。

● 若指定的範圍是一欄，則選擇與公式同列的儲存格。

Next

所以 "歷史分數" 雖然有兩個儲存格, 但此處僅會選擇儲存格 B2 來計算:

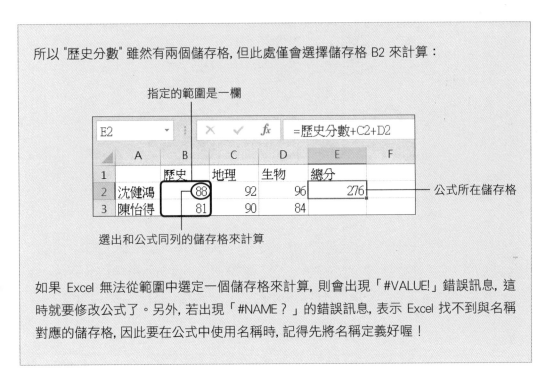

如果 Excel 無法從範圍中選定一個儲存格來計算, 則會出現「#VALUE!」錯誤訊息, 這時就要修改公式了。另外, 若出現「#NAME？」的錯誤訊息, 表示 Excel 找不到與名稱對應的儲存格, 因此要在公式中使用名稱時, 記得先將名稱定義好喔！

刪除名稱

假如定義的**名稱**用不到了, 想要將它刪除掉, 可以按下**公式**頁次**已定義之名稱**區的**名稱管理員**鈕, 在**名稱管理員**交談窗中選取欲刪除的名稱, 再按下**刪除**鈕即可。

5-6 公式與函數的校正與除錯

當我們輸入公式或函數時, 難免因一時疏忽而產生錯誤。還好, Excel 提供公式自動校正、範圍搜尋、公式稽核、追蹤錯誤等 4 種方法, 幫我們快速找到錯誤並做更正。

公式自動校正

在建立公式或函數時, 有時可能會因為不小心或不熟悉而造成輸入錯誤, 例如: 多了運算子, 誤將冒號 ":" 打成分號 ";"…等等。遇到這類情況時, Excel 會自動在工作表中出現建議您修改公式的訊息; 舉例來說, 假設您在公式中輸入兩個 "=":

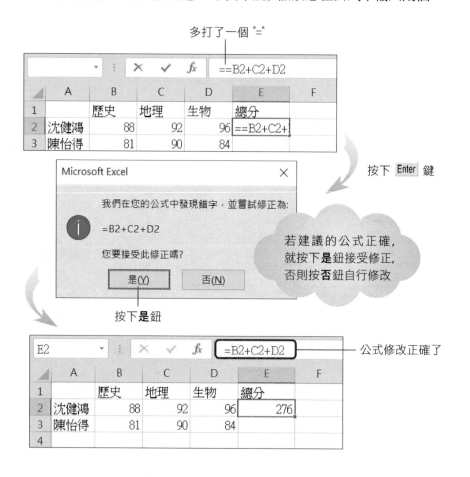

下表列出**公式自動校正**功能會幫我們校正的項目：

常犯的錯誤	範例	建議校正為
括號不對稱	= (A1+A2)*(A3+A4	= (A1+A2)*(A3+A4)
引號不對稱	= IF (A1=1,"a", b)	= IF (A1=1,"a","b")
儲存格位址顛倒	= 1 A	= A1
在公式開頭多了運算子	= =A1+A2、=*A1+A2	= A1+A2
在公式結尾多了運算子	= A1 +	= A1
運算子重複	= A2**A3、 = A2//A3	= A2*A3、 = A2/A3
漏掉乘號	= A1 (A2+A3)	= A1 * (A2+A3)
多出小數點	= 2.34.56	= 2.3456
多出千分符號	= 1,000	=1000
運算子的順序不對	= A1= >A2、 = A1> <A2	= A1> =A2、 = A1< >A2
儲存格範圍多出冒號	= SUM (A：1：A3)	= SUM (A1：A3)
誤將分號當成冒號	= SUM (A1；A3)	= SUM (A1：A3)
儲存格位址多出空格	= SUM (A 1：A3)	= SUM (A1：A3)
在數字間多出空格	= 2 5	= 25

範圍搜尋─顯示公式參照位址

當公式無法找出正確的儲存格來計算時，會出現「#VALUE!」的錯誤訊息。此時可利用**範圍搜尋**功能來檢查公式所參照到的位址，讓我們易於找出錯誤加以修改。

請開啟範例檔案 Ch05-07，我們要在 E4 輸入公式 "= 歷史分數+C4+D4"，結果卻出現「#VALUE!」：

這是**錯誤選項**鈕 (下一節會做介紹)　　出現錯誤訊息

到底是哪裡出錯了呢？請雙按 E4 儲存格，顯示 Excel 的**範圍搜尋**功能：

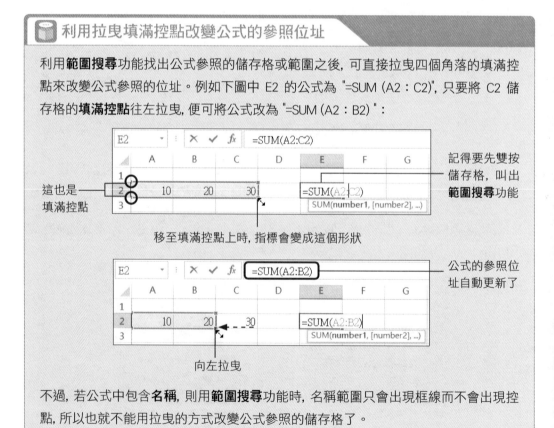

這兩個儲存格定義名稱為 "歷史分數"

問題出在這裡，
Excel 無法判斷要
取哪個值來計算

範圍搜尋功能會分別以不同的顏色標示出公式參照到的儲存格

找出問題後，便知道只要將公式中的 "歷史分數" 改成 "B4"，就可得到正確的計算結果了。

利用拉曳填滿控點改變公式的參照位址

利用**範圍搜尋**功能找出公式參照的儲存格或範圍之後，可直接拉曳四個角落的填滿控點來改變公式參照的位址。例如下圖中 E2 的公式為 "=SUM (A2：C2)"，只要將 C2 儲存格的**填滿控點**往左拉曳，便可將公式改為 "=SUM (A2：B2)"：

這也是
填滿控點

記得要先雙按
儲存格，叫出
範圍搜尋功能

移至填滿控點上時，指標會變成這個形狀

公式的參照位址自動更新了

向左拉曳

不過，若公式中包含**名稱**，則用**範圍搜尋**功能時，名稱範圍只會出現框線而不會出現控點，所以也就不能用拉曳的方式改變公式參照的儲存格了。

公式稽核

　　對工作表中的公式進行稽核，即是要找出與儲存格中的值有關的所有儲存格。其中的關係分為兩種：

● **前導參照**：影響某儲存格中公式或函數的所有儲存格位址。

● **從屬參照**：被某儲存格影響到的所有儲存格。

　　對 A3 來說，A1、A2 為其**前導參照**，C3 則為其**從屬參照**。請開啟範例檔案 Ch05-08，我們將以當中的**工作表 1** 為例，找出所有與 B4 公式有關的前導及從屬參照。

前導參照

　　請選取儲存格 B4，然後按下**公式**頁次**公式稽核**區上的 追蹤前導參照 鈕，來查出 B4 的前導參照儲存格：

B2、B3 影響 B4 的值

　　若前導參照的儲存格還有前導參照，只要再次按下 追蹤前導參照 鈕，即可看到間接的前導參照。

 若要清除螢幕上的箭頭，可按下**公式**頁次**公式稽核**區上的 移除箭號 鈕。

從屬參照

請選取儲存格 B4, 然後按下**公式**頁次**公式稽核**區上的 `追蹤從屬參照` 鈕, 即可找出 B4 的從屬參照儲存格：

B4 的值影響 E4

B4				fx	=SUM(B2:B3)
	A	B	C	D	E
1		歷史	地理	生物	總分
2	沈健鴻	88	92	96	276
3	陳怡得	81	90	84	255
4	單科總分	169	182	180	531

追蹤錯誤

現在請切換到 Ch05-08 的**工作表2**, 然後選取儲存格 E4, 在**公式**頁次**公式稽核**區上的 `錯誤檢查` 鈕選擇右邊下拉選單中的『**追蹤錯誤**』, 以找出錯誤的來源：

指出參照的範圍名稱

D4				fx	=生物成績
	A	B	C	D	E
1		歷史	地理	生物	總分
2	沈健鴻	88	92	96	276
3	陳怡得	81	90	84	255
4	單科總分	169	182	#VALUE!	#VALUE!

指出造成錯誤的來源

根據上圖, 我們可以知道 E4 的公式參照到含有錯誤值的儲存格 D4, 而 D4 的公式為 "=生物成績" (來源為 D2：D3), Excel 無法計算 D4 公式的結果, 因此連帶造成 E4 的錯誤。此時我們可以將 D4 的公式修改為 "=SUM(生物成績)", 即可修正 D4、E4 的公式錯誤了。

公式稽核區的工具鈕作用

右表是**公式稽核**區各工具鈕的名稱與功能總整理：

工具鈕	功能
追蹤前導參照	顯示箭頭以表示哪些儲存格會影響目前選定儲存格的值
追蹤從屬參照	顯示箭頭以表示哪些儲存格會被目前選定儲存格的值所影響
移除箭號	移除由「追蹤前導參照」、「追蹤從屬參照」繪製的箭頭
顯示公式	在每個儲存格中顯示公式, 而不是結果的值
錯誤檢查	檢查公式發生的常見錯誤
評估值公式	啟動**評估值公式**交談窗, 利用單獨評估公式的每個部分來進行公式的偵錯
監看視窗	對工作表進行變更時, 監看特定儲存格的值

5-7 利用錯誤檢查選項鈕除錯

當儲存格發生「#VALUE!」、「#NAME？」這類錯誤時，只要選取錯誤的儲存格，便可在儲存格旁邊發現「錯誤檢查選項」鈕 的蹤影，幫助我們進行除錯。一起來看看怎麼使用！

使用錯誤檢查功能

錯誤檢查選項鈕 提供了幾種不同的除錯方法，我們一起來探討看看！請開啟範例檔案 Ch05-09：

1 選取發生錯誤的儲存格 E3, 並將指標移至此

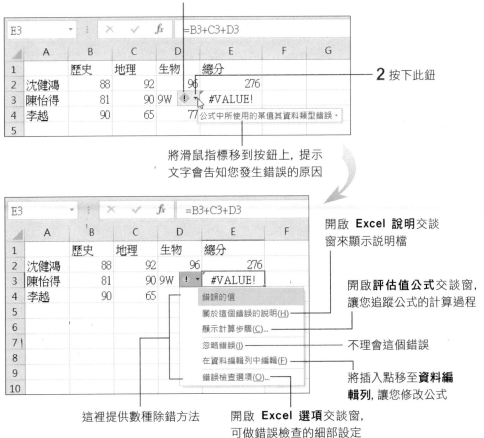

2 按下此鈕

將滑鼠指標移到按鈕上，提示文字會告知您發生錯誤的原因

開啟 **Excel 說明**交談窗來顯示說明檔

開啟**評估值公式**交談窗，讓您追蹤公式的計算過程

不理會這個錯誤

將插入點移至**資料編輯列**, 讓您修改公式

這裡提供數種除錯方法

開啟 **Excel 選項**交談窗，可做錯誤檢查的細部設定

接著，請您選擇『**顯示計算步驟**』命令，開啟**評估值公式**交談窗，看看能否找出 E3 發生錯誤的原因：

"B3 + C3 = 171" 這邊還沒有問題

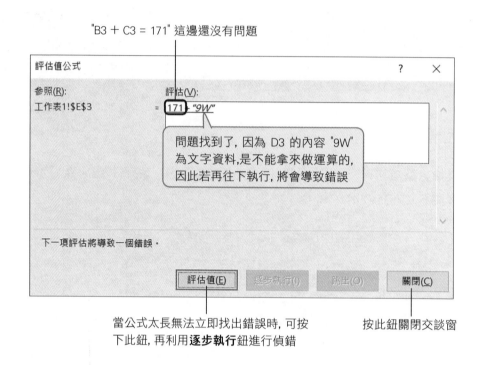

問題找到了，因為 D3 的內容 "9W" 為文字資料，是不能拿來做運算的，因此若再往下執行，將會導致錯誤

當公式太長無法立即找出錯誤時，可按下此鈕，再利用**逐步執行**鈕進行偵錯

按此鈕關閉交談窗

所以我們按下**關閉**鈕後，再將 D3 儲存格中的 9W 更正成正確的數字後，問題就解決了。

E3			f_x	=B3+C3+D3	
	A	B	C	D	E	F
1		歷史	地理	生物	總分	
2	沈健鴻	88	92	96	276	
3	陳怡得	81	90	92	263	
4	李越	90	65	77	232	
5						

E3 的公式計算出結果了

將 9W 改為 92

偵錯效果還不錯吧！只要跟著**評估值公式**交談窗逐步追蹤公式的計算步驟，就可以找出問題的癥結所在了。

關閉錯誤檢查功能

我們可以自行設定要執行哪些錯誤檢查，或者乾脆關掉錯誤檢查的功能，以避免**錯誤檢查選項**鈕來打擾我們工作表的編輯作業。現在請您改選擇**錯誤檢查選項**鈕下拉選單中的『**錯誤檢查選項**』命令，開啟 **Excel 選項**交談窗，並切換到**公式**頁次，在**錯誤檢查**區與**錯誤檢查規則**區中設定：

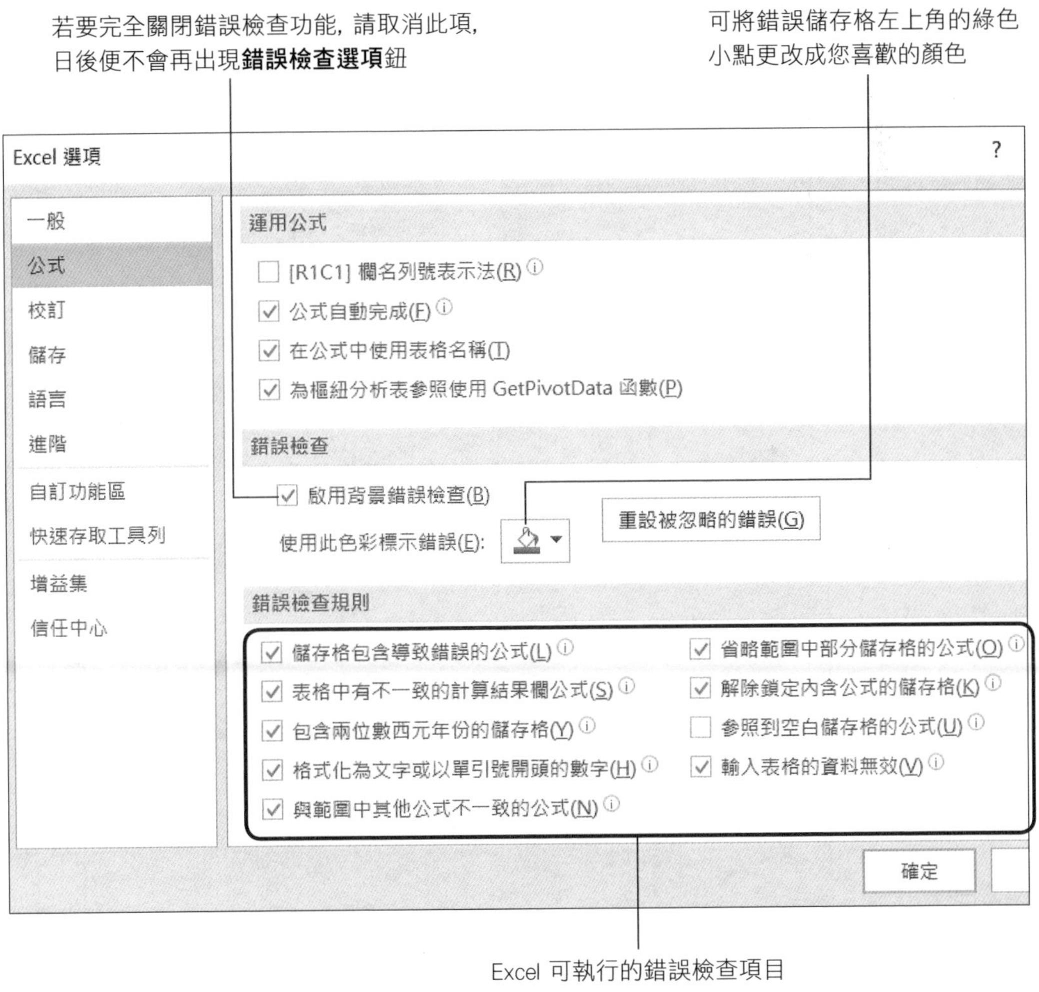

若要完全關閉錯誤檢查功能，請取消此項，
日後便不會再出現**錯誤檢查選項**鈕

可將錯誤儲存格左上角的綠色
小點更改成您喜歡的顏色

Excel 選項		?
一般	**運用公式**	
公式	☐ [R1C1] 欄名列號表示法(R) ⓘ	
校訂	☑ 公式自動完成(F) ⓘ	
儲存	☑ 在公式中使用表格名稱(T)	
語言	☑ 為樞紐分析表參照使用 GetPivotData 函數(P)	
進階	**錯誤檢查**	
自訂功能區	☑ 啟用背景錯誤檢查(B)	重設被忽略的錯誤(G)
快速存取工具列	使用此色彩標示錯誤(E): 🖌▼	
增益集	**錯誤檢查規則**	
信任中心		

☑ 儲存格包含導致錯誤的公式(L) ⓘ   ☑ 省略範圍中部分儲存格的公式(O) ⓘ
☑ 表格中有不一致的計算結果欄公式(S) ⓘ   ☑ 解除鎖定內含公式的儲存格(K) ⓘ
☑ 包含兩位數西元年份的儲存格(Y) ⓘ   ☐ 參照到空白儲存格的公式(U) ⓘ
☑ 格式化為文字或以單引號開頭的數字(H) ⓘ   ☑ 輸入表格的資料無效(V) ⓘ
☑ 與範圍中其他公式不一致的公式(N) ⓘ

確定

Excel 可執行的錯誤檢查項目

請您在上圖的交談窗中勾選您所需要的錯誤檢查選項，再按下**確定**鈕即可完成設定。

利用「錯誤檢查鈕」執行錯誤檢查

假如您將錯誤檢查功能關閉, 而不會出現**錯誤檢查選項**鈕時, 該怎麼進行除錯呢? 很簡單, 您可以按下**公式**頁次**公式稽核**區上的**錯誤檢查**鈕來為您指出錯誤的儲存格:

錯誤檢查鈕

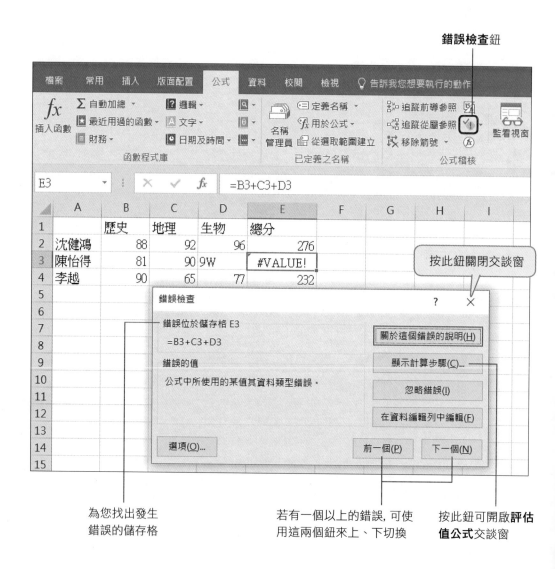

按此鈕關閉交談窗

為您找出發生錯誤的儲存格

若有一個以上的錯誤, 可使用這兩個鈕來上、下切換

按此鈕可開啟**評估值公式**交談窗

CHAPTER

6

工作表的編輯作業

當相同的資料一而再、再而三地出現時，有沒有快又有效率的 Key in 方法呢？不小心將資料放錯儲存格時，要如何處理呢？想改變工作表的前後排列順序該怎麼做？...這些問題的解決之道，全都在本章工作表的編輯作業中。

- 複製儲存格資料
- 搬移儲存格資料
- 複製與搬移對公式的影響
- 選擇性貼上 － 複製儲存格屬性
- Office 剪貼簿的使用方法
- 儲存格的新增、刪除與清除
- 儲存格的註解
- 工作表的選取、搬移與複製

6-1 複製儲存格資料

當相同的資料再三出現時, 可別老實地一次又一次地進行重複輸入的工作喔! 最簡單的解決方法, 就是善用「複製」的技巧, 便可以省去大把大把輸入資料的時間。

先複製再貼上

請開啟範例檔案 Ch06-01, 我們使用**工作表 1** 來做練習。

	A	B	C	D	E	F	G
1	支出統計表						
2							
3	季別	月份	飲食費	交通費	娛樂費	其他	總計
4	第一季						
5		一月	3200	1200	3520	890	8810
6		二月	3800	890	2530	1200	8420
7		三月	3360	1230	2980	650	8220
8	第二季						
9		四月	3550	1080	2240	1090	
10		五月	3970	1350	2810	550	
11		六月	3440	1110	1980	870	
12							

在這個範例中, 一月份的總計公式 G5 = SUM(C5：F5) 已經建好了, 且由於**總計**欄的計算方法都是一樣的, 因此我們可以利用複製貼上的方法, 將 G5 的公式複製到 G9、G10 、G11 儲存格, 以計算出四、五、六月的總計。

STEP 01 請選取儲存格 G5, 然後按下**常用**頁次下**剪貼簿**區中的**複製**鈕 (或按下 Ctrl + C 快速鍵) 複製來源資料：

	A	B	C	D	E	F	G	H
1	支出統計表							
2								
3	季別	月份	飲食費	交通費	娛樂費	其他	總計	
4	第一季							
5		一月	3200	1200	3520	890	8810	
6		二月	3800	890	2530	1200	8420	
7		三月	3360	1230	2980	650	8220	
8	第二季							
9		四月	3550	1080	2240	1090		
10		五月	3970	1350	2810	550		
11		六月	3440	1110	1980	870		
12								

來源資料會被虛線框包圍

接著選取貼上區域 G9：G11，然後按下**剪貼簿**區中的**貼上鈕** (或按下 Ctrl + V 快速鍵) 將來源資料貼入選取的儲存格：

	A	B	C	D	E	F	G	H	I
1	支出統計表								
2									
3	季別	月份	飲食費	交通費	娛樂費	其他	總計		
4	第一季								
5		一月	3200	1200	3520	890	8810		
6		二月	3800	890	2530	1200	8420		
7		三月	3360	1230	2980	650	8220		
8	第二季								
9		四月	3550	1080	2240	1090	7960		
10		五月	3970	1350	2810	550	8680		
11		六月	3440	1110	1980	870	7400		
12									
13									

來源資料的虛線框仍然存在

分別計算出四、五、六月的總計

貼上時會顯示**貼上選項**鈕

由於 G5 的公式使用相對參照位址，因此複製到 G9：G11 後，公式參照的位址會隨著位置調整，所以 G9、G10、G11 的公式分別為 =SUM (C9：F9)、=SUM (C10：F10)，以及 =SUM (C11：F11)。

貼上儲存格的技巧

在貼上儲存格時，需先選定貼上區域，你可任選下列一種方法：

- 只選取一個儲存格，Excel 會將該儲存格當作貼上區域的左上角，並依據來源資料的範圍來決定貼上區域。

- 選取和來源資料範圍一樣大小的貼上區域，即來源資料的範圍多大，就選定多大的貼上區域。

若選取的貼上區域小於來源資料的範圍時，Excel 仍會為您完整地貼上來源資料；而若是選取的貼上區域比複製的資料範圍還要大，則會重複貼上來源資料，直到填滿為止。

將資料複製到貼上區域後，來源資料的虛線框仍然存在，所以可再選取其他區域，繼續貼上。若複製工作已完成，請按下 Esc 鍵或執行其他命令來取消虛線框。

貼上來源資料後，儲存格旁邊會出現**貼上選項**鈕 ，我們將於 6-4 節做介紹。

如果貼上區域和來源資料是 "相鄰" 的, 那麼利用**複製貼上**與**自動填滿** (參考 4-4 節) 這兩種方法皆可達到複製的目的。不過如果貼上區域與來源資料 "不相鄰", 或是位於另一張工作表、另一本活頁簿、甚至是另一個應用程式, 這時就只能使用**複製貼上**的方式了。

以拉曳方式進行複製

我們也可以直接用滑鼠拉曳來複製儲存格資料。接續上例, 我們要將**工作表 1** 中的 A8 儲存格資料複製到 A12 中:

1 選取來源儲存格 A8, 將指標移至粗框上 (不要放在填滿控點上), 然後按住 Ctrl 鍵不放拉曳, 這時指標旁會顯示到達的儲存格位址

2 此時指標會變成 ⤢⁺ 狀, 請拉曳到目的儲存格 A12

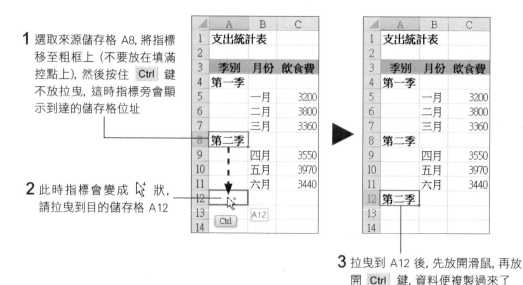

3 拉曳到 A12 後, 先放開滑鼠, 再放開 Ctrl 鍵, 資料便複製過來了

插入複製的資料

當貼上區域已有資料存在, 若直接將複製的資料貼上去, 會覆蓋貼上區域中原有的資料。若想保留貼上區域的原有資料, 可改用插入的方式。請切換到 Ch06-01 的**工作表 2**:

	A	B	C	D	E
1	通訊錄				
2	姓名	生日	年齡	手機	
3					

我們想將儲存格 D2 複製到 B2, 但又要保留 B2 原有的資料, 可選取來源資料儲存格 D2, 然後如下操作：

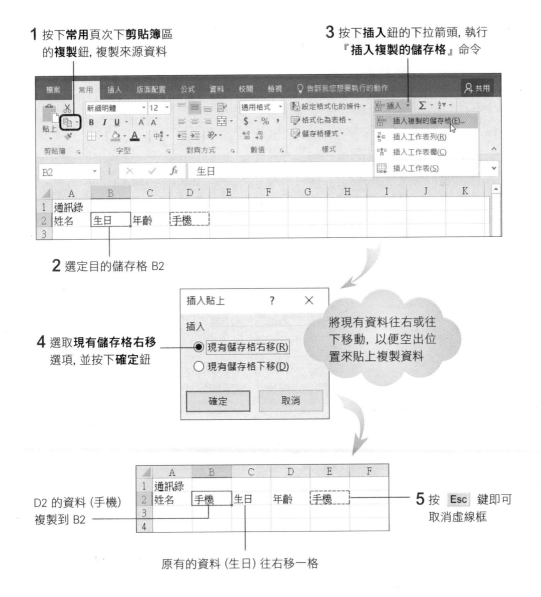

1 按下**常用**頁次下**剪貼簿**區的**複製**鈕, 複製來源資料

3 按下**插入**鈕的下拉箭頭, 執行 『**插入複製的儲存格**』命令

2 選定目的儲存格 B2

4 選取**現有儲存格右移**選項, 並按下**確定**鈕

將現有資料往右或往下移動, 以便空出位置來貼上複製資料

D2 的資料 (手機) 複製到 B2

原有的資料 (生日) 往右移一格

5 按 Esc 鍵即可取消虛線框

選取來源儲存格後, 將指標移至粗框線上, 按住 Ctrl + Shift 鍵不放再開始進行拉曳, 也可達到插入複製資料的作用。

6-2 搬移儲存格資料

搬移儲存格資料就是將資料移到另一個儲存格中放置。若在輸入資料時不小心放錯儲存格，或要調整一下資料的位置，皆可用「搬移」的方式來進行修正。

先剪下再貼上

請開啟範例檔案 Ch06-02，我們要將 A3：E3 中的資料搬到第 6 列。

STEP 01 首先選取欲搬移的來源資料 A3：E3，接著按下**常用**頁次下**剪貼簿**區的**剪下鈕**
✂ (或按下 Ctrl + X 快速鍵)，剪下來源資料：

	A	B	C	D	E	F
1	月份	飲食費	交通費	娛樂費	其他	
2	一月	2850	850	3200	1200	
3	二月	3650	1200	2100	2200	
4	三月	1980	1230	1980	980	
5						

→ 被剪下資料的儲存格會出現虛線框

STEP 02 選取貼上區域 A6，然後按相同頁次下**剪貼簿**區中的**貼上鈕**，將來源資料搬到貼上區域：

	A	B	C	D	E	F
1	月份	飲食費	交通費	娛樂費	其他	
2	一月	2850	850	3200	1200	
3						
4	三月	1980	1230	1980	980	
5						
6	二月	3650	1200	2100	2200	
7						

→ 變成空白

→ 資料搬到這裡了

以拉曳方式進行搬移

我們也可以利用拉曳滑鼠的方式來搬移資料。接續上例，假設我們要將儲存格 A4 的資料搬到 A8：

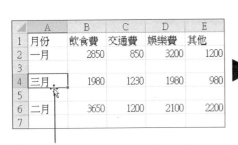

1 選取儲存格 A4, 並將指標移到
粗框上 (不要放在填滿控點上)

2 拉曳至 A8 後, 放開滑鼠
左鈕, 資料便搬過來了

插入搬移的資料

若貼上區域已存有資料, 為了避免將貼上區域中原有的資料覆蓋掉, 可改用插入的方式。請切換到 Ch06-02 的**工作表 2**, 假設 "梁秀芸" 和 "沈欣慈" 這兩組資料的位置要對調, 我們就可以使用插入搬移資料的方式來修正。

STEP 01 選取欲搬移的範圍 A2：E2, 然後按下**常用**頁次下**剪貼簿**區中的**剪下鈕** ✂：

	A	B	C	D	E	F
1	姓名	點心費	交通費	課輔費	雜費	
2	梁秀芸	1200	800	3600	500	
3	沈欣慈	1500	800	1800	300	
4	趙日翔	1800	800	2600	600	
5						

STEP 02 接著選取貼上區域 A4, 再按下**儲存格**區插入鈕的下拉箭頭, 然後執行『**插入剪下的儲存格**』命令, 便能將剪下來的資料貼到選取區域 A4 的上一列中：

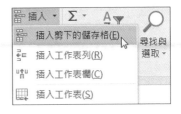

將來源資料插入到 A3：E3, 而
原來 A3：E3 的資料則往上移了

	A	B	C	D	E	F
1	姓名	點心費	交通費	課輔費	雜費	
2	沈欣慈	1500	800	1800	300	
3	梁秀芸	1200	800	3600	500	
4	趙日翔	1800	800	2600	600	
5						

 選取欲搬移的儲存格或範圍之後, 按住 Shift 鍵再開始進行拉曳, 同樣可達到拉曳搬移的作用。

6-3 複製與搬移對公式的影響

前兩節我們談了許多複製與搬移儲存格資料的技巧,本節特別要再進一步為您解析複製與搬移的動作,會對公式產生哪些影響。

複製公式的注意事項

將公式複製到貼上區域後, Excel 會自動將貼上區域的公式調整為該區域的**相對位址**。如果複製的公式仍然要參照到原來的儲存格位址, 則該公式應該使用**絕對位址**。請切換到範例檔案 Ch06-02 的**工作表3**, 如下練習:

D2 儲存格含有公式,用來計算左邊 3 個儲存格的總和

將 D2 複製到 E2 時, 公式變成從 E2 往左找 3 個儲存格來做加總

如果您希望無論將 D2 儲存格複製到哪裡, 都能維持計算 A2:C2 的總和, 就須將公式改成 "= SUM ($A$2:$C$2) "。

搬移公式的注意事項

若搬移的儲存格資料與公式有關, 請特別注意下列幾點:

● 假如搬移的是公式, 則公式中的位址並不會隨著貼上區域的位置調整;也就是說, 公式仍然是參照到原來的儲存格位址。

D2			fx	=SUM(A2:C2)		
	A	B	C	D	E	F
1	飲食費	交通費	娛樂費	小計		
2	2500	800	650	3950		
3	2800	700	360			
4	2600	800	210			

▲ 搬移前

D4			fx	=SUM(A2:C2)		
	A	B	C	D	E	F
1	飲食費	交通費	娛樂費	小計		
2	2500	800	650			
3	2800	700	360			
4	2600	800	210	3950		

▲ 搬移後

● 如果公式參照到的儲存格資料被移到其他儲存格中，則公式會自動跟著調整到新位址：

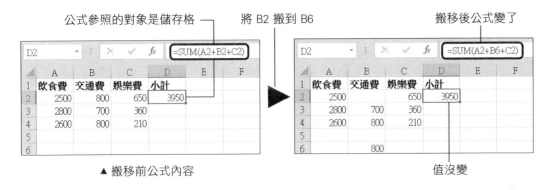

公式參照的對象是儲存格　　　　將 B2 搬到 B6　　　　搬移後公式變了

▲ 搬移前公式內容　　　　　　　　　　　　　值沒變

● 若公式參照到的是儲存格範圍，那麼搬移其中一個儲存格，其公式參照的儲存格範圍不變：

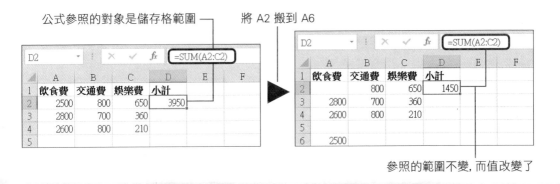

公式參照的對象是儲存格範圍　　　將 A2 搬到 A6

參照的範圍不變，而值改變了

● 若將參照的範圍整個搬移到別處，公式的參照才會跟著調整到新位址：

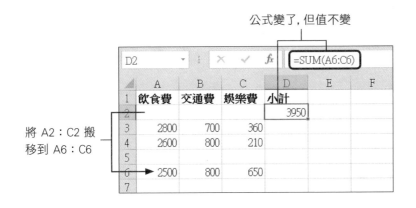

公式變了，但值不變

將 A2：C2 搬移到 A6：C6

6-4 選擇性貼上 — 複製儲存格屬性

儲存格裡除了單純的文字、數字資料, 可能還包含公式、各種樣式設定 (如:字型、底色、框線…)。在複製儲存格資料時, 我們可以只挑選某種屬性來做複製, 請看下面的說明。

複製儲存格屬性

請開啟範例檔案 Ch06-03, 我們要將**工作表 1** 的 D2 儲存格的「公式」及「值」屬性, 分別複製到 E2、E3:

D2		× ✓ fx	=SUM(B2:C2)		
	A	B	C	D	E	F
1	姓名	統計學	管理學	總分		
2	張美惠	90	60	150		
3	林沛雯	70	50	120		
4						

STEP 01 請先選取來源資料儲存格 D2, 並按下**常用**頁次下**剪貼簿**區的**複製**鈕 📋▾, 這個動作會複製 D2 的所有屬性。

STEP 02 選取儲存格 E2, 然後按下**貼上**鈕 📋 的下拉箭頭 📋▾, 即可從中選擇要貼上的儲存格屬性。當您在選擇貼上不同的儲存格屬性時, 便可以直接在工作表中看到即時預覽的貼上結果:

這些都是**貼上**鈕提供選擇的儲存格屬性

若是將滑鼠移到每個按鈕上, 都可在工作表中即時預覽選擇的結果

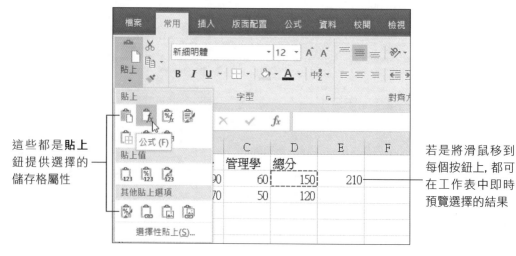

STEP 03 確認預覽的結果後，請您從**貼上鈕** 的下拉選單中按下**公式鈕** 🗋，表示要貼上儲存格中的公式屬性：

	A	B	C	D	E	F
E2				f_x	=SUM(C2:D2)	— 公式複製過來
1	姓名	統計學	管理學	總分		
2	張美惠	90	60	150	210	— 值會重新計算
3	林沛雯	70	50	120	(Ctrl) ▾	
4						

STEP 04 接著選取儲存格 E3，再次按下**貼上鈕** 的向下箭頭並改選擇**值** 🗋，表示這次要選擇的是貼上**值**這個屬性：

	A	B	C	D	E	F
E3				f_x	150	— 沒有公式
1	姓名	統計學	管理學	總分		
2	張美惠	90	60	150	210	
3	林沛雯	70	50	120	150	— 只將值複製過來
4					(Ctrl) ▾	
5						

選擇性貼上

儲存格的屬性還不止這些喔！如果您選擇**貼上鈕** 下拉選單中的**選擇性貼上**，還可挑選其他種類的屬性來貼上：

您可在**貼上**區中選擇所要貼上的儲存格屬性，預設是選**全部**，貼上儲存格所有的屬性

選擇此項，
開啟**選擇性**
貼上交談窗

選擇性貼上

貼上
- ◉ 全部(A)
- ○ 公式(F)
- ○ 值(V)
- ○ 格式(T)
- ○ 註解(C)
- ○ 驗證(N)

- ○ 全部使用來源佈景主題(H)
- ○ 框線以外的全部項目(X)
- ○ 欄寬度(W)
- ○ 公式與數字格式(R)
- ○ 值與數字格式(U)
- ○ 所有合併中條件化格式(G)

運算
- ◉ 無(O)
- ○ 加(D)
- ○ 減(S)

- ○ 乘(M)
- ○ 除(I)

- ☐ 略過空格(B)
- ☐ 轉置(E)

貼上連結(L) | 確定 | 取消

「貼上選項」鈕

將儲存格屬性貼到目的儲存格後，目的儲存格旁邊會出現**貼上選項**鈕，若將指標移至該鈕上方，會出現向下箭頭，以供您改變所要貼上的儲存格屬性。請切換到 Ch06-03 的**工作表 2**，並跟著右圖操作。

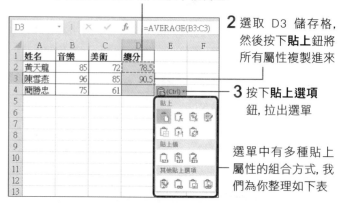

1 選取 D2 儲存格，並按下**複製**鈕

2 選取 D3 儲存格，然後按下**貼上**鈕將所有屬性複製進來

3 按下**貼上選項**鈕，拉出選單

選單中有多種貼上屬性的組合方式，我們為你整理如下表

「貼上選項」鈕說明

以右圖為例，我們將 D2 儲存格複製到 F2 儲存格，比較各種貼上選項的結果：

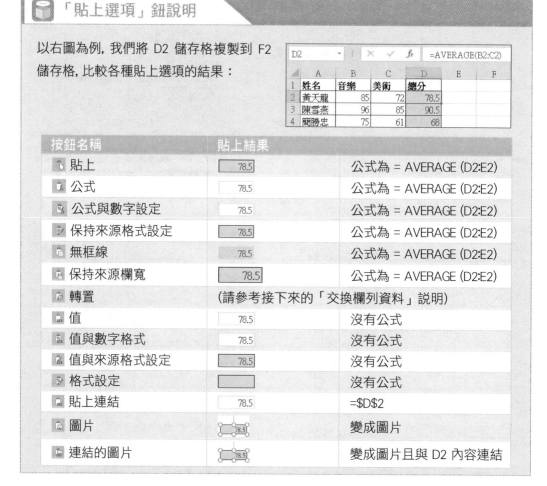

按鈕名稱	貼上結果	
貼上	78.5	公式為 = AVERAGE (D2:E2)
公式	78.5	公式為 = AVERAGE (D2:E2)
公式與數字設定	78.5	公式為 = AVERAGE (D2:E2)
保持來源格式設定	78.5	公式為 = AVERAGE (D2:E2)
無框線	78.5	公式為 = AVERAGE (D2:E2)
保持來源欄寬	78.5	公式為 = AVERAGE (D2:E2)
轉置	(請參考接下來的「交換欄列資料」說明)	
值	78.5	沒有公式
值與數字格式	78.5	沒有公式
值與來源格式設定	78.5	沒有公式
格式設定		沒有公式
貼上連結	78.5	=$D$2
圖片	78.5	變成圖片
連結的圖片	78.5	變成圖片且與 D2 內容連結

交換欄列資料

若你想將儲存格範圍的欄、列資料互換，比如原來是 5 欄 × 6 列的儲存格範圍，經過互換以後，就變成 6 欄 × 5 列，這個動作在 Excel 稱為**轉置**。我們以 Ch06-03 的**工作表 3** 來示範轉置儲存格的作法。

STEP 01　請選取 A1:E6 儲存格範圍，再按下**常用**頁次下**剪貼簿**區的**複製**鈕 📋▾ 複製資料。

	A	B	C	D	E	F
1	客戶名稱	購買產品	單價	數量	總價	
2	明星股份有限公司	數位相機	28500	3	85500	
3	安晴科技	防潮箱	2200	8	17600	
4	兆丰國際	廣角鏡頭	48500	2	97000	
5	聯詳有限公司	三腳架	12500	3	37500	
6	翔永股份有限公司	防潮箱	2200	4	8800	
7						

工作表1　工作表2　工作表3 ⊕

STEP 02　接著選取 A8 儲存格，並按下**常用**頁次中**剪貼簿**區貼上鈕的向下箭頭，從選單中執行『**轉置**』命令：

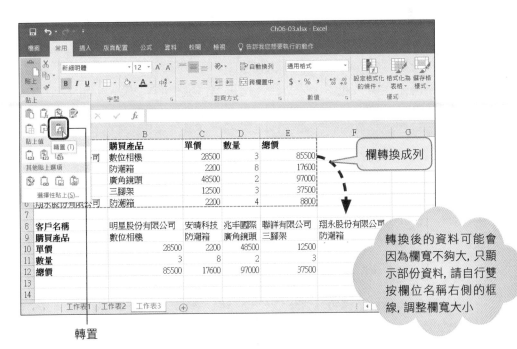

欄轉換成列

轉換後的資料可能會因為欄寬不夠大，只顯示部份資料，請自行雙按欄位名稱右側的框線，調整欄寬大小

轉置

6-5 Office 剪貼簿的使用方法

Office 剪貼簿一共可以容納 24 筆來自各個 Office 軟體複製或剪下的資料項目,讓您可以一次先將要複製的資料項目收集齊全之後,再進行貼上的動作。

開啟 Office 剪貼簿

如果想要使用 Office 剪貼簿來收集資料項目,請切換至**常用**頁次,再按下**剪貼簿**區右下角的**剪貼簿**鈕 ，顯示**剪貼簿**工作窗格:

目前剪貼簿是空的,沒有任何的資料項目

 按下**剪貼簿**工作窗格下方的**選項**鈕可進行多項與**剪貼簿**工作窗格有關的設定,您可以依需要從中更改設定選項。

收集資料項目

當**剪貼簿**工作窗格顯示出來以後,便可進行資料的收集。首先請您開啟範例檔案 Ch06-04:

	A	B
1	文具請領單	
2	設備領用單	
3	請購驗收單	
4	請假單	
5		

工作表 1

	A	B	C	D
1	名稱	單位	數量	
2	自動鉛筆	枝	3	
3	迴紋針	盒	2	
4	釘書機	台	1	
5	修正液	瓶	2	
6				

工作表 2

假設我們要收集**工作表 1** 的 A1 儲存格,以及**工作表 2** 的 A1:C5 儲存格範圍內容,則可如下操作:

STEP 01　請先選取**工作表 1** 的 A1 儲存格，然後切換至**常用**頁次按下**剪貼簿**區中的**複製**鈕 ，即可將此儲存格資料收集到剪貼簿中：

可由此預覽
項目的內容

STEP 02　請切換到**工作表 2**，選取 A1:C5 後同樣按下**複製**鈕 ，將資料收集到剪貼簿裡：

新增加的資料項目
會顯示在最上面

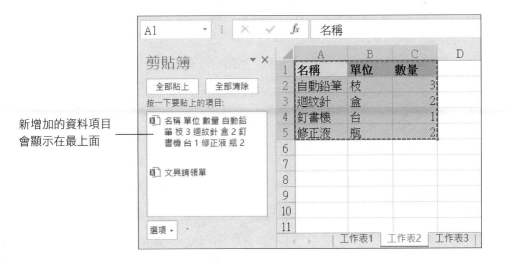

若剪貼簿中已經記錄了 24 筆資料項目，此時我們又複製或剪下另一個資料項目時，**剪貼簿**就會自動將最新收集的資料項目覆蓋掉第 1 筆資料項目，如此循環不已。

貼上剪貼簿中的資料項目

當資料收集齊全以後, 就可以進行貼上的工作了。在此我們想要將**剪貼簿**中的那兩筆資料項目貼到 Ch06-04 的**工作表 3**, 可如下操作。

STEP 01 切換到**工作表 3** 後選取 B1 儲存格, 接著按下**剪貼簿**工作窗格中的 "文具請領單" 資料項目:

在此按一下, 即可將資料貼到選定的 B1 儲存格

STEP 02 選取 A3 儲存格, 再按下**剪貼簿**中的 "名稱 單位..." 資料項目:

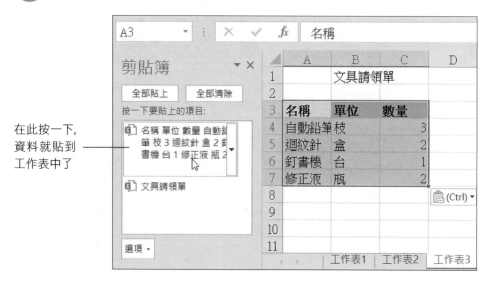

在此按一下, 資料就貼到工作表中了

「剪貼簿」與「貼上」鈕的關係

當您收集了一些資料項目後, 若按下**常用**頁次下**剪貼簿**區的**貼上**鈕, 此時會貼上剪貼簿中收集的最後一筆資料 (即**剪貼簿**工作窗格中最上面的那個項目); 若您已貼上**剪貼簿**工作窗格中的任一個資料項目後, 再按下**貼上**鈕, 則貼上的會是您最後一次從**剪貼簿**工作窗格中貼上的資料項目。

一次貼上剪貼簿中的所有資料項目

如果您想將**剪貼簿**中的資料項目一次全部貼入工作表中, 可利用**剪貼簿**的**全部貼上**鈕來達成。接續上例, 我們要將**剪貼簿**的所有資料項目一次貼入, 可以如下操作。

 首先選取**工作表 3** 的 A9 儲存格。

	A	B	C
3	名稱	單位	數量
4	自動鉛筆	枝	3
5	迴紋針	盒	2
6	釘書機	台	1
7	修正液	瓶	2
8			
9			

按下**剪貼簿**工作窗格中的**全部貼上**鈕:

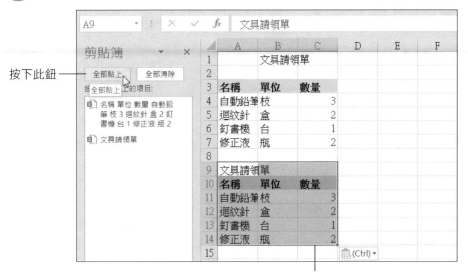

資料項目依序貼入工作表中了

清除剪貼簿資料

當複製的資料項目不停累積，就有必要將不需要的項目清除，以避免**剪貼簿**自動依複製順序將需要的資料項目給刪除了。若想要清除**剪貼簿**中的某個資料項目，請如下操作：

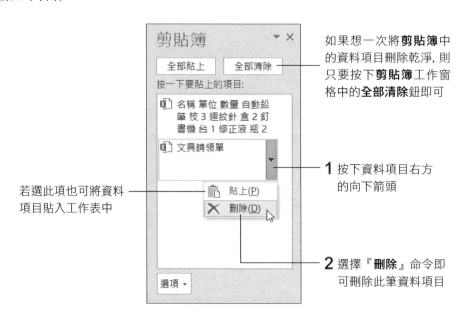

如果想一次將**剪貼簿**中的資料項目刪除乾淨，則只要按下**剪貼簿**工作窗格中的**全部清除**鈕即可

若選此項也可將資料項目貼入工作表中

1 按下資料項目右方的向下箭頭

2 選擇『**刪除**』命令即可刪除此筆資料項目

Office 剪貼簿的使用時機與限制

當您在 Excel 視窗顯示**剪貼簿**之後，不論您切換到哪一個 Office 軟體，**剪貼簿**仍會繼續運作 (開啟**剪貼簿**即可看到相同的資料項目)，且自動收集您在任一軟體中所複製和剪下的資料項目。不過，雖然**剪貼簿**如此好用，但仍有一些使用上的限制：

● 如果**剪貼簿**中收集了圖表、繪圖物件或圖片，便無法使用**剪貼簿**的**全部貼上**鈕。

● 當您使用**剪貼簿**複製和貼上 Excel 中的公式時，只能貼上公式的計算結果，且無法透過**貼上選項**鈕來更改貼上公式本身。

● 當剪下來的資料項目沒有立即貼到工作表時，剪下的資料項目就會被當成是複製的資料，所以當您貼上此資料項目時，來源儲存格資料仍存在。

6-6 儲存格的新增、刪除與清除

當工作表的資料範圍內已沒有多餘的空間可以加入資料時，這時要怎麼辦呢？我們可以插入一些空白欄、列，以及儲存格，以便可以順利加入新的資料。

插入空白欄、列

請開啟範例檔案 Ch06-05，我們想在第 3 列之前加入一些資料，但由於第 3 列之前已沒有空間，所以必須在第 3 列前插入空白列。

STEP 01 我們以插入 2 列來做練習，請從第 3 列開始向下選取 2 列，即選取 3、4 列：

	A	B	C	D	E
1	產品編號	品名	單位	售價	
2	W001	上選烏龍茶	罐	25	
3	W002	綜合蔬果汁	瓶	35	
4	W003	清涼礦泉水	瓶	17	
5	W004	低糖檸檬紅茶	罐	12	
6	W005	健康優酪乳	瓶	23	
7					

STEP 02 按下**常用**頁次**儲存格**區中的**插入**鈕，便可插入 2 列空白列，而原選定範圍的資料皆往下移。

	A	B	C	D	E
1	產品編號	品名	單位	售價	
2	W001	上選烏龍茶	罐	25	
3					
4					
5	W002	綜合蔬果汁	瓶	35	
6	W003	清涼礦泉水	瓶	17	
7	W004	低糖檸檬紅茶	罐	12	
8	W005	健康優酪乳	瓶	23	
9					

插入 2 列空白 ——（指向第 3、4 列）

插入空白欄的方法和上述操作大同小異，只要從插入的地方選取欲插入的欄數，再按下**插入**鈕，即可在原選定範圍的左側插入空白欄：

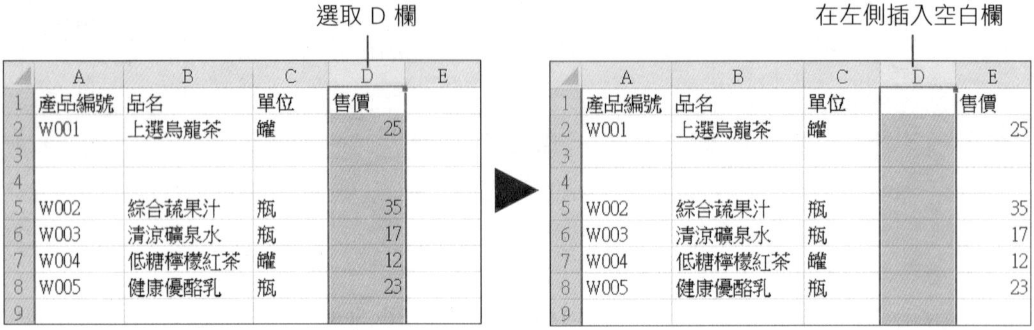

選取 D 欄　　　　　　　　　　　　　　　　　　　　　在左側插入空白欄

刪除欄、列

若資料範圍中有多餘的欄 (或列)，可將其刪除。請切換到 Ch06-05 的**工作表 2**，我們來練習刪除第 2 列。

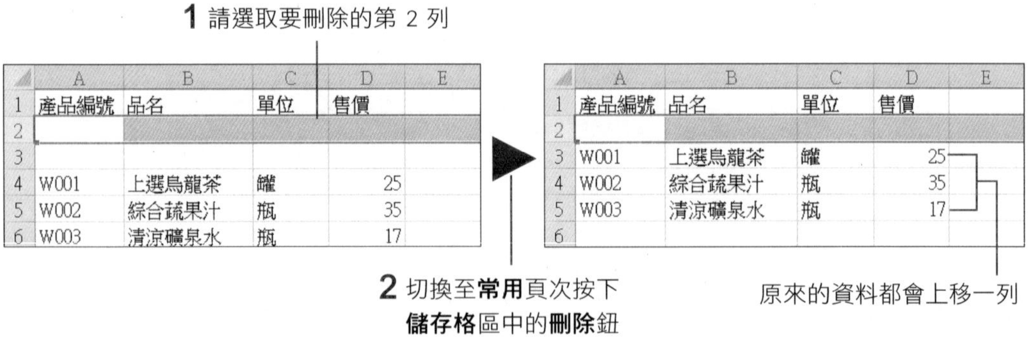

1 請選取要刪除的第 2 列

2 切換至**常用**頁次按下**儲存格**區中的**刪除**鈕

原來的資料都會上移一列

插入空白儲存格

如果漏打了某些資料，需要新增儲存格，或者新增的資料不需要用到整欄或整列的範圍時，都可以改用插入儲存格的方式來增加空白的儲存格。請切換到 Ch06-05 的**工作表 3**，假設要在 B3：D3 中插入 3 個空白儲存格，請如下操作：

	A	B	C	D
1	產品編號	產品名稱	製造商	售價
2	W001	上選烏龍茶	愛味	25
3	W002	綜合蔬果汁	金茶園	35
4	W003	清涼礦泉水	光權	17
5	W004	低糖檸檬紅茶	太古企業	15
6	W005	健康優酪乳	金茶園	22

STEP 01 請選取欲插入空白儲存格的範圍 B3：D3，按下**常用**頁次**儲存格**區中**插入**鈕 ![插入] 的下拉箭頭，執行『**插入儲存格**』命令：

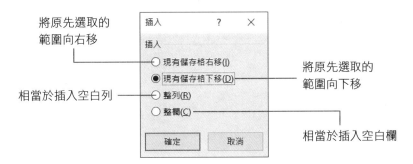

將原先選取的範圍向右移

現有儲存格右移(I)

將原先選取的範圍向下移

相當於插入空白列

相當於插入空白欄

STEP 02 此例請選取**現有儲存格下移**項目，然後按下**確定**鈕：

插入 3 個空白儲存格

	A	B	C	D	E
1	產品編號	產品名稱	製造商	售價	
2	W001	上選烏龍茶	愛味	25	
3	W002				
4	W003	綜合蔬果汁	金茶園	35	
5	W004	清涼礦泉水	光權	17	
6	W005	低糖檸檬紅茶	太古企業	15	
7		健康優酪乳	金茶園	22	
8					

原有資料下移了

選取儲存格後按住 Ctrl 鍵再按下數字鍵區的 + 鍵，即可開啟**插入**交談窗，來插入空白欄或列。

刪除儲存格

對於不再需要的儲存格，我們可以將它刪除。接續上例，我們要將剛才插入的 3 個空白儲存格刪除，請您選取欲刪除的儲存格 B3：D3，再按下**儲存格**區中**刪除**鈕的向下箭頭執行『**刪除儲存格**』命令，開啟**刪除**交談窗來決定要用哪些相鄰儲存格來填補被刪除的儲存格：

刪除後，右側的儲存格會向左移

右側儲存格左移(L)

刪除後，下方的儲存格會向上移

下方儲存格上移(U)

相當於刪除儲存格範圍所在的列

相當於刪除儲存格範圍所在的欄

此例請選取**下方儲存格上**
移項目，然後按下**確定鈕**：

3 個空白儲存格被刪除，
而下方的資料也上移了

	A	B	C	D	E
1	產品編號	產品名稱	製造商	售價	
2	W001	上選烏龍茶	愛味	25	
3	W002	綜合蔬果汁	金茶園	35	
4	W003	清涼礦泉水	光權	17	
5	W004	低糖檸檬紅茶	太古企業	15	
6	W005	健康優酪乳	金茶園	22	

清除儲存格資料

　　要清除儲存格的資料，請
先選定欲清除資料的儲存格，
然後切換至**常用**頁次按下**編輯**
區中的**清除鈕**，選單中會
有 6 個項目，可分別清除儲
存格中的不同屬性，請您從中
選取欲清除的屬性。

清除儲存格的內
容，包括文字、
數字及公式

清除儲存格的
註解 (註解請參
閱 6-7 節)

清除儲存格的所有屬性，
包括格式、內容…等

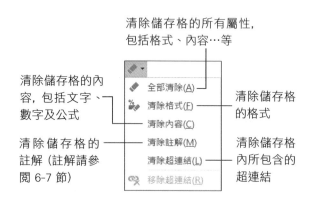

清除儲存格
的格式

清除儲存格
內所包含的
超連結

「清除儲存格」與「刪除儲存格」的差異

清除是將儲存格的資料擦掉，但是儲存格仍然保留在工作表中；而刪除則是會用相鄰
的儲存格來填滿被刪除的地方，雖然外表看不出刪除的痕跡，但實際上這些儲存格已
經不存在了，所以如果有公式參照到被刪除的儲存格，該公式所在的儲存格就會產生
"#REF!" 錯誤訊息，表示已找不到參照的儲存格了：

清除 B2 儲存格

E2		×	✓	fx	=SUM(B2:D2)

	A	B	C	D	E	F
1	月份	飲食費	交通費	娛樂費	總計	
2	一月	2850	850	3200	6900	
3	二月	3650	1200	2100	6950	
4	三月	1980	1230	1980	5190	
5						

刪除 B2 儲存格

公式會重新計算 (B2 內容為 0)

E2		×	✓	fx	=SUM(B2:D2)

	A	B	C	D	E	F
1	月份	飲食費	交通費	娛樂費	總計	
2	一月		850	3200	4050	
3	二月	3650	1200	2100	6950	
4	三月	1980	1230	1980	5190	
5						

B2 儲存格仍然存在 ── 下方資料不動

找不到原有的 B2, 所以產生錯誤

E2		×	✓	fx	=SUM(C2:D2)

	A	B	C	D	E	F
1	月份	飲食費	交通費	娛樂費	總計	
2	一月	3650	850	0	4050	
3	二月	1980	1200	2100	5280	
4	三月		1230	1980	3210	

下方資料遞移上去

6-7 儲存格的註解

我們可以為儲存格加上一些說明, 也就是**註解**, 以補充儲存格資料的用途或注意事項, 是個很貼心的功能, 下面就來看看要怎麼輸入註解。

加上註解

請開啟範例檔案 Ch06-06。這是某家網路購物公司 1-3 月的超人氣日用品銷售統計表, 結果從表中發現 "熊貓造型眼膜" 相當受到歡迎, 有必要趕緊多採購幾片, 以免客人買不到。因此我們要為 "熊貓造型眼膜" 所在的 A4 儲存格加上一些**註解**。

	A	B	C	D
1	超人氣日用品網購統計			
2	品名	一月	二月	三月
3	PM 2.5 口罩	850	680	712
4	熊貓造型眼膜	1250	2100	1800
5	宮廷風吸水杯墊	435	650	380
6	防靜電彈力梳	1200	785	1050
7	萬用行李收納袋	800	750	580

STEP 01 請先選取欲加上註解的儲存格 A4, 然後切換至**校閱**頁次再按下**註解**區中的**新增註解**鈕, 儲存格附近便會出現註解圖文框:

> 選取儲存格後按下滑鼠右鈕, 執行 『**插入註解**』 命令, 可快速為儲存格新增註解。

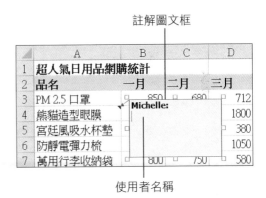

註解圖文框

使用者名稱

STEP 02 在註解圖文框中輸入註解內容:

STEP 03 輸入完畢請用滑鼠點按圖文框以外的地方即完成註解。

輸入註解內容時, 無需按 Enter 鍵換行, Excel 會自動換行

控點

拉曳註解圖文框的控點可調整圖文框的大小；拉曳圖文框的邊框則可移動註解的位置。

 若要更改使用者名稱，請按下**檔案**頁次，再按下**選項**，即可由**一般**頁次下方的**使用者名稱**欄進行更改。

檢視註解

當我們結束註解的輸入後，註解便會隱藏起來，不過 Excel 會在儲存格的右上角顯示一個紅色三角形，稱為**註解指標**，提醒我們這個儲存格中有註解。我們只要將指標移到有註解指標的儲存格上 (不需選取儲存格)，註解便會出現：

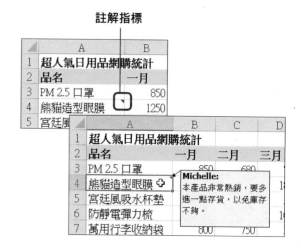

顯示或隱藏註解

如果希望將註解內容直接顯示在工作表上提醒瀏覽者，請先選取要顯示註解的儲存格，然後切換至**校閱**頁次按下**註解**區中的**顯示/隱藏註解**鈕，註解就會顯示出來了。反之，再次按下**顯示/隱藏註解**鈕取消此功能時，可隱藏註解內容。

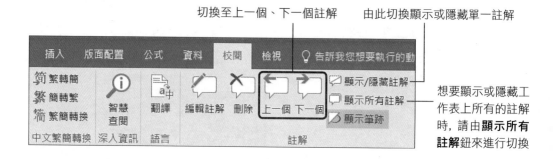

切換至上一個、下一個註解

由此切換顯示或隱藏單一註解

想要顯示或隱藏工作表上所有的註解時，請由**顯示所有註解**鈕來進行切換

在已設定註解的儲存格上按右鈕，亦可執行『**顯示/隱藏註解**』命令來切換是否要顯示單一儲存格的註解圖文框。

修改註解

當註解的內容需要更改時，請先切換至**校閱**頁次再選定欲修改註解的儲存格，然後按下**註解**區的**編輯註解**鈕，此時註解圖文框會出現插入點讓您修改內容，待修改完畢再按一下圖文框以外的地方即可結束編輯狀態。

若要複製註解，請選取包含註解的儲存格並切換至**常用**頁次，按下**剪貼簿**區的**複製**鈕，接著再選取要貼上註解的儲存格，按下**貼上**鈕 的下拉箭頭執行『**選擇性貼上**』命令，由貼上區選擇註解，即可複製註解而不影響儲存格內容。

刪除註解

若您想刪除儲存格的註解，請選取欲刪除註解的儲存格，再按右鈕執行快顯功能表中的『**刪除註解**』命令，或是按下**校閱**頁次中**註解**區的**刪除**鈕。

6-8 工作表的選取、搬移與複製

介紹完儲存格的編輯作業以後, 接著要介紹工作表的各項編輯操作, 包括如何在活頁簿中選取、搬移與複製工作表。

選取工作表

不管要進行什麼操作, 第一步一定是 "選取作用對象", 這一節我們的作用對象是工作表, 所以我們先來學習選取工作表的技巧。選取一張工作表的方法相信您已經很熟悉了, 現在我們要告訴您選取多張工作表的方法。

● 選取相鄰的工作表範圍：可配合 Shift 鍵來選取。

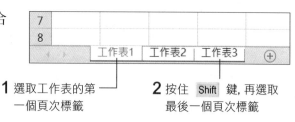

1 選取工作表的第一個頁次標籤

2 按住 Shift 鍵, 再選取最後一個頁次標籤

● 選取不相鄰的工作表範圍：可配合 Ctrl 鍵來選取。

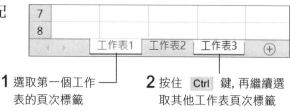

1 選取第一個工作表的頁次標籤

2 按住 Ctrl 鍵, 再繼續選取其他工作表頁次標籤

● 選取所有的工作表：在工作表上按右鈕, 利用**快顯功能表**來選取。

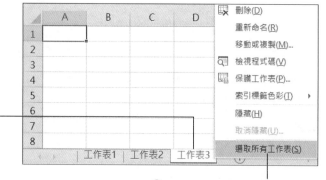

1 將滑鼠指標放在任一頁次標籤上, 按下滑鼠右鈕

2 執行『**選取所有工作表**』命令

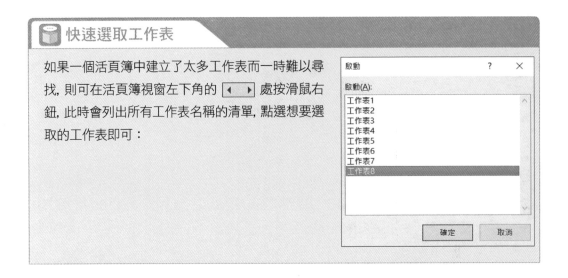

快速選取工作表

如果一個活頁簿中建立了太多工作表而一時難以尋找, 則可在活頁簿視窗左下角的 ◀ ▶ 處按滑鼠右鈕, 此時會列出所有工作表名稱的清單, 點選想要選取的工作表即可:

若要取消工作表的選取狀態, 只要切換至非作用中的工作表頁次標籤即可。

搬移工作表

我們可以搬移活頁簿中的工作表, 重新安排它們的順序。例如要將**工作表 1** 移動到**工作表 3** 之後, 可如下操作。

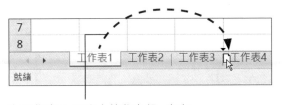

在**工作表 1** 頁次上按住左鈕, 向右拉曳到**工作表 3** 之後, 再放開滑鼠

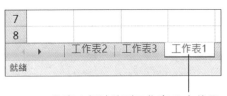

工作表 1 便被移到**工作表 3** 之後了

複製工作表

我們想為**工作表 2** 複製一份副本, 並將它放置在**工作表 3** 之後, 請如下操作。

在**工作表 2** 上按住左鈕, 並同時按住 Ctrl 鍵, 向右拉曳到**工作表 3** 之後:

指標多了一個 "+" 號表示複製

先放開左鈕再放開 Ctrl 鍵, **工作表 2** 便被複製到 **工作表 3** 之後, 且命名為
工作表 2 (2), 表示是**工作表 2** 的副本:

若此時再複製一次**工作表 2**,
則將命名為**工作表 2 (3)** ...
依此類推

將工作表搬移或複製到其他活頁簿

若是需要將工作表搬移或複製到其他活頁簿做運用, 可在工作表上按右鈕執行『**移動
或複製**』命令, 開啟交談窗來設定要搬移或複製到哪個活頁簿檔案:

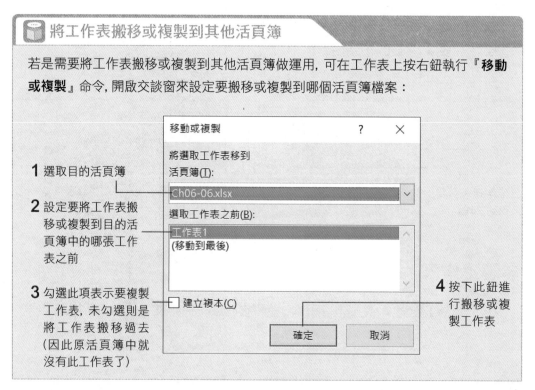

1 選取目的活頁簿

2 設定要將工作表搬移或複製到目的活頁簿中的哪張工作表之前

3 勾選此項表示要複製工作表, 未勾選則是將工作表搬移過去 (因此原活頁簿中就沒有此工作表了)

4 按下此鈕進行搬移或複製工作表

CHAPTER

7

儲存格的美化
與格式設定

一份完美的報表, 除了資料的正確性之外, 其外觀也是很重要的！在本章中, 我們將為您介紹如何使用 Excel 所提供的各種格式化功能來美化工作表, 讓您的工作表看起來更加引人注目, 不會只有白紙黑字而已。

- 儲存格的文字格式設定
- 數字資料的格式化
- 設定儲存格的樣式
- 日期和時間的格式設定
- 設定資料對齊方式、方向與自動換列功能
- 設定儲存格的框線與圖樣效果
- 尋找與取代儲存格格式

7-1 儲存格的文字格式設定

輸入儲存格中的文字都是黑字、新細明體，我們可以變化文字的格式，讓報表看起來更美觀、清晰，例如將標題列的文字換色、加粗、放大…等等。

變更儲存格內的文字格式

如果設定的對象是整個儲存格的文字，只要選取儲存格，或是選取儲存格範圍、整欄、整列，再切換到**常用**頁次，按下**字型**區的工具鈕進行設定，文字就會套用格式了。

由此區的工具鈕來設定文字格式

我們以範例檔案 Ch07-01 來做一個簡單的練習，請先選取儲存格 A2：E2，再由**字型**區的**字型**列示窗選擇**微軟正黑體**，並按下**粗體**鈕，該範圍的字型就改變了。

	A	B	C	D	E
1	北區業務第一季業績獎金				
2	姓名	累計業績	基本薪資	獎金比例	應發獎金
3	王美娟	1200058	36000	20%	7200
4	許信偉	984521	32000	12%	3840
5	張正國	1584896	35000	22%	7700
6	韓信雅	850350	38000	10%	3800

1 選取此範圍

	A	B	C	D	E
1	北區業務第一季業績獎金				
2	**姓名**	**累計業績**	**基本薪資**	**獎金比例**	**應發獎金**
3	王美娟	1200058	36000	20%	7200
4	許信偉	984521	32000	12%	3840
5	張正國	1584896	35000	22%	7700
6	韓信雅	850350	38000	10%	3800

2 設定成想要的字型

變更儲存格中個別的文字格式

　　除了變更整個儲存格的文字格式外, 同一儲存格中的文字還能個別設定不同的格式, 設定時請先雙按儲存格進入**編輯**狀態, 再選取要設定的文字, 然後在**字型**區設定格式。

　　接續上例, 想替 B1 儲存格中的 "第一季" 3 個字換個顏色, 便可如下設定：

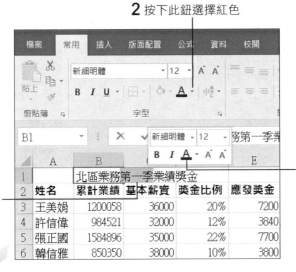

2 按下此鈕選擇紅色

1 雙按 B1 儲存格, 再選取 "第一季"

也可以利用選取文字時出現的**迷你工具列**來設定

3 按下任一儲存格結束編輯

只有選取的 3 個字變成紅色

 迷你工具列

在編輯狀態下選取文字時, 會出現一個如本頁上圖中的**迷你工具列**, 將滑鼠指標移到**迷你工具列**上即可快速進行字型、字體大小、加粗、斜體…等設定。雖然這些設定在**常用**頁次下就可以看到, 不過當您目前處於其他頁次時, 就可直接使用這個**迷你工具列**做格式設定, 不用再切換回**常用**頁次了。

7-2 數字資料的格式化

工作表的數字資料，也許是一筆金額、一個數量或是銀行利率…等等，若能為數字加上貨幣符號 "$ "、百分比符號 "%"…，想必更能表達出它們的特性。

直接輸入數字格式

　　儲存格預設的數字格式為 **通用格式**，表示用哪一種格式輸入數字，數字就會以該種格式顯示。請開啟一份新活頁簿，然後在 A1 儲存格中輸入 "$1500"：

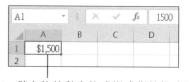

A1 儲存格的數字格式變成貨幣格式了

　　以後就算在 A1 儲存格中重新輸入其他數字，Excel 也會以貨幣格式來顯示。請再次選取 A1 儲存格，然後輸入 "2000" (不要輸入 $ 符號)：

以貨幣格式來顯示

以「數值格式」列示窗設定格式

　　剛剛是以直接輸入的方式來設定格式，我們也可以切換到 **常用** 頁次，在 **數值** 區中拉下 **數值格式** 列示窗，選擇適合的數值格式。繼續以 A1 儲存格為例，我們想將剛才的 "$2,000" 改為 "$2,000.00"，請先選取 A1 儲存格，然後如右圖操作：

按下此鈕選擇 **貨幣符號**

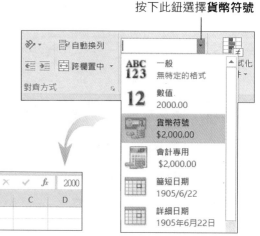

顯示成我們想要的格式了

由「數值」區設定各種數字格式

　　常用頁次的**數值**區中, 還提供了多個可快速設定數字格式的工具鈕, 列舉如下：

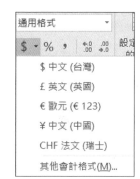

● **會計數字格式** \$ ▾ ：將儲存格的數字資料設定為會計專用格式, 會加上貨幣符號、小數點及千分位逗號。拉下**會計數字格式**旁的向下箭頭, 還可以選擇英鎊、歐元、…等貨幣格式。

$$5000 \longrightarrow \$5,000.00$$
按下 \$ ▾ 鈕

● **百分比樣式** % ：將儲存格的數字資料設為百分比格式。

$$0.06 \longrightarrow 6\%$$
按下 % 鈕

● **千分位樣式** , ：將儲存格的數字資料設為會計專用格式, 但不加貨幣符號。

$$12345 \longrightarrow 12,345.00$$
按下 , 鈕

● **增加小數位數** ：每按一次會增加一位小數位數。

$$6.3 \longrightarrow 6.30$$
按下 鈕

● **減少小數位數** ：每按一次會以四捨五入的方式, 減少一位小數位數。

$$7.39 \longrightarrow 7.4$$
按下 鈕

7-3 設定儲存格的樣式

將儲存格的各種格式設定組合起來, 就稱為「樣式」。我們到目前為止所看到的儲存格, 其外觀都是根據「一般」樣式而來, 例如字型為新細明體, 字級大小為 12。本節將教你快速套用 Excel 提供的樣式來美化工作表。

套用儲存格樣式

如果想要凸顯某些儲存格資料, 可先選取要變換樣式的儲存格或範圍, 再切換到**常用**頁次, 在**樣式**區中按下**儲存格樣式**鈕, 從中選擇喜歡的樣式, 節省自己設定各種格式的時間。

1 按下此鈕

對齊方式	好、壞與中等			
	一般	中等	好	壞

資料與模型

計算方式	連結的儲...	備註	說明文字	輸入	輸出
檢查儲存格	警告文字				

2 按一下喜歡的樣式, 即可套用至選取的儲存格

標題

| 合計 | 標題 | 標題 1 | 標題 2 | | 標題 4 |

佈景主題儲存格樣式

20% - 輔色1	20% - 輔色2	20% - 輔色3	20% - 輔色4	20% - 輔色5	20% - 輔色6
40% - 輔色1	40% - 輔色2	40% - 輔色3	40% - 輔色4	40% - 輔色5	40% - 輔色6
60% - 輔色1	60% - 輔色2	60% - 輔色3	60% - 輔色4	60% - 輔色5	60% - 輔色6
輔色1	輔色2	輔色3	輔色4	輔色5	輔色6

數值格式

| 千分位 | 千分位[0] | 百分比 | 貨幣 | 貨幣 [0] |

新增儲存格樣式(N)...

你也可以在此選擇數值格式

如果想要再修改目前的樣式, 只要按下**儲存格樣式**鈕, 挑選其它的儲存格樣式; 若要回復預設的樣式, 則在選單中選擇**一般**樣式即可。

套用「佈景主題」

如果在儲存格中套用了樣式之後，還是不滿意整體的配色效果，您可切換到**版面配置**頁次，按下**佈景主題**區的**佈景主題**鈕，挑選現成的配色樣式來套用。請切換到範例檔案Ch07-01 的**工作表 2**：

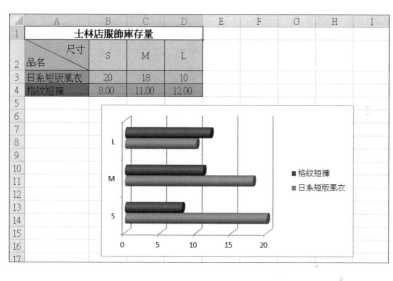

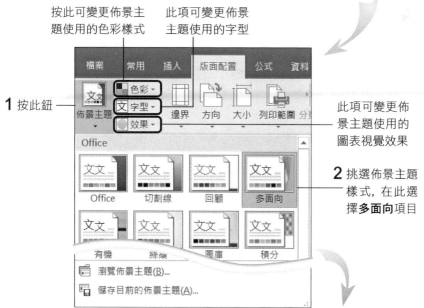

按此可變更佈景主題使用的色彩樣式

此項可變更佈景主題使用的字型

1 按此鈕

此項可變更佈景主題使用的圖表視覺效果

2 挑選佈景主題樣式，在此選擇**多面向**項目

套用**多面向**佈景主題

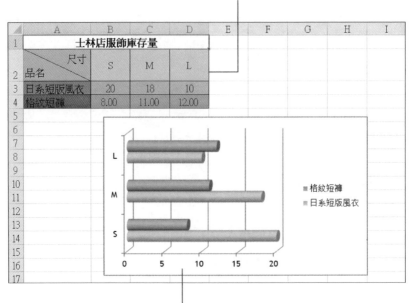

圖表也會套用所選擇的佈景主題樣式

 插入圖表的方法,請參考第 11 章的說明。

　　必須留意的是, **佈景主題**功能僅會替換已套用**填滿色彩**功能的儲存格色彩, 或是已套用**儲存格樣式**選單中**佈景主題儲存格樣式**區內色彩樣式的儲存格。在套用了**佈景主題**之後, **儲存格樣式**選單中**佈景主題儲存格樣式**區內的色彩樣式也會隨之變更。

 套用儲存格樣式其它類型的儲存格, 或是未設定填滿色彩的儲存格, 在套用佈景主題後不會有變化。

7-4 日期和時間的格式設定

日期和時間也是屬於數字資料, 不過因為它們的格式比較特殊, 可顯示的格式也有多種變化, 所以我們特別獨立一節來詳細說明。

輸入日期與時間

當你在儲存格中輸入日期或時間資料時, 必須以 Excel 能接受的格式輸入, 才會被當成是日期或時間, 否則會被當成文字資料。以下列舉 Excel 所能接受的日期與時間格式:

輸入儲存格中的日期	Excel 判斷的日期
2016 年 12 月 1 日	2016/12/1
16 年 12 月 1 日	2016/12/1
2016/12/1	2016/12/1
16/12/1	2016/12/1
1-DEC-16	2016/12/1
12/1	2016/12/1 (不輸入年份時, Excel 會視為當年)
1-DEC	2016/12/1 (不輸入年份時, Excel 會視為當年)

輸入儲存格中的時間	Excel 判斷的時間
11:20	11:20:00 AM
12:03 AM	12:03:00 AM
12 時 10 分	12:10:00 PM
12 時 10 分 30 秒	12:10:30 PM
上午 8 時 50 分	08:50:00 AM

 輸入時間及日期時, 數字與文字間請不要空格, 年份請用西元年。

請建立一份新的活頁簿檔案, 來進行以下輸入日期及時間的練習。

STEP 01 請開啟一份空白活頁薄，在 B1 儲存格輸入 "2016年12 月15日"，輸入完成後按下 **資料編輯列**的**輸入**鈕 ☑：

資料編輯列顯示 "2016/12/15"，表 示此儲存格存放 的是日期資料

輸入日期與時 間資料時，數 字與文字間請 不要空格

STEP 02 接著在 B2 儲存格輸入 "15時 36 分"，輸入完成 後按下**資料編輯列**的**輸入** 鈕 ☑：

資料編輯列顯示 "03:36:00 PM"，表 示此儲存格存放 的是時間資料

輸入兩位數字的年份

輸入日期的年份資料時，可以只輸入年份的後兩位數字，例如輸入 "16/12/1"，Excel 會自動判斷為 2016 年 12 月 1 日。其判斷的規則為：輸入 00 到 29 的年份會被解釋成 2000 年到 2029；若輸入 30 到 99 的年份，則會被解釋成 1930 到 1999 年。

若要輸入的兩位數年份不適用以上的規則，例如希望輸入 31/12/1，可判斷成 2031 年 12 月 1 日，也可以手動變更年份的解釋方法。請執行『**開始/控制台**』命令，按下**時鐘、語言和區域**圖示，按下**地區及語言**選項下方的**變更日期、時間或數字格式**項目，開啟**地區及語言**交談窗，然後切換到**格式**頁次，按下**其他設定**鈕進行設定：

1 切換到**日期**頁次

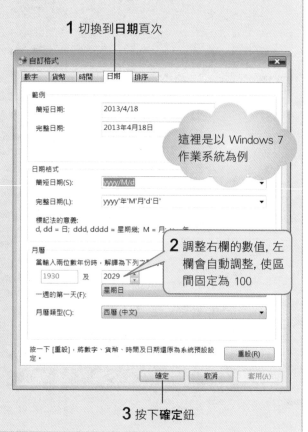

這裡是以 Windows 7 作業系統為例

2 調整右欄的數值，左欄會自動調整，使區間固定為 100

3 按下**確定**鈕

更改日期的顯示方式

輸入日期及時間資料後, 還可以依自己的需求更改其顯示方式, 例如要將 "2015/11/6" 改成 "2015 年 11 月 6 日"; 將 "04:25 AM" 改成 "上午 4 時 25 分。

以下我們利用已輸入好日期及時間的範例檔案 Ch07-02, 來練習格式設定:

	A	B	C
1	**開幕日期**	**閉幕日期**	**期間**
2	2015/11/6	2016/4/25	
3	04:25	03:36	

STEP 01 選取 A2:B2 儲存格, 然後在儲存格上按右鈕執行『**儲存格格式**』命令:

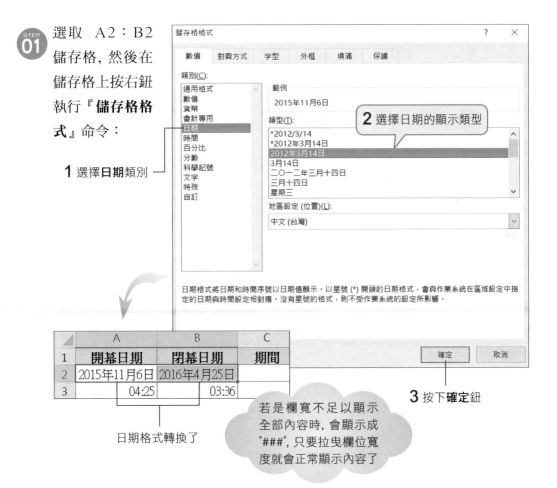

1 選擇**日期**類別

2 選擇日期的顯示類型

	A	B	C
1	**開幕日期**	**閉幕日期**	**期間**
2	2015年11月6日	2016年4月25日	
3	04:25	03:36	

日期格式轉換了

3 按下**確定**鈕

若是欄寬不足以顯示全部內容時, 會顯示成 "###", 只要拉曳欄位寬度就會正常顯示內容了

 如果要在儲存格中輸入目前的日期, 請選取儲存格後直接按下 `Ctrl` + `;` 鍵。

STEP 02 再來試試時間格式的設定方法。請選取 A3：B3 儲存格, 然後在儲存格上按右鈕執行『**儲存格格式**』命令：

1 選擇**時間**類別　　　　　　　**2** 挑選想要的時間顯示方式

3 按下**確定**鈕

	A	B	C
1	**開幕日期**	**閉幕日期**	**期間**
2	2015年11月6日	2016年4月25日	
3	04:25	03:36	

▶

	A	B	C
1	**開幕日期**	**閉幕日期**	**期間**
2	2015年11月6日	2016年4月25日	
3	上午4時25分	上午3時36分	

時間的顯示方式改變了

 如果要在儲存格中輸入目前的時間, 可選取儲存格後直接按下 Ctrl + Shift + ; 鍵。

計算兩個日期間相隔的天數

如果想知道兩個日期間的間隔天數, 或是兩個時間所間隔的時數, 可以建立公式來計算。公式中若要使用日期或時間資料, 必須將其視為文字以雙引號括住。例如我們想以開幕與閉幕兩日期, 算出整個展期的天數, 公式如下:

```
="2015/11/6"-"2016/4/25"
```

接續上例, 在 C2 儲存格中輸入公式 "=B2-A2", 表示要計算 "2015年11月6日" 到 "2016年4月25日" 之間的天數, 其結果如下:

C2	▼		× ✓ fx	=B2-A2	
	A		B	C	預計
1	**開幕日期**		**閉幕日期**	**期間**	
2	2015年11月6日		2016年4月25日	171	── 展期是 171 天
3	上午4時25分		上午3時36分		
4					

計算數天後的日期

如果想知道 "2015年11月6日" 之後的第 20 天是幾月幾號, 接續上例, 在 D2 儲存格中輸入 "=A2+20" , 再按下 Enter 鍵, 便可得到答案:

D2	▼		× ✓ fx	=A2+20		
	A	B	C	D		E
1	**開幕日期**	**閉幕日期**	**期間**	**預計參展日期**		
2	2015年11月6日	2016年4月25日	171	2015年11月26日		
3	上午4時25分	上午3時36分				
4						

2015 年 11 月 6 日之後的第 20 天是 2015 年 11 月 26 日

7-5 資料對齊、方向、自動換列與縮小功能

儲存格內文字預設的水平對齊方式為「靠左對齊」，數字則是「靠右對齊」；而預設的垂直對齊方式則是「置中對齊」，即擺放在儲存格的垂直中央位置。我們可以視情況變更對齊方式，或是讓儲存格內的資料自動換列。

設定儲存格資料的水平及垂直對齊方式

要調整儲存格資料的對齊方式，最快的方法是選取儲存格，然後切換到 **常用** 頁次，按下 **對齊方式** 區的工具鈕來設定。

設定垂直的對齊方式

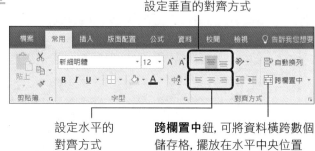

設定水平的對齊方式

跨欄置中 鈕, 可將資料橫跨數個儲存格, 擺放在水平中央位置

設定文字的方向

儲存格內的資料預設是橫式走向, 若字數較多, 儲存格寬度較窄, 還可以設為直式文字, 更特別的是可以將文字旋轉角度, 將文字斜著放！要變更文字的方向, 請先選取儲存格, 然後切換到 **常用** 頁次, 在 **對齊方式** 區按下 **方向鈕** ，從中選擇要套用的文字方向:

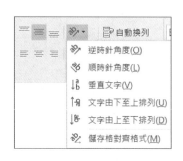

若覺得 **方向** 鈕的角度變化太少, 可按下 **方向** 鈕執行『**儲存格對齊格式**』命令, 開啟交談窗來設定:

1 在垂直文字框內按一下, 可將儲存格內容更改為直書

2 在此點按旋轉角度, 或拉曳文字指標來調整角度

亦可直接輸入文字的旋轉角度 (若輸入 0, 即表示取消旋轉效果)

由左上至右下排列

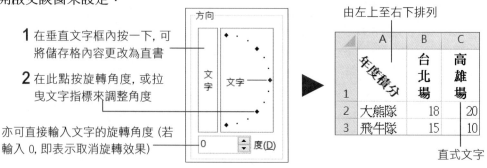

直式文字

讓文字配合欄寬自動換列

有時候已將欄寬調整到最適當寬度了, 卻因為某一筆資料字數太多, 而必須要重新調整。為顧及儲存格寬度, 又要將資料完全顯示出來時, 就可利用**自動換列**功能來解決。

STEP 01 請開啟範例檔案 Ch07-03, 目前 A1 儲存格的資料無法完整顯示, 請選取 A1 儲存格:

	A	B	C	D	E
1	餐點(	名稱	單點(	套餐價格	
2	M001	照燒雞腿排	$220	$280	
3	M002	紅酒燉牛肉	$180	$260	
4	M003	香溢蒜酥雞	$200	$230	
5					

STEP 02 切換到**常用**頁次, 在**對齊方式**區按下**自動換列**鈕 :

內容依欄寬而換列了

按下此鈕

對齊方式

	A	B	C	D	E
1	餐點代號	名稱	單點(	套餐價格	
2	M001	照燒雞腿排	$220	$280	
3	M002	紅酒燉牛肉	$180	$260	
4	M003	香溢蒜酥雞	$200	$230	
5					

讓文字配合欄寬自動縮小

若要將資料完整顯示出來, 又不想更動欄位寬度, 可以利用**縮小字型以適合欄寬**功能, 接續上例, 我們選取 C1:D1 並按下**常用**頁次**對齊方式**區右下角的 鈕, 在交談窗中如下設定:

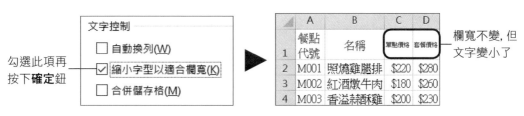

文字控制
- ☐ 自動換列(W)
- ☑ 縮小字型以適合欄寬(K)
- ☐ 合併儲存格(M)

勾選此項再按下**確定**鈕

欄寬不變, 但文字變小了

	A	B	C	D
1	餐點代號	名稱	單點價格	套餐價格
2	M001	照燒雞腿排	$220	$280
3	M002	紅酒燉牛肉	$180	$260
4	M003	香溢蒜酥雞	$200	$230

 自動換列及**縮小字型以適合欄寬**這兩種功能無法同時選用。

7-6 儲存格的框線與圖樣效果

想要強調儲存格的資料, 除了可以為文字設定格式, 也可以為儲存格設定格式, 例如改變儲存格的框線樣式、顏色, 為儲存格填滿底色等, 若是覺得填滿底色的變化太少, 還能為儲存格設定各種圖樣變化。

為儲存格加上框線

請切換到範例檔案 Ch07-03 的**工作表 2** 來練習儲存格的框線樣式設定。

STEP 01 選取 A1：D1 儲存格, 然後切換到**常用**頁次, 我們要利用**字型**區的**框線**鈕, 為儲存格加上框線的效果。

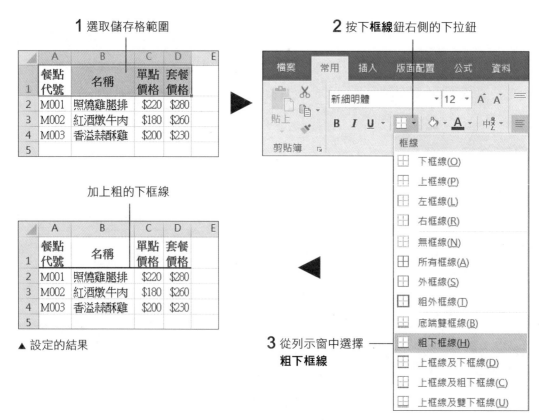

1 選取儲存格範圍

	A	B	C	D	E
1	餐點代號	名稱	單點價格	套餐價格	
2	M001	照燒雞腿排	$220	$280	
3	M002	紅酒燉牛肉	$180	$260	
4	M003	香溢蒜酥雞	$200	$230	
5					

2 按下**框線**鈕右側的下拉鈕

加上粗的下框線

	A	B	C	D	E
1	餐點代號	名稱	單點價格	套餐價格	
2	M001	照燒雞腿排	$220	$280	
3	M002	紅酒燉牛肉	$180	$260	
4	M003	香溢蒜酥雞	$200	$230	
5					

▲ 設定的結果

3 從列示窗中選擇 **粗下框線**

框線
- 下框線(O)
- 上框線(P)
- 左框線(L)
- 右框線(R)
- 無框線(N)
- 所有框線(A)
- 外框線(S)
- 粗外框線(T)
- 底端雙框線(B)
- 粗下框線(H)
- 上框線及下框線(D)
- 上框線及粗下框線(C)
- 上框線及雙下框線(U)

再選取儲存格 A3：D3, 然後按下**框線**鈕右側的下拉鈕, 選擇**上框線及下框線**：

	A	B	C	D
1	餐點代號	名稱	單點價格	套餐價格
2	M001	照燒雞腿排	$220	$280
3	M002	紅酒燉牛肉	$180	$260
4	M003	香溢蒜酥雞	$200	$230

套用**上框線及下框線**

在儲存格中繪製對角線

如果要繪製具有對角線的儲存格, 請按下**框線**鈕旁的下拉鈕, 執行『**其他框線**』命令進入**儲存格格式**交談窗的**外框**頁次進行設定：

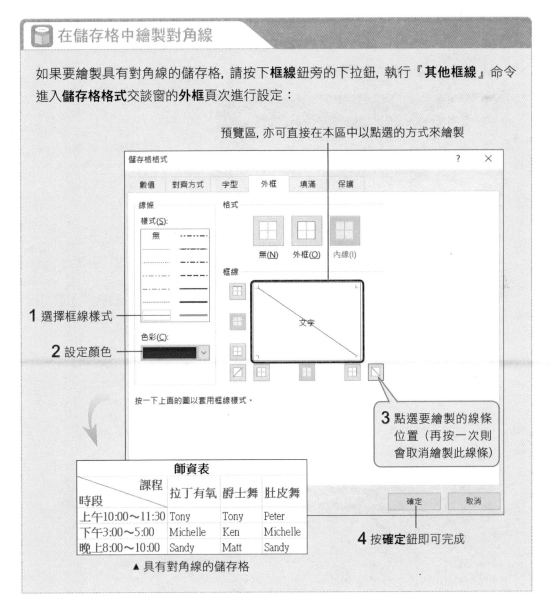

預覽區, 亦可直接在本區中以點選的方式來繪製

1 選擇框線樣式

2 設定顏色

3 點選要繪製的線條位置（再按一次則會取消繪製此線條）

4 按**確定**鈕即可完成

▲ 具有對角線的儲存格

在儲存格中填色或加上圖樣效果

我們可以在填入資料後, 為想強調的內容填入底色, 或是為標題加上突顯的圖樣效果, 讓資料更容易閱讀。請接續上例, 我們要為 A1：D1 儲存格填入底色。

	A	B	C	D
1	餐點代號	名稱	單點價格	套餐價格
2	M001	照燒雞腿排	$220	$280
3	M002	紅酒燉牛肉	$180	$260
4	M003	香溢蒜酥雞	$200	$230

STEP 01 請選取 A1：D1, 然後切換到**常用**頁次, 再按下**填滿色彩**鈕 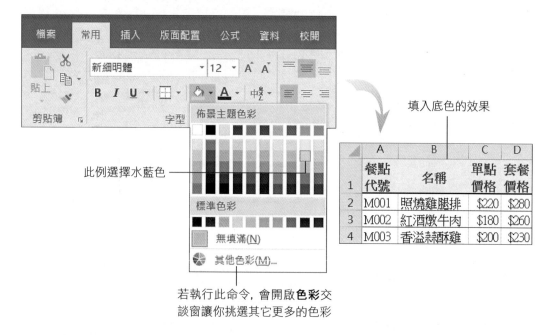 旁的下拉鈕, 並在色盤中挑選喜愛的顏色：

填入底色的效果

此例選擇水藍色

若執行此命令, 會開啟**色彩**交談窗讓你挑選其它更多的色彩

	A	B	C	D
1	餐點代號	名稱	單點價格	套餐價格
2	M001	照燒雞腿排	$220	$280
3	M002	紅酒燉牛肉	$180	$260
4	M003	香溢蒜酥雞	$200	$230

STEP 02 再來試試圖樣的變化。請同樣選取 A1：D1, 然後切換到**常用**頁次, 按下**字型**區右下角的 鈕, 開啟**儲存格格式**交談窗, 並切換到**填滿**頁次：

若選擇此項, 可取消儲存格的填滿色彩及圖樣設定

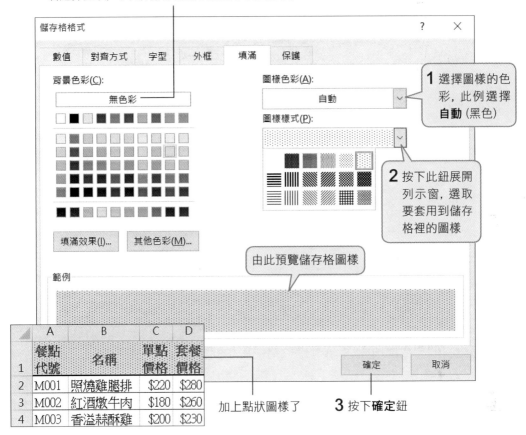

1 選擇圖樣的色彩, 此例選擇 **自動** (黑色)

2 按下此鈕展開列示窗, 選取要套用到儲存格裡的圖樣

由此預覽儲存格圖樣

加上點狀圖樣了

3 按下**確定**鈕

快速套用相同的儲存格格式

當你為儲存格加上字型、框線、圖樣等格式設定後, 若想為其它的儲存格 (或範圍) 套用相同的格式設定, 可切換到**常用**頁次, 按下**剪貼簿**區的**複製格式**鈕 ![複製格式鈕] 來快速完成。接續剛才的範例, 我們要將設定好的儲存格格式複製到 A3：D3 儲存格中：

1 選取要複製格式的來源儲存格

3 選取目的儲存格 A3：D3, 即可將格式複製過來

	A	B	C	D
1	餐點代號	名稱	單點價格	套餐價格
2	M001	照燒雞腿排	$220	$280
3	M002	紅酒燉牛肉	$180	$260
4	M003	香溢蒜酥雞	$200	$230

2 按下**複製格式**鈕 ![鈕], 此時指標會呈 ![游標] 狀

	A	B	C	D
1	餐點代號	名稱	單點價格	套餐價格
2	M001	照燒雞腿排	$220	$280
3	M002	紅酒燉牛肉	180	260
4	M003	香溢蒜酥雞	$200	$230

7-7 尋找與取代儲存格格式

當您在工作表中為儲存格設定了不同的格式後, 可以讓 Excel 來幫您尋找符合某格式設定的儲存格, 例如找出使用斜體字的儲存格、找出套上某圖樣效果的儲存格…等等。底下馬上就來告訴您!

尋找儲存格格式

請開啟範例檔案 Ch07-04, 我們以**工作表 1** 來做練習:

	A	B	C	D	E	F	G
1	品名	口味	大杯	中杯	小杯	備註	
2	香醇冰咖啡	摩卡、拿鐵	130	100	70	外帶8折	
3	特調咖啡	奶香、香澄	140	120	100	外帶買大送小	
4	水果冰沙	藍梅、檸檬	90	65	45	內用送蛋糕	
5	養生花茶	玫瑰、薰衣草	180	150	120	內用送餅乾	

> 我們已事先為工作表加上許多格式設定, 以方便您做練習!

假設我們要找出所有與 A4 儲存格使用相同格式設定的儲存格:

STEP 01 請切換到**常用**頁次, 在**編輯**區中按下**尋找與選取**鈕, 執行『**尋找**』命令, 開啟**尋找及取代**交談窗。

執行此命令

STEP 02 接著按下**尋找及取代**交談窗的**選項**鈕, 再按下**格式**鈕, 設定要尋找的格式:

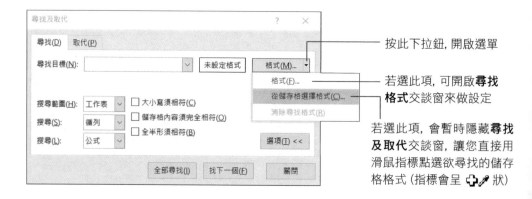

按此下拉鈕, 開啟選單

若選此項, 可開啟**尋找格式**交談窗來做設定

若選此項, 會暫時隱藏**尋找及取代**交談窗, 讓您直接用滑鼠指標點選欲尋找的儲存格格式 (指標會呈 🖊 狀)

03 在此我們選擇**從儲存格選擇格式**項目, 然後請在工作表中點選 A4 儲存格:

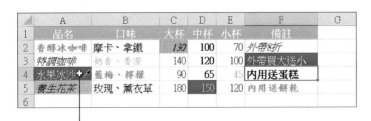

1 點選 A4 儲存格

2 自動回到**尋找及取代**交談窗, 可在此預覽我們要尋找的格式

若要清除尋找的格式, 請按下**格式**鈕旁的下拉鈕, 選擇**清除尋找格式**項目即可。

尋找及取代	? ✕
尋找(D)　取代(P)	
尋找目標(N): ▼	預覽* 格式(M)... ▼
搜尋範圍(H): 工作表 ▼	☐ 大小寫須相符(C)
搜尋(S): 循列 ▼	☐ 儲存格內容須完全相符(O)
搜尋(L): 公式 ▼	☐ 全半形須相符(B)　選項(T) <<
	全部尋找(I)　找下一個(F)　關閉

在此按下**全部尋找**鈕, 一次列出所有符合搜尋條件的儲存格

04 接著您可自行選擇要按下**找下一個**鈕、或**全部尋找**鈕, 讓 Excel 找出採用相同格式的儲存格。

在此列出搜尋的結果, 點選其中的項目即可選取該儲存格

尋找及取代	? ✕
尋找(D)　取代(P)	
尋找目標(N): ▼	預覽* 格式(M)... ▼
搜尋範圍(H): 工作表 ▼	☐ 大小寫須相符(C)
搜尋(S): 循列 ▼	☐ 儲存格內容須完全相符(O)
搜尋(L): 公式 ▼	☐ 全半形須相符(B)　選項(T) <<
	全部尋找(I)　找下一個(F)　關閉

活頁簿	工作表	名稱	儲存格	內容	公式
Ch07-04.xlsx	工作表1		$F$3	外帶買大送小	
Ch07-04.xlsx	工作表1		$A$4	水果冰沙	
Ch07-04.xlsx	工作表1		$D$5	150	

3 個儲存格符合條件

從「尋找格式」交談窗設定搜尋條件

上述的方法是指定現有的儲存格, 讓 Excel 尋找相同格式設定的其它儲存格, 您也可以先設定要尋找的格式類型再開始搜尋。請按下**尋找及取代**交談窗中, **格式**鈕旁邊的下拉鈕, 然後選擇**格式**項目, 開啟**尋找格式**交談窗:

若按下此鈕, 可切換至**從儲存格選擇格式**模式, 回到工作表中挑選儲存格來搜尋格式

在**尋找格式**交談窗的各頁次中設定要尋找的格式, 按下**確定**鈕, 即可回到**尋找及取代**交談窗進行後續操作。

取代儲存格格式

　　有時我們會為數個儲存格設定相同的格式，若想一次替換成另一種格式，就可以利用取代格式的功能來辦到。接續上例，假設我們想將所有與 A2 相同格式的儲存格，都替換成與 A5 相同的格式：

	A	B	C	D	E	F	G
1	品名	口味	大杯	中杯	小杯	備註	
2	香醇冰咖啡	摩卡、拿鐵	*130*	100	70	*外帶8折*	
3	*特調咖啡*	奶香、香澄	140	120	100	外帶買大送小	
4	水果冰沙	藍梅、檸檬	90	65	45	**內用送蛋糕**	
5	*養生花茶*	玫瑰、薰衣草	180	150	120	內用送餅乾	
6							

原來的格式 ← (指向第 2 列)
要取代成此格式 ← (指向第 5 列)

STEP 01 請切換到**常用**頁次，在**編輯**區中按下**尋找與選取**鈕，執行『**取代**』命令，開啟**尋找及取代**交談窗：

這裡可預覽欲搜尋及欲取代的格式

1 按此下拉箭頭，選擇**從儲存格選擇格式**後，點選 A2 儲存格

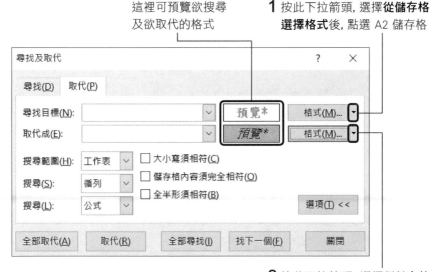

尋找及取代

尋找(D)　取代(P)

尋找目標(N)：　［　　　　　　］∨　［預覽*］　［格式(M)... ▾］
取代成(E)：　［　　　　　　］∨　［預覽*］　［格式(M)... ▾］

搜尋範圍(H)：工作表 ∨　☐ 大小寫須相符(C)
搜尋(S)：循列 ∨　☐ 儲存格內容須完全相符(O)
　　　　　　　　　　☐ 全半形須相符(B)
搜尋(L)：公式 ∨　　　　　　　　　　　　　［選項(T) <<］

［全部取代(A)］　［取代(R)］　［全部尋找(I)］　［找下一個(F)］　［關閉］

2 按此下拉箭頭，選擇**從儲存格選擇格式**後，點選 A5 儲存格

STEP 02 按下**全部取代**鈕，即可進行替換：

	A	B	C	D	E	F	G
1	品名	口味	大杯	中杯	小杯	備註	
2	香醇冰咖啡	摩卡、拿鐵	*130*	100	70	外帶8折	
3	特調咖啡	奶香、香澄	140	120	100	外帶買大送小	
4	水果冰沙	藍梅、檸檬	90	65	45	內用送蛋糕	
5	養生花茶	玫瑰、薰衣草	180	150	120	內用送餅乾	
6							

格式替換成功

一次刪除空白儲存格所在的資料列

有時候匯整進來的資料裡含有空白儲存格，要一個一個找出來再刪除，實在很傷眼力。在此，我們要教你一個小技巧，可以一次選取所有的空白儲存格，並且一次刪除空白儲存格所在的整列資料。

以底下的範例而言，庫存表裡沒有填入資料的儲存格，表示此材料已經沒有庫存了或是該材料已經更換成新的編號，在此我們要刪除這些不齊全的資料。

STEP 01 請開啟範例檔案 Ch07-05，選取 A4：D17 儲存格範圍，再按下**常用**頁次**編輯**區中的**尋找與選取**鈕，選擇**特殊目標**。

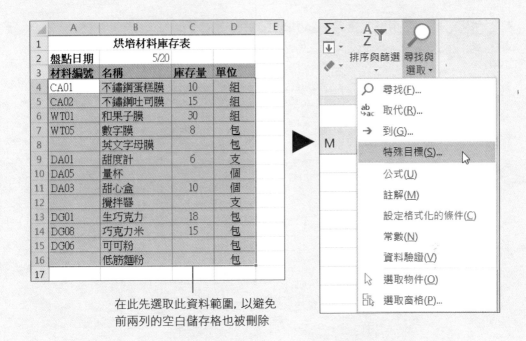

在此先選取此資料範圍, 以避免
前兩列的空白儲存格也被刪除

STEP 02 開啟**特殊目標**交談窗後, 點選**空格**項目, 再按下**確定鈕**。

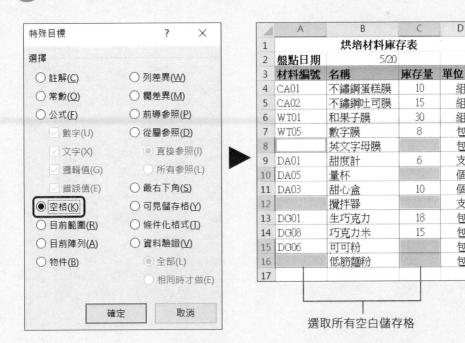

選取所有空白儲存格

STEP 03 接著, 按下**常用**頁次**儲存格**區中的**刪除**鈕, 選擇**刪除工作表列**, 這樣所有空白儲存格的地方便會被整列刪除。

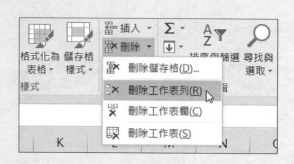

	A	B	C	D	E
1		烘培材料庫存表			
2	盤點日期	5/20			
3	材料編號	名稱	庫存量	單位	
4	CA01	不鏽鋼蛋糕膜	10	組	
5	CA02	不鏽鋼吐司膜	15	組	
6	WT01	和果子膜	30	組	
7	WT05	數字膜	8	包	
8	DA01	甜度計	6	支	
9	DA03	甜心盒	10	個	
10	DG01	生巧克力	18	包	
11	DG08	巧克力米	15	包	
12					

8

利用視覺化圖形
表達數據特徵

當工作表中的資料量一多，實在很難一眼辨識出
數據高低或找出您所關心的資料項目，此時便需
要進行數據分析的工作，藉由格式化或圖形化的
方式來掌握手中的數據特徵。本章將以實例的
方式，教您如何來做數據分析。

- 利用「格式化條件」分析數據資料

- 繪製走勢圖快速了解數據

8-1 利用「格式化條件」分析數據資料

若我們想強調工作表中的某些資料,如:會計成績達到 90 分以上者、銷售額未達標準者…,便可利用「設定格式化的條件」功能,自動將資料套上特別的格式以利辨識。

在**設定格式化的條件**功能中,具有許多種資料設定規則與視覺效果,請在**常用**頁次中按下**設定格式化的條件**鈕:

設定格式化的條件中包含各種資料規則

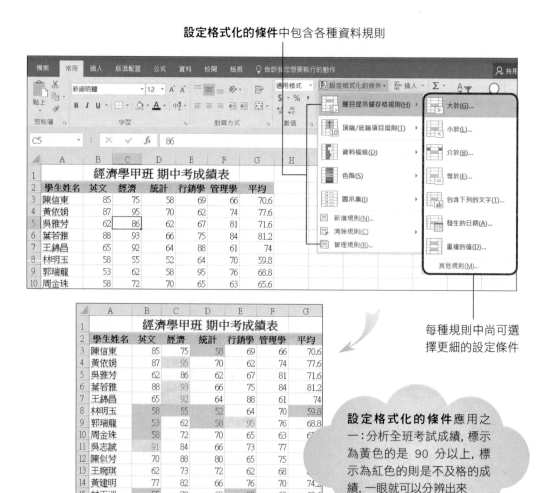

每種規則中尚可選擇更細的設定條件

設定格式化的條件應用之一:分析全班考試成績,標示為黃色的是 90 分以上,標示為紅色的則是不及格的成績,一眼就可以分辨出來以下我們將一一利用不同的範例, 來練習套用**設定格式化的條件**中的各種規則。

實例 1: 分析考試成績

請開啟範例檔案 Ch08-01, 切換到**學生成績**工作表:

	A	B	C	D	E	F	G
1		經濟學甲班 期中考成績表					
2	學生姓名	英文	經濟	統計	行銷學	管理學	平均
3	陳信東	85	75	58	69	66	70.6
4	黃依娟	87	95	70	74	74	77.6
5			96	62	67	81	71.6
12	陳似芳	70	88				75.6
13	王婉琪	62	73	72	62	68	67.4
14	黃建明	77	82	66	76	70	74.2
15	林正洲	55	70	62	58	68	62.6

學生成績　書籍排行榜　銷售業績

用「大於」規則標示 90 分以上的考試成績

我們要找出 90 分以上的成績, 看看考到高分的學生大約有多少, 便可利用**大於**規則幫我們標示出 90 分以上的成績。請選取 B3:G15, 然後切換到**常用**頁次, 在**樣式**區按下**設定格式化的條件**鈕, 執行『**醒目提示儲存格規則/大於**』命令:

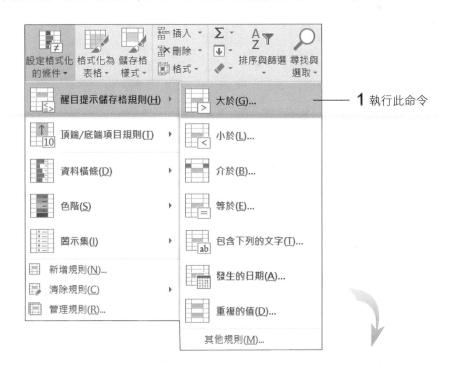

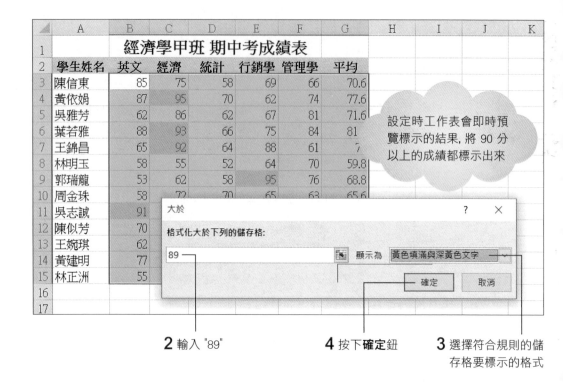

2 輸入 "89"　　　　**4** 按下**確定**鈕　　　**3** 選擇符合規則的儲
存格要標示的格式

設定時工作表會即時預覽標示的結果, 將 90 分以上的成績都標示出來

當您在資料表中加入格式化條件後, 若在選取的資料範圍內, 又修改了數值, 標示的結果也會立即變更。

2	學生姓名	英文	經濟	統計
3	陳信東	85	75	58
4	黃依娟	87	95	70
5	吳雅芳	62	86	62
6	葉若雅	88	93	66
7	王錦昌	65	92	64
8	林明玉	58	55	52

▲ 原本的成績 "88", 未符合標示條件

2	學生姓名	英文	經濟	統計
3	陳信東	85	75	58
4	黃依娟	87	95	70
5	吳雅芳	62	86	62
6	葉若雅	92	93	66
7	王錦昌	65	92	64
8	林明玉	58	55	52

▲ 修改成績為 "92" 之後按下 Enter 鍵, 一符合條件便立即套用標示

接著, 您可以利用相同的方法, 執行『**醒目提示儲存格規則/小於**』命令, 練習將分數小於 60 分的標示為紅色；執行『**醒目提示儲存格規則/介於**』命令, 將介於 75~89 分的標示為綠色, 就可以在工作表中一眼看出各成績的區間了：

	A	B	C	D	E	F	G
1	經濟學甲班 期中考成績表						
2	學生姓名	英文	經濟	統計	行銷學	管理學	平均
3	陳信東	85	75	58	69	66	70.6
4	黃依娟	87	95	70	62	74	77.6
5	吳雅芳	62	86	62	67	81	71.
6	葉若雅	88	93	66	75	84	81.
7	王錦昌	65	92	64	88	61	74
8	林明玉	58	55	52	64	70	59.8
9	郭瑞龍	53	62	58	95	76	68.8
10	周金珠	58	72	70	65	63	65.6
11	吳志誠	91	84	66	73	77	78.2
12	陳似芳	70	88	80	65	75	75.6
13	王婉琪	62	73	72	62	68	67.4
14	黃建明	77	82	66	76	70	74.2
15	林正洲	55	70	62	58	68	62.6

標示為黃色的是 90 分以上、紅色是不及格, 綠色則是介於 75~89 分之間

 按下設定格式化的條件鈕, 執行『醒目提示儲存格規則/等於』命令, 則可標示特定的數值。

當資料範圍內設定了不同的條件規則後, 就能以個別設定的標記樣式來讓我們分辨特定的數據資料了。

自訂條件規則的標示格式

當我們按下**設定格式化的條件**鈕, 選擇要執行的命令後, 您可以從預設的格式項目中挑選要顯示的格式。除了使用預設的項目外, 您也可以選擇**自訂格式**項目, 即可開啟**儲存格格式**交談窗來自訂要使用的標示格式:

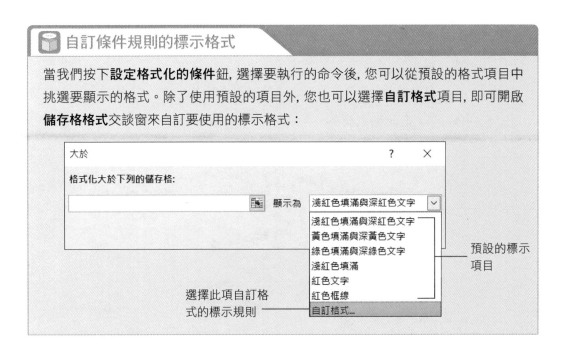

選擇此項自訂格式的標示規則

預設的標示項目

刪除格式化條件

在工作表中加入格式化條件後, 可視實際狀況取消不需要的格式化條件。首先選取含有格式化條件的儲存格範圍 (如上例中的 B3：G15), 按下**設定格式化的條件**鈕, 執行『**管理規則**』命令, 在開啟的交談窗中會列出該範圍已設定的所有條件規則, 可讓我們進行刪除:

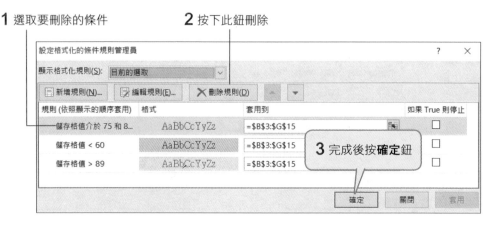

1 選取要刪除的條件　　　　**2** 按下此鈕刪除

3 完成後按**確定**鈕

> 如果儲存格範圍中設定了 2 個以上的格式化條件, 且有儲存格同時符合條件, 可按下**設定格式化的條件**鈕執行『**管理規則**』命令, 利用**上移** ▲ 及**下移** ▼ 鈕, 調整各規則執行的優先順序 (位於上方的優先)。

若想一次刪除所有的條件, 可在選取範圍後, 按下**設定格式化的條件**鈕, 執行『**清除規則**』命令:

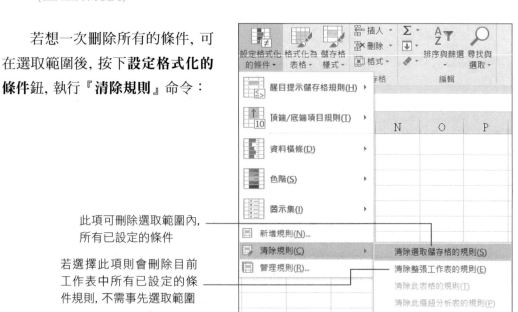

此項可刪除選取範圍內, 所有已設定的條件

若選擇此項則會刪除目前工作表中所有已設定的條件規則, 不需事先選取範圍

利用「快速分析」鈕設定格式化條件

設定格式化的條件鈕位於**常用**頁次下的**樣式**區裡, 如果你正好切換到其它頁次, 不想來回做切換, 可在選取儲存格範圍後, 善用**快速分析**鈕 📊 快速套用格式化條件。

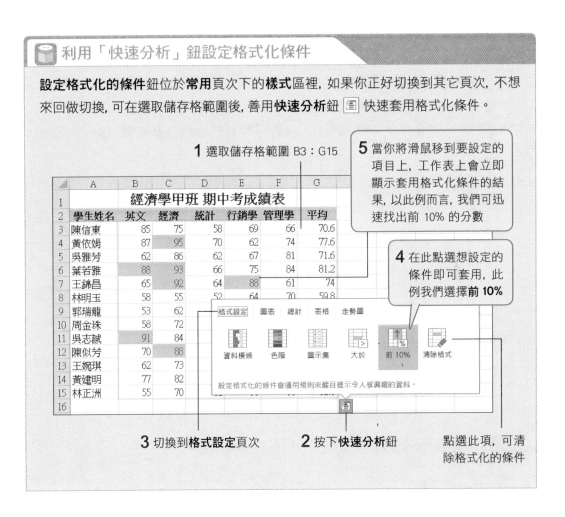

1 選取儲存格範圍 B3：G15

5 當你將滑鼠移到要設定的項目上, 工作表上會立即顯示套用格式化條件的結果, 以此例而言, 我們可迅速找出前 10% 的分數

4 在此點選想設定的條件即可套用, 此例我們選擇**前 10%**

3 切換到**格式設定**頁次

2 按下**快速分析**鈕

點選此項, 可清除格式化的條件

實例 2：分析書籍排行榜資料

以下再來練習不同的**設定格式化的條件**項目, 請切換到**書籍排行榜**工作表：

書籍排行榜					
編號	書名	作者	銷售量	出版社	進貨日期
A01	穴道導引：融合莊子、中醫、太極拳、瑜伽的身心放鬆	蔡璧名	850,000	天下雜誌	2016/4/15
A02	餐桌上的魚百科：跟著魚汎吃好魚！從挑選、保存、處	郭宗坤	550,000	麥浩斯	2016/3/22
A03	教養大震撼：關於小孩, 你知道的太多都是錯的！	波・布朗森、艾許麗・	84,675	雅言文化	2016/3/18
A04	寫字的力量限量超值套組：《寫字的力量》+《美字基	侯信永	450,032	遠流	2016/4/17
A05	被討厭的勇氣：自我啟發之父「阿德勒」的教導	岸見一郎、古賀史健	387,941	究竟	2016/4/5
A06	免捏御飯糰：日本狂銷20萬冊！野餐露營╳營養便當,	寶島社編輯部	427,841	台灣廣廈	2016/3/5

用「包含下列的文字」規則標示相同出版社的項目

包含下列的文字規則可找出選取的儲存格中, 符合特定字串或數值的資料。假設我們想查詢書籍排行榜中, 某出版社的書大約有多少本位於榜上, 可先選取 E3: E23, 然後按下**設定格式化的條件**鈕, 執行『**醒目提示儲存格規則/包含下列的文字**』命令:

2 設定要標示的格式

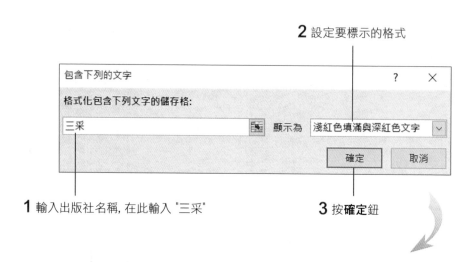

1 輸入出版社名稱, 在此輸入 "三采"

3 按**確定**鈕

編號	書名	作者	銷售量	出版社	進貨日期
A07	管教啊, 管教	汪培珽	105,488	愛孩子愛自己	2016/3/8
A08	那些美好時光	張曼娟	94,782	皇冠	2016/2/15
B01	還想遇到我嗎:鄧惠文陪你走過愛的深沉與寂寞	鄧惠文	506,874	三采	2016/4/4
B02	愛麗絲夢遊仙境 & 鏡中奇緣	路易斯・卡若爾	37,895	高寶	2016/2/20
B03	醫行天下(下):拉筋拍打治百病	蕭宏慈	30,147	橡實文化	2016/3/18
B04	醫行天下(上):尋醫求道	蕭宏慈	324,578	橡實文化	2016/3/26
B05	挪威的森林(上)+(下)合訂本	村上春樹	60,785	時報出版	2016/4/8
B06	龍紋身的女孩	史迪格・拉森	57,845	寂寞	2016/2/7
B07	玩火的女孩	史迪格・拉森	96,687	寂寞	2016/2/15
B08	提姆・波頓悲慘故事集:牡蠣男孩憂鬱之死	提姆・波頓	87,458	時報出版	2016/3/12
B09	青花魚教練教你打造王字腹肌:型男必備專業健身書	崔誠兆	89,934	朱雀	2016/4/3
C01	黑馬商學院:我會提出讓你無法拒絕的條件	麥可・法蘭傑斯	217,000	三采	2016/4/16
C02	這年頭, 一定要懂風水:全球最暢銷風水作家讓你一學	朱蓮麗	11,780	大是文化	2016/3/29
C03	愛上鋼珠筆可愛彩繪	我那陽子	335,428	三采	2016/2/15
C04	彩妝天王 Kevin A完美彩妝全攻略＋B彩妝魔法書	KEVIN	121,480	城邦發	2016/4/10

從標示的結果可以發現三采
出版社有不少書籍名列榜中

用「發生的日期」查詢書籍進貨時間

發生的日期規則, 會幫我們標示出符合某時間條件的儲存格資料, 例如我們想找出本月進貨的書籍, 便可選取**書籍排行榜**工作表的 F3：F23 範圍, 然後按下**設定格式化的條件**鈕, 執行『**醒目提示儲存格規則/發生的日期**』命令來做查詢：

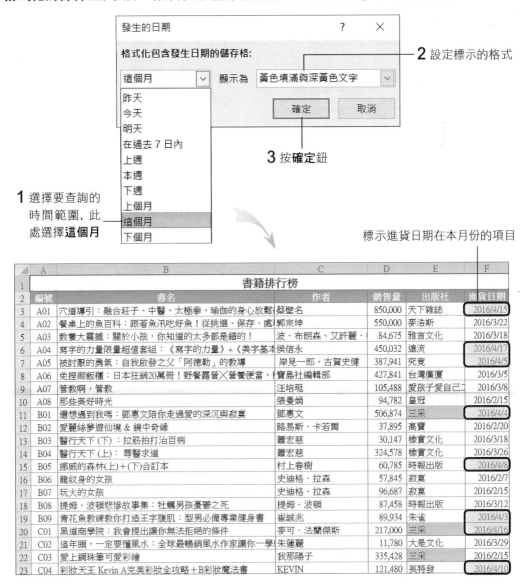

標示進貨日期在本月份的項目

	A	B	C	D	E	F
1			書籍排行榜			
2	編號	書名	作者	銷售量	出版社	進貨日期
3	A01	穴道導引：融合莊子、中醫、太極拳、瑜伽的身心放鬆	蔡璧名	850,000	天下雜誌	2016/4/15
4	A02	餐桌上的魚百科：跟著魚汛吃好魚！從挑選、保存、處	郭宗坤	550,000	麥浩斯	2016/3/22
5	A03	教養大震撼：關於小孩, 你知道的太多都是錯的！	波・布朗森・艾許麗	84,675	雅言文化	2016/3/18
6	A04	寫字的力量限量超值套組：《寫字的力量》+《美字基本	侯信永	450,032	遠流	2016/4/17
7	A05	被討厭的勇氣：自我啟發之父「阿德勒」的教導	岸見一郎、古賀史健	387,941	究竟	2016/4/5
8	A06	免捏御飯糰：日本狂銷20萬冊！野餐露營╳營養便當,	寶島社編輯部	427,841	台灣廣廈	2016/3/5
9	A07	管教啊, 管教	汪培珽	105,488	愛孩子愛自己工	2016/3/8
10	A08	那些美好時光	張曼娟	94,782	皇冠	2016/3/8
11	B01	還想遇到我嗎：鄧惠文陪你走過愛的深沉與寂寞	鄧惠文	506,874	三采	2016/4/4
12	B02	愛麗絲夢遊仙境 & 鏡中奇緣	路易斯・卡若爾	37,895	高寶	2016/2/20
13	B03	醫行天下 (下)：拉筋拍打治百病	蕭宏慈	30,147	橡實文化	2016/3/18
14	B04	醫行天下 (上)：尋臀求道	蕭宏慈	324,578	橡實文化	2016/3/26
15	B05	挪威的森林(上)+(下)合訂本	村上春樹	60,785	時報出版	2016/4/8
16	B06	龍紋身的女孩	史迪格・拉森	57,845	寂寞	2016/2/7
17	B07	玩火的女孩	史迪格・拉森	96,687	寂寞	2016/2/15
18	B08	提姆・波頓悲慘故事集：牡蠣男孩憂鬱之死	提姆・波頓	87,458	時報出版	2016/3/12
19	B09	青花魚教練教你打造王字腹肌：型男必備專業健身書	崔誠兆	89,934	朱雀	2016/4/3
20	C01	黑道商學院：我會提出讓你無法拒絕的條件	麥可・法蘭傑斯	217,000	三采	2016/4/16
21	C02	這年頭, 一定要懂風水：全球最暢銷風水作家讓你一學	朱蓮וא	11,780	大是文化	2016/3/29
22	C03	愛上鋼珠筆可愛彩繪	我那陽子	335,428	三采	2016/2/15
23	C04	彩妝天王 Kevin A完美彩妝全攻略＋B彩妝魔法書	KEVIN	121,480	英特發	2016/4/10

 由於**發生的日期**規則, 會以實際的系統時間為依據, 所以您使用本範例進行操作時, 若與我們示範的結果不同, 請您再自行修改儲存格中的日期來練習。

利用「重複的值」標示出暢銷作者

重複的值規則可標示出資料範圍內，儲存格資料有重複的項目。倘若我們想知道有哪些作者是排行榜的常客，就可以利用此規則來查詢，請選取 C3：C23 ，然後按下**設定格式化的條件**鈕，執行『**醒目提示儲存格規則/重複的值**』命令：

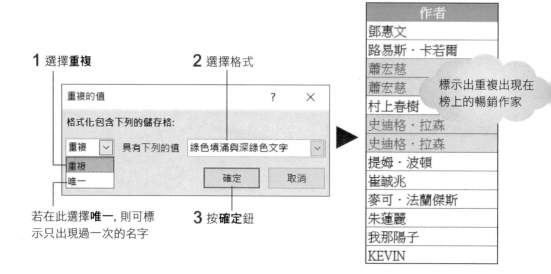

1 選擇**重複**

2 選擇格式

標示出重複出現在榜上的暢銷作家

若在此選擇**唯一**，則可標示只出現過一次的名字

3 按**確定**鈕

實例 3：查詢業務員業績

　　以上示範的是格式化條件中，屬於**醒目提示儲存格規則**分類的項目，我們接著再來進行**頂端/底端項目規則**分類的示範。請切換到**銷售業績**工作表，我們要從一堆數據中找出業績優異與不佳的資料：

	A	B	C	D	E
1	業務員銷售業績一覽表				
2	姓名	第一季	第二季	第三季	第四季
3	趙一銘	2,035	1,258	2,210	2,367
4	陳永凰	1,986	1,756	2,036	4,520
5	施夢達	3,254	1,458	1,698	3,205
6	柳柏翔	2,354	1,698	2,489	2,365
7	吳美瑜	5,123	1,125	5,462	4,521
8	趙智威	856	2,562	3,354	4,682
9	洪怡伶	1,056	3,256	1,254	2,015
10	鄭志誠	1,523	1,025	2,540	3,354
11	陳浩廷	2,157	1,865	2,149	5,184
12	王恩宏	5,154	3,210	1,540	2,345
13	賴景志	1,235	3,201	1,035	2,550
14	張誠家	3,412	2,234	2,500	5,213
15	柯裕其	1,200	2,130	3,340	4,410
16	林思平	2,546	5,452	1,100	3,350

用「前10 個項目」標示名列前茅的業務成績

頂端/底端項目規則可標示出資料範圍內, 排行在最前面或最後面幾項的資料。倘若我們想了解每一季的業績中, 業績位於前 3 名或是業績位於倒數 3 名的業務員, 就可以利用此規則來查詢。請選取 B3：B16 範圍, 然後按下**設定格式化的條件**鈕, 執行『**頂端/底端項目規則/前 10 個項目**』命令, 先查詢第 1 季的前 3 名：

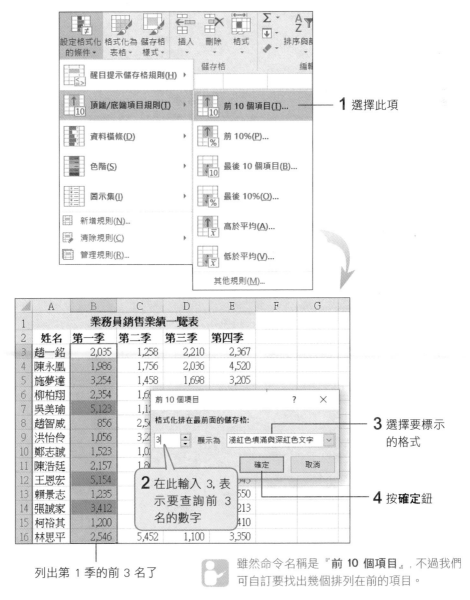

1 選擇此項

3 選擇要標示的格式

2 在此輸入 3, 表示要查詢前 3 名的數字

4 按**確定**鈕

列出第 1 季的前 3 名了

雖然命令名稱是『**前 10 個項目**』, 不過我們可自訂要找出幾個排列在前的項目。

接著再分別選取 C3：C16、
D3：D16、E3：E16, 用同樣的方式
查出第二到第四季的前 3 名：

	A	B	C	D	E
1		業務員銷售業績一覽表			
2	姓名	第一季	第二季	第三季	第四季
3	趙一銘	2,035	1,258	2,210	2,367
4	陳永凰	1,986	1,756	2,036	4,520
5	施夢達	3,254	1,458	1,698	3,205
6	柳柏翔	2,354	1,698	2,489	2,365
7	吳美瑜	5,123	1,125	5,462	4,521
8	趙智威	856	2,562	3,354	4,682
9	洪怡伶	1,056	3,256	1,254	2,015
10	鄭志誠	1,523	1,025	2,540	3,354
11	陳浩廷	2,157	1,865	2,149	5,184
12	王恩宏	5,154	3,210	1,540	2,345
13	賴景志	1,235	3,201	1,035	2,550
14	張誠家	3,412	2,234	2,500	5,213
15	柯裕其	1,200	2,130	3,340	4,410
16	林思平	2,546	5,452	1,100	3,350

用「最後 10 個項目」規則找出最後 3 名的業務成績

接續上列, 請選取 B3：B16 範圍, 按下**設定格式化的條件**鈕, 執行『**頂端/底
端項目規則/最後 10 個項目**』命令, 來查詢倒數 3 名的業務成績：

用 不 同 的
格 式, 再標
示 出 倒 數 3
名 的 業 績

1 在此輸入 3, 表
示要查詢最後
3 名的數字

2 選擇要標示
的格式

3 按**確定**鈕

 再使用相同的方式即可查出 2~4 季的倒數 3 名, 在此就不再贅述。

用「前10%」及「最後10%」規則標示前 30 % 或最後 30% 的業績

您也可以不以名次查詢業績, 而是以業績高低百分比率標示出業績好與業績壞的項目。我們使用相同的範例來操作, 選取 B3：B16 範圍, 清除此範圍先前設定的規則後, 按下**設定格式化的條件**鈕, 執行『**頂端/底端項目規則/前 10%**』命令, 分別查出每一季位居前 30 % 的業績:

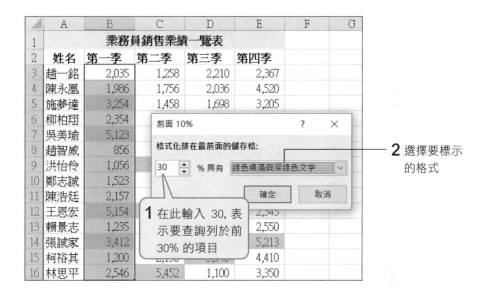

要再列出業績落在最後 30% 的項目, 則按下**設定格式化的條件**鈕, 執行『**頂端/底端項目規則/最後 10%**』命令進行設定:

將前面 30% 標示為綠色,倒數 30% 標示為紅色

用「高於平均」及「低於平均」規則找出高於或低於平均的業績

我們也能以整體業績的平均值為基準, 來標示位於平均值以上或以下的業績, 請選取 B3：E16 範圍, 清除所有格式化條件後, 再選取 B3：B16 範圍, 按下**設定格式化的條件**鈕, 執行『**頂端/底端項目規則/高於平均**』命令：

選擇要標示的格式即可

我們再執行『**頂端/底端項目規則/低於平均**』命令, 使用不同的格式來標示低於平均值的項目, 就可以清楚分辨出每一季大家的業績好壞了：

業務員銷售業績一覽表				
姓名	第一季	第二季	第三季	第四季
趙一銘	2,035	1,258	2,210	2,367
陳永凰	1,986	1,756	2,036	4,520
施夢達	3,254	1,458	1,698	3,205
柳柏翔	2,354	1,698	2,489	2,365
吳美瑜	5,123	1,125	5,462	4,521
趙智威	856	2,562	3,354	4,682
洪怡伶	1,056	3,256	1,254	2,0
鄭志誠	1,523	1,025	2,540'	3
陳浩廷	2,157	1,865	2,149	5,
王恩宏	5,154	3,210	1,540	2,34
賴景志	1,235	3,201	1,035	2,550
張誠家	3,412	2,234	2,500	5,213
柯裕其	1,200	2,130	3,340	4,410
林思平	2,546	5,452	1,100	3,350

分別列出每一季業績高於平均 (標示為綠色填滿與深綠色文字) 與低於平均 (標示為淺紅色填滿), 馬上就一目了然

實例 4：用「資料橫條」規則標示業績數據高低

資料橫條會使用不同長度的色條，來顯示數據資料，數字愈大色條愈長，反之，數字愈小則色條愈短。請開啟範例檔案 Ch08-02，切換到**銷售業績**工作表。請選取 B3：E16 範圍，按下**設定格式化的條件**鈕，執行『**資料橫條**』命令：

此人每季業績都相當高，可說是銷售高手喔！

若數據中包含正負值，則負值的橫條會向左方延伸靠齊

當滑鼠停在項目上時，工作表中會即時預覽套用後的外觀

將數據資料以資料橫條表示，看出第4 季是銷售旺季

從預設的項目中，選擇要使用的顏色

選取資料範圍後，按下**快速分析**鈕 ，點選**格式設定**頁次下的**資料橫條**項目，也可快速套用資料橫條規則。

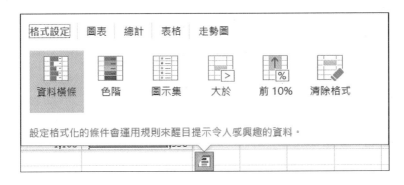

實例 5：用「色階」規則標示 DVD 租借次數

色階規則會使用不同深淺或不同色系的色彩來顯示數據資料, 例如數字較大的用深色表示, 數字較小的用淺色表示。請切換到 **DVD 租借統計**工作表, 我們想知道哪些片子借出的次數最多, 請選取 B3：E15 範圍, 按下**設定格式化的條件**鈕, 執行『**色階**』命令：

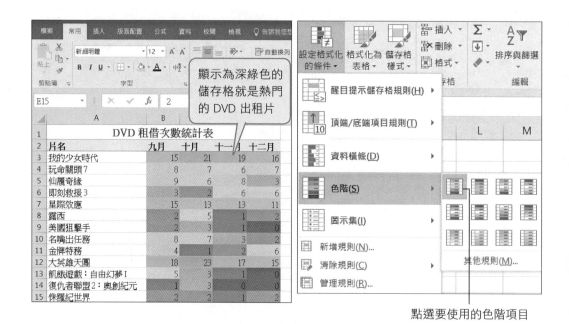

顯示為深綠色的儲存格就是熱門的 DVD 出租片

點選要使用的色階項目

選取資料範圍後, 按下**快速分析**鈕 ![]，點選**格式設定**頁次下的**色階**項目, 也可快速套用色階規則。

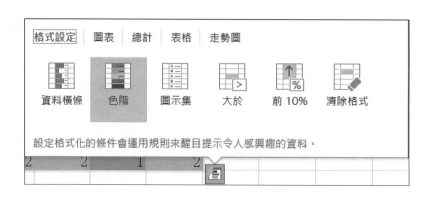

實例 6：用「圖示集」規則標示學生成績

圖示集規則有多種圖示類型，可在各數據資料旁邊附註旗幟、燈號或箭頭等圖示。以三旗幟圖示 ▶ ▶ ▶ 為例：綠色旗幟表示較高值，黃色旗幟表示中間值，紅色旗幟表示較低值。

請切換到**學生成績**工作表，我們想要知道學生考試成績的大致狀況，請選取 C3：G12 範圍，按下**設定格式化的條件**鈕，執行『**圖示集**』命令：

這位學生每科的表現都很不錯，各科都顯示向上的綠色箭頭

大家的數學成績都不太理想，顯示許多向下的紅色箭頭

		六年四班 95 學年度第一學期成績					
1							
2	學號	姓名	國語	英文	數學	自然	社會	總分
3	105601	章愛晴	⬆ 85	➡ 80	⬇ 52	➡ 70	⬆ 89	376
4	105602	秦若美	⬇ 52	➡ 70	⬇ 50	⬆ 88	↘ 63	323
5	105603	何晏楓	➚ 78	➡ 82	↘ 58	➚ 80	⬆ 85	383
6	105604	覃筱筎	⬆ 90	➡ 80	⬇ 52	➚ 77	⬆ 90	389
7	105605	方美茵	➡ 72	➡ 72	➡ 72	➚ 78	➡ 80	372
8	105606	程采樺	⬆ 92	⬆ 90	⬆ 88	⬆ 88	⬆ 90	448
9	105607	李曉嵐	➚ 83	➚ 62	⬇ 54	➡ 70	➡ 80	349
10	105608	莊妮妮	➡ 70	➚ 78	⬇ 45	➚ 76	➡ 73	342
11	105609	林梅仙	⬆ 83	➚ 75	↘ 60	➡ 72	➚ 80	370
12	105610	范曉瓔	➚ 80	➡ 70	⬇ 53	➚ 80	➚ 80	363
13								

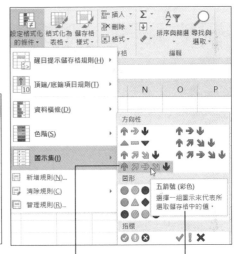

將資料數據顯示為圖示，便於看出每位學生的成績好壞，或某科目的成績表現

點選要使用的圖示類型，此例選擇**五箭號 (彩色)** 項目

當滑鼠停留在圖示項目上，可顯示該項目的說明

 如果改變了儲存格的字型大小，圖示的大小也會跟著變化。

 選取資料範圍後，按下**快速分析**鈕 📊，點選**格式設定**頁次下的**圖示集**項目，也可快速套用圖示集規則。

8-2 繪製走勢圖快速了解數據

走勢圖可藉由放置在儲存格中的微小圖表, 以視覺化的方式輔助了解數據的變化狀態, 例如業績的起伏、價格的漲跌等。使用走勢圖的最大好處是可以放置於資料附近, 就近了解資料的走勢與變化。

切換到**插入**頁次, 按下**走勢圖**鈕, 可以選擇要繪製的走勢圖類型:

可以建立**折線圖**、**直條圖**以及**輸贏分析**三種走勢圖

例如我們可以將每個月的收支記錄繪製成如下的折線圖:

	A	B	C	D	E	F	G	H	I
1				每月支出記錄					
2		一月	二月	三月	四月	五月	六月	分析圖表	
3	伙食費	9,662	8,361	9,861	10,764	10,563	10,344		
4	日用品	12,672	14,695	6,676	4,053	7,081	6,696		
5	交通費	1,459	980	2,296	1,699	4,810	1,746		
6	娛樂費	2,609	800	2,240	1,646	1,965	1,101		
7	送禮請客	4,742	9,443	5,233	1,695	1,100	889		
8	醫療保健	27,218	3,835	388	4,375	650	1,845		
9	購買設備	7,802	5,499	569	990	1,200	1,600		
10									

▲ 從走勢圖可看出**伙食費**近來有逐漸攀升的趨勢喔!

實例 1：用「折線圖」了解每一個業務的業績狀況

請開啟範例 Ch08-03，切換到**銷售業績**工作表，選取 B3：E3 儲存格，我們想要使用**折線圖**來了解「趙一銘」在本年度的業績走勢變化：

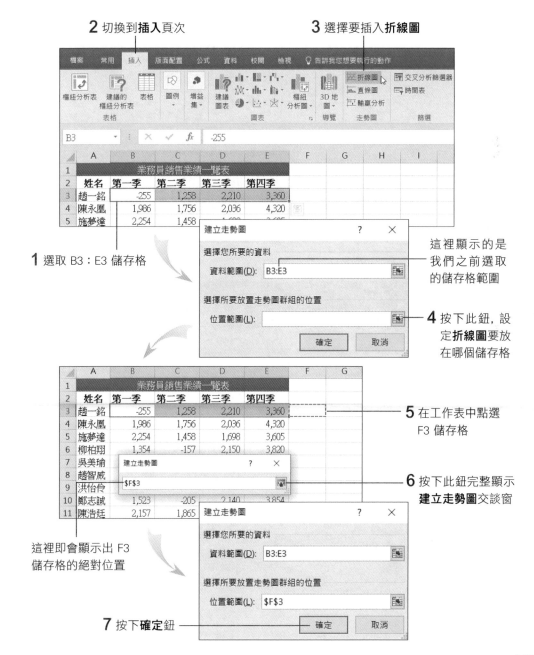

2 切換到**插入**頁次

3 選擇要插入**折線圖**

1 選取 B3：E3 儲存格

這裡顯示的是我們之前選取的儲存格範圍

4 按下此鈕，設定**折線圖**要放在哪個儲存格

5 在工作表中點選 F3 儲存格

6 按下此鈕完整顯示**建立走勢圖**交談窗

這裡即會顯示出 F3 儲存格的絕對位置

7 按下**確定**鈕

F3 儲存格中便出現了此業務員一年來的銷售業績變化，看起來是持續上揚喔！

▲	A	B	C	D	E	F	G
1		業務員銷售業績一覽表					
2	姓名	第一季	第二季	第三季	第四季		
3	趙一銘	-255	1,258	2,210	3,360		
4	陳永凰	1,986	1,756	2,036	4,320		
5	施夢達	2,254	1,458	1,698	3,605		
6	柳柏翔	1,354	-157	2,150	3,820		

調整走勢圖的格式

不過現在的**折線圖**實在不太方便辨識，所以需要再加入一些標記，請點選**折線圖**所在的儲存格，便會自動切換到**走勢圖工具**的**設計**頁次，在**功能區**中可看到**折線圖**相關的格式設定：

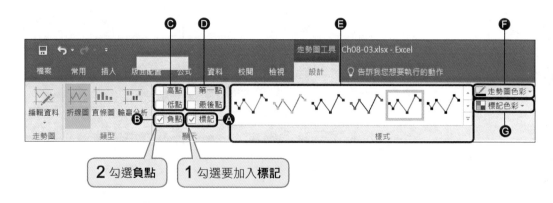

2 勾選**負點**　　**1** 勾選要加入**標記**

Ⓐ 選取此項可以顯示所有資料標記

Ⓑ 選取此項可以顯示負值

Ⓒ 選取此項可以顯示最高值或最低值

Ⓓ 選取**第一點**或**最後點**項目，可以顯示第一個值或最後一個值

Ⓔ 這裡提供了許多折線圖樣式供選取

Ⓕ 設定折線圖的色彩

Ⓖ 設定標記的色彩

	A	B	C	D	E	F
1		業務員銷售業績一覽表				
2	姓名	第一季	第二季	第三季	第四季	
3	趙一銘	-255	1,258	2,210	3,360	
4	陳永鳳	1,986	1,756	2,036	4,320	
5	施夢達	2,254	1,458	1,698	3,605	
6	柳柏翔	1,354	-157	2,150	3,820	

折線圖中加入代表各季的標記了, 若當季是負值, 就會以紅點來顯示

 按下**走勢圖工具/設計**頁次下**群組**區中的**清除**鈕, 可刪除選取的走勢圖。

另外, 由於走勢圖是內嵌於儲存格中的小圖表, 所以我們還可以在儲存格中輸入文字, 然後使用走勢圖做為背景。

	A	B	C	D	E	F
1		業務員銷售業績一覽表				
2	姓名	第一季	第二季	第三季	第四季	
3	趙一銘	-255	1,258	2,210	3,360	各季業績
4	陳永鳳	1,986	1,756	2,036	4,320	
5	施夢達	2,254	1,458	1,698	3,605	

可直接在儲存格中加入文字

範例為更改過文字格式後的樣子, 以突顯出走勢圖

如果想要快速建立出其他業務員的業績走勢圖, 您可以直接拉曳走勢圖儲存格的**填滿控點**, 快速為後來加入的資料列建立走勢圖。

	A	B	C	D	E	F	G
1		業務員銷售業績一覽表					
2	姓名	第一季	第二季	第三季	第四季		
3	趙一銘	-255	1,258	2,210	3,360	各季業績	
4	陳永鳳	1,986	1,756	2,036	4,320		
5	施夢達	2,254	1,458	1,698	3,605		
6	柳柏翔	1,354	-157	2,150	3,820		
7	吳美瑜	4,250	4,500	4,462	5,621		
8	趙智威	856	2,100	2,100	4,082		
9	洪怡伶	1,056	1,856	1,254	3,525		
10	鄭志誠	1,523	-205	2,140	3,854		
11	陳浩廷	2,157	1,865	2,149	4,850		
12	王恩宏	2,300	2,610	1,540	3,345		
13	賴景志	1,235	2,201	1,035	3,550		
14	張誠家	2,412	1,834	2,000	5,213		
15	柯裕其	-374	2,130	2,240	4,410		
16	林思平	2,546	2,452	1,100	4,350		
17						各季業績	
18							

從 F3 拉曳**填滿控點**到 F16

	A	B	C	D	E	F	G
1	業務員銷售業績一覽表						
2	姓名	第一季	第二季	第三季	第四季		
3	趙一銘	-255	1,258	2,210	3,360	各季業績	
4	陳永凰	1,986	1,756	2,036	4,320	各季業績	
5	施夢達	2,254	1,458	1,698	3,605	各季業績	
6	柳柏翔	1,354	-157	2,150	3,820	各季業績	
7	吳美瑜	4,250	4,500	4,462	5,621	各季業績	
8	趙智威	856	2,100	2,100	4,082	各季業績	
9	洪怡伶	1,056	1,856	1,254	3,525	各季業績	
10	鄭志誠	1,523	-205	2,140	3,854	各季業績	
11	陳浩廷	2,157	1,865	2,149	4,850	各季業績	
12	王恩宏	2,300	2,610	1,540	3,345	各季業績	
13	賴景志	1,235	2,201	1,035	3,550	各季業績	
14	張誠家	2,412	1,834	2,000	5,213	各季業績	
15	柯裕其	-374	2,130	2,240	4,410	各季業績	
16	林思平	2,546	2,452	1,100	4,350	各季業績	
17							

快速建立出其他業務員的折線走勢圖了

實例 2：建立書籍月銷售資料的直線圖

接下來請切換到**書籍月銷售**工作表，我們已事先在 K3 儲存格建立了**直線圖**走勢圖。仔細觀察下圖，會發現在此資料中少了四月份的銷售資料，所以目前的**直線圖**並無法反應出正確的月銷售資訊：

書籍排行榜									
書名	作者	12-Jan	12-Feb	12-Mar	12-May	12-Jun	出版社	進貨日期	銷售走勢
穴道導引：融合莊子、中醫、太極	蔡璧名	250	300	200	55	238	天下雜誌	2016/4/15	
餐桌上的魚百科：跟著魚汛吃好魚	郭宗坤	1,124	265	599	676	358	麥浩斯	2016/3/22	
教養大震撼：關於小孩，你知道的波‧布朗森、艾		168	868	246	376	367	雅言文化	2016	

少了四月份的銷售資料

直線圖未能正確反應少掉了四月部份

此時，請選取 K3 儲存格，切換到**走勢圖工具**的**設計**頁次，在**群組**區中按下**座標軸**鈕，執行『**日期座標軸類型**』命令，便可以依比例在資料點之間增加出空格，以反應出少掉的月份。

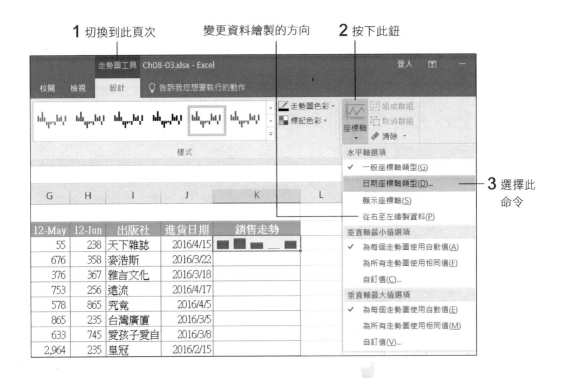

1 切換到此頁次

變更資料繪製的方向

2 按下此鈕

3 選擇此命令

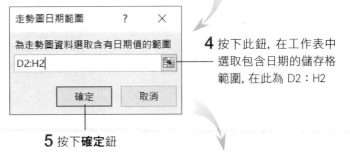

4 按下此鈕, 在工作表中選取包含日期的儲存格範圍, 在此為 D2：H2

5 按下**確定**鈕

書籍排行榜								
作者	12-Jan	12-Feb	12-Mar	12-May	12-Jun	出版社	進貨日期	銷售走勢
蔡璧名	250	300	200	55	238	天下雜誌	2016/4/15	
郭宗坤	1,124	265	599	676	358	麥浩斯	2016/3/22	
波・布朗森、艾	168	868	246	376	367	雅言文化	2016/3/18	
侯信永	156	297	346	753	256	遠流	2016/4/17	
岸見一郎、古賀	257	1,145	765	578	865	究竟	2016/4/5	

直線圖中自動加入了缺少月份的位置

你可拉曳 K3 儲存格的填滿控點到 K23，完成月銷售資料的直條圖。若覺得目前的欄位高度不容易看出直條圖的高低變化趨勢，可選取第 3 列～第 23 列，切換到**常用**頁次，按下**格式鈕**選擇『**列高**』命令，增加欄位高度：

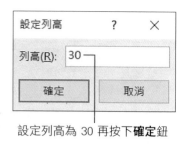

設定列高為 30 再按下**確定**鈕

	書名	作者	12-Jan	12-Feb	12-Mar	12-May	12-Jun	出版社	進貨日期	銷售走勢
1					書籍排行榜					
12	愛麗絲夢遊仙境 & 鏡中奇緣	路易斯‧卡若爾	2,857	586	388	253	257	高寶	2016/2/20	
13	醫行天下(下)：拉筋拍打治百病	蕭宏慈	455	858	543	255	124	橡實文化	2016/3/18	
14	醫行天下(上)：尋醫求道	蕭宏慈	125	436	436	2,453	864	橡實文化	2016/3/26	
15	挪威的森林(上)+(下)合訂本	村上春樹	354	1,165	976	325	235	時報出版	2016/4/8	
16	龍紋身的女孩	史迪格‧拉森	535	643	235	1,467	2,556	寂寞	2016/2/7	
17	玩火的女孩	史迪格‧拉森	523	436	754	754	476	寂寞	2016/2/15	
18	提姆‧波頓悲慘故事集：牡蠣男孩	提姆‧波頓	156	86	346	264	642	時報出版	2016/3/12	

實例 3：利用輸贏分析圖觀察原物料的庫存狀態

接下來請切換到**原物料需求**工作表，這邊列出的是一家公司各廠目前原物料的需求與庫存狀態：

	A	B	C	D	E
1	原物料需求表				
2	料號	A 廠	B 廠	C 廠	D 廠
3	AH002	-20	245	42	36
4	AH056	50	-10	150	75
5	CK034	25	42	-15	68
6	CG861	35	43	43	-35
7	SR008	73	-5	43	54
8	SR257	76	43	75	43
9	TU016	-6	10	54	54
10	TU254	12	43	-8	0

現在就來試著使用**輸贏分析**圖分析一下各廠的原物料庫存狀態吧！

2 切換到**插入**頁次

3 按下此鈕, 選擇要插入**輸贏分析**

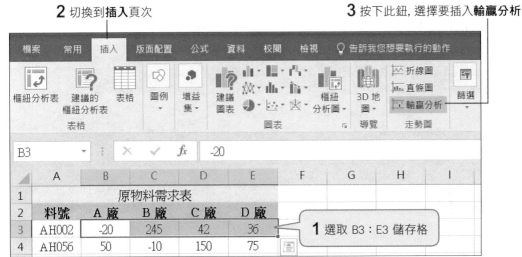

1 選取 B3：E3 儲存格

這裡顯示的是我們之前選取的儲存格範圍

4 設定**輸贏分析**要顯示的儲存格位置

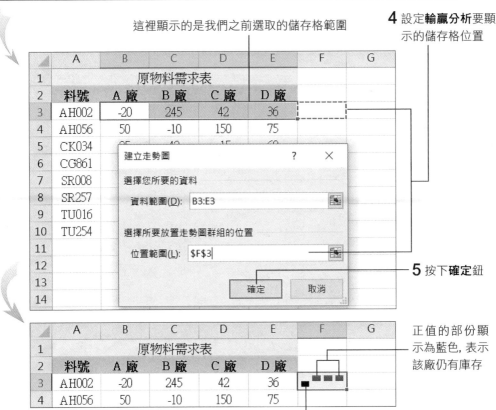

5 按下**確定**鈕

正值的部份顯示為藍色, 表示該廠仍有庫存

負值的部份顯示為紅色, 表示 A 廠對此原物料有需求

為了要讓正負值之間看起來更明顯，請切換到**走勢圖工具**的**設計**頁次，在**群組**區中按下**座標軸**鈕，選取『**顯示座標值**』命令：

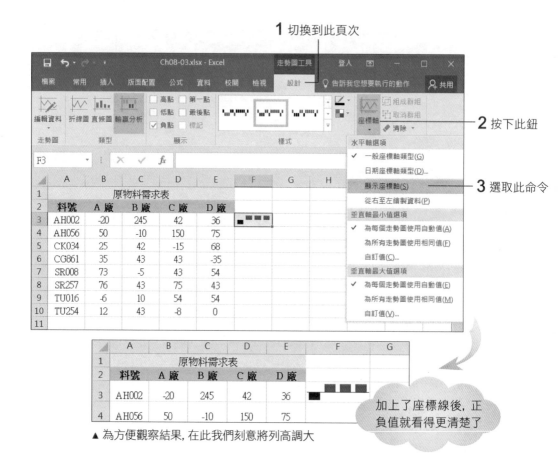

▲ 為方便觀察結果, 在此我們刻意將列高調大

加上了座標線後, 正負值就看得更清楚了

接著再請您用填滿控點的方式, 完成所有原物料的**輸贏分析**走勢圖。

	A	B	C	D	E	F	G
1		原物料需求表					
2	料號	A 廠	B 廠	C 廠	D 廠		
3	AH002	-20	245	42	36		
4	AH056	50	-10	150	75		
5	CK034	25	42	-15	68		
6	CG861	35	43	43	-35		
7	SR008	73	-5	43	54		
8	SR257	76	43	75	43		
9	TU016	-6	10	54	54		
10	TU254	12	43	-8	0		
11							

CHAPTER

9

函數實例應用

Excel 提供許多統計、財務、數學與三角...等類別的函數。在這一章,我們特別挑選一些實用的函數,並搭配實際範例來做說明,讓您能夠更靈活地運用 Excel 的函數。

- 統計函數
- 財務函數
- 數學與三角函數
- 邏輯函數
- 檢視與參照函數
- 日期及時間函數
- 文字函數

9-1 統計函數

統計函數可以幫我們省去許多繁雜的計算過程, 讓我們輕鬆計算出統計數據的結果, 以做為決策分析與判斷之參考。

插入統計函數

請切換到**公式**頁次, 按下**其他函數**鈕選擇**統計**, 便會看到統計類函數的清單:

選擇要插入的統計函數, 便會自動開啟
函數引數交談窗讓你填入該函數的引數

等你比較熟悉函數名稱之後, 你也可以直接在儲存格中輸入 **"= 函數名稱"** 的方式來建立函數公式。

AVERAGE、MAX、MIN—計算平均及最大、最小值

成績計算的應用大致可分成兩種, 一種是老師或助教計算學生的考試成績, 評斷學生學習情況;另一種則是公司行號管理部門要計算員工的考績, 用來評估員工對公司貢獻的多寡。這裡將以計算學生考試成績為例, 為你說明如何運用 Excel 解決成績計算的問題。

實例應用 1 - 計算平均成績

對老師而言，打完測驗分數以後，還要一一算出學生的個人平均，以及全班各科平均成績，實在是件辛苦的工作。其實這項工作若交給 Excel，辛苦的部份就只剩下輸入資料了。

請開啟範例檔案 Ch09-01，並切換到 **AVERAGE-MAX-MIN** 工作表，我們要替這份成績資料計算出 "個人平均分數" 與 "各科平均分數"。

STEP 01 請選取儲存格 F2，然後切換到**公式**頁次，按下**函數程式庫**區中**自動加總**鈕的下拉鈕，選擇**平均值**項目：

選此項可計算平均值

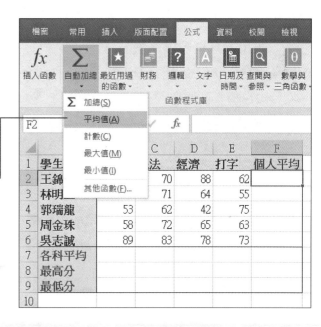

計算平均的函數為 AVERAGE

自動以 B2：E2 為引數範圍

 若引數範圍錯誤，可直接用滑鼠在工作表中重新選取引數範圍。

按下 Enter 鍵或**資料編輯列**上的**輸入鈕** ✓, 即可算出第一位學生的平均分數:

公式也幫我們建立好了

算出個人平均分數

算出第一位學生的平均分數之後, 再用滑鼠拉曳儲存格 F2 的填滿控點至 F6, 則所有學生的平均分數也跟著算出來了。

所有學生的個人平均分數

若要計算各科的平均分數, 請選取儲存格 B7, 然後再按下**自動加總鈕**的下拉鈕, 選擇**平均值**項目, 以計算出 "會計" 科的平均分數。

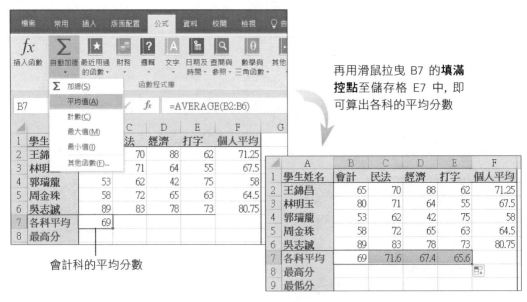

再用滑鼠拉曳 B7 的**填滿控點**至儲存格 E7 中, 即可算出各科的平均分數

會計科的平均分數

用「快速分析」鈕迅速算出平均值

我們除了可用 AVERAGE 函數來計算平均值外, 當你選取某個資料範圍後, 還可直接按下**快速分析**鈕 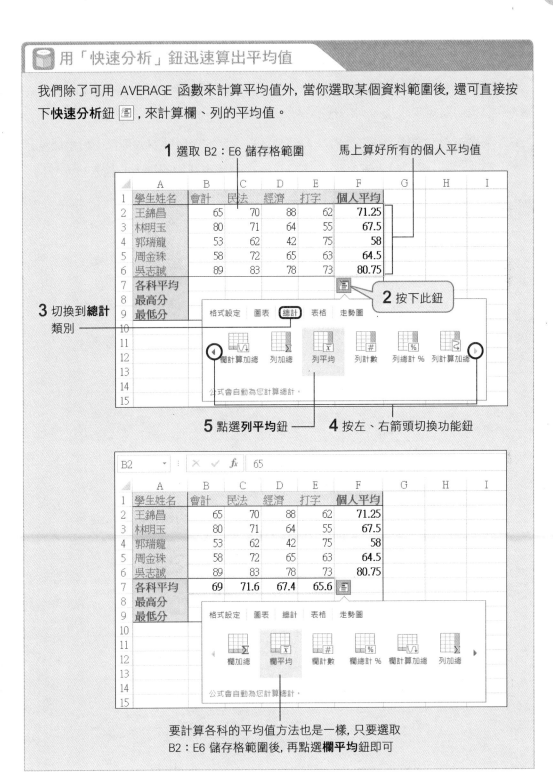, 來計算欄、列的平均值。

1 選取 B2：E6 儲存格範圍　　　　　馬上算好所有的個人平均值

3 切換到**總計**類別

2 按下此鈕

5 點選**列平均**鈕　　　4 按左、右箭頭切換功能鈕

要計算各科的平均值方法也是一樣, 只要選取
B2：E6 儲存格範圍後, 再點選**欄平均**鈕即可

實例應用 2 - 找出最高及最低分數

若要知道各科最高與最低的分數, 則可利用 MAX 與 MIN 函數來計算。接續上例, 我們要繼續求出每科的最高與最低分數:

STEP 01 請您選取儲存格 B8, 然後切換到**公式**頁次, 按下**函數程式庫**區中**自動加總**鈕的下拉鈕, 選擇**最大值**項目, 再按下 Enter 鍵或**資料編輯列**上的**輸入鈕** ✓:

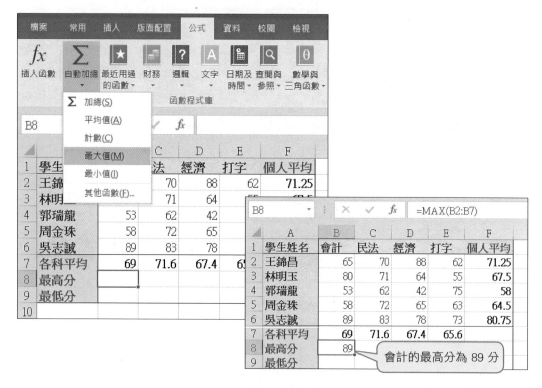

各科的最高分為 89 分 → 會計的最高分為 89 分

STEP 02 接著拉曳 B8 的填滿控點至 E8, 將 B8 的公式複製到 C8:E8 中:

各科的最高分

STEP 03　接著我們換另一種方式來求出各科的最低分數。請選取儲存格　B9，按下**資料編輯列**上的**插入函數**鈕　f_x　，在**統計**函數類別選取　MIN　函數：

1 選擇**統計**函數類別

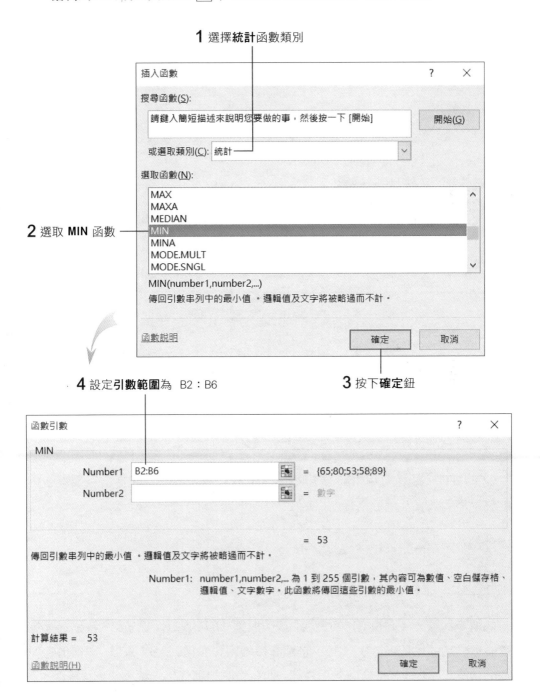

2 選取 **MIN** 函數

4 設定**引數範圍**為　B2：B6

3 按下**確定**鈕

按下**確定**鈕, 算出會計科
目的最低分數:

B9		×	✓	fx	=MIN(B2:B8)
	A	B	C	D	E	F
1	學生姓名	會計	民法	經濟	打字	個人平均
2	王錦昌	65	70	88	62	71.25
3	林明玉	80	71	64	55	67.5
4	郭瑞龍	53	62	42	75	58
5	周金珠	58	72	65	63	64.5
6	吳志誠	89	83	78	73	80.75
7	各科平均	69	71.6	67.4	65.6	
8	最高分	89				
9	最低分	53				

會計科目的最低分數

同樣地, 我們利用**填滿
控點**將 B9 的公式複製
到 C9:E9:

B9		×	✓	fx	=MIN(B2:B8)
	A	B	C	D	E	F
1	學生姓名	會計	民法	經濟	打字	個人平均
2	王錦昌	65	70	88	62	71.25
3	林明玉	80	71	64	55	67.5
4	郭瑞龍	53	62	42	75	58
5	周金珠	58	72	65	63	64.5
6	吳志誠	89	83	78	73	80.75
7	各科平均	69	71.6	67.4	65.6	
8	最高分	89	83	88	75	
9	最低分	53	62	42	55	
10						

各科的最低分

COUNTA 函數－計算非空白儲存格個數

COUNTA 函數可用來計算引數範圍中含有 "非空白" (包括文字或數字) 資料的儲存格個數。其函數格式為:

```
=COUNTA(Value1, Value2,…)
```

實例應用－比較產品得分

接續範例檔案 Ch09-01 的練習, 請切換到 **COUNTA** 工作表。這是一張各廠牌翻譯機的功能比較表, B2:E2 是翻譯機的廠牌名稱, A3:A13 則列出各項翻譯機的功能, 若某翻譯機擁有該項功能, 則在對應的儲存格內填入 "★" 符號。

現在我們要利用 COUNTA 函數, 計算出每部翻譯機具有幾項功能, 以便做為購買時的參考。我們先來看看 "哈雷族" 翻譯機:

1 選取 B14 儲存格後, 在此輸入 "=COUNTA(B3：B13)"

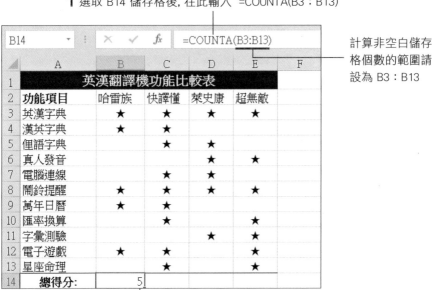

計算非空白儲存格個數的範圍請設為 B3：B13

2 "哈雷族" 一共有 5 個 "★", 所以得到 5

接著拉曳 B14 的填滿控點至 E14, 將結果計算出來:

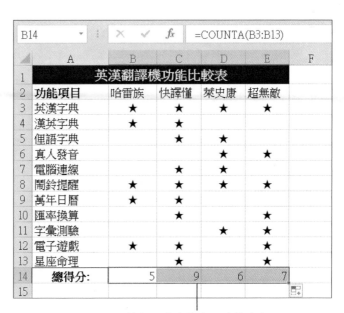

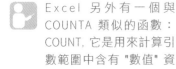
Excel 另外有一個與 COUNTA 類似的函數: COUNT, 它是用來計算引數範圍中含有 "數值" 資料的儲存格個數, 所以文字、符號就不會算進來。

總得分愈高的表示功能愈多

COUNTIF 函數－計算符合條件的個數

COUNTIF 函數可計算指定範圍內符合特定條件的儲存格數目。COUNTIF 函數的格式為：

```
=COUNTIF(Range, Criteria)
```

● **Range**：為計算、篩選條件的儲存格範圍。

● **Criteria**：為篩選的準則或條件。

實例應用 - 統計及格和不及格人數

沿續剛才的範例，請切換到 **COUNTIF** 工作表。假設我們想要知道本次入學成績中，筆試及格和不及格人數各有幾位，請將插入點移至 G2，輸入公式 "=COUNTIF(C2：C11,">=60")，其中條件式請記得以 "" 來包住字串的部份 (>=60)：

條件則為 ">=60" 表示及格

計算的範圍為**筆試成績**這一欄

總共有 8 人筆試成績及格

選取 G3 儲存格

假設口試及格分數為 75 分，請自行計算口試及格與不及格的人數。若想查看結果，可切換至 **COUNTIF-OK** 工作表。

FREQUENCY 函數－計算符合區間的個數

FREQUENCY 函數可用來計算一個儲存格範圍內，各區間數值所出現的次數，例如找出學生平均成績在 60 分以下、60~80 分及 80 分以上的人數。使用此函數時，必須分別指定資料來源範圍以及區間分組範圍，再以 Ctrl + Shift + Enter 完成陣列公式的輸入。FREQUENCY 函數的格式為：

```
=FREQUENCY(Data_array, Bins_array)
```

● **Data_array**：要計算出現次數的資料來源範圍。

● **Bins_array**：資料區間分組的範圍。

實例應用 - 統計成績區間人數

請將範例檔案 Ch09-01 切換到 **FREQUENCY** 工作表。我們想從學生成績單裡分別找出會計檢定成績 70 分以下、介於 70~79 之間、介於 80~89 之間，以及成績 90 分以上的人數。首先我們將要找的資料分組，例如 E3：E6 的分組陣列就代表 0~69 分、70~79 分、80~89 分及 90 分以上的 4 組：

	A	B	C	D	E	F
1	學號	姓名	會計檢定			
2	1009001	章宏志	84		會計檢定成績	人數
3	1009002	秦鈞	56		69	
4	1009003	何敦明	88		79	
5	1009004	覃筱筎	88		89	
6	1009005	方美茵	88		100	
7	1009006	程采樺	100			

只需要輸入分組區間最大的那一個數字即可，例如 0~69，這裡只要輸入 69

分組的最後一個數字亦可不輸入，表示大於前一個數字的任一數字

接著請選取 F3：F6 的儲存格範圍，再輸入公式 "=FREQUENCY(C2：C13, E3：E6)" 然後按下 Ctrl + Shift + Enter 鍵：

F3			× ✓ fx	{=FREQUENCY(C2:C13,E3:E6)}		陣列公式

	A	B	C	D	E	F	G
1	學號	姓名	會計檢定				
2	1009001	章宏志	84		會計檢定成績	人數	
3	1009002	秦鈞	56		69	2	
4	1009003	何敦明	88		79	2	
5	1009004	覃筱筎	88		89	6	
6	1009005	方美茵	88		100	2	
7	1009006	程采樺	100				
8	1009007	李曉嵐	78				

計算出各成績區間的人數

當公式完成時，請注意觀察此公式和一般我們所輸入的公式略有不同。公式左右會以一對大括弧包圍，表示這是一組陣列公式。而陣列公式必須要一起修改或刪除，否則會出現提示訊息 (如下圖)。若想要刪除此公式，請先選取整個陣列公式的範圍 (如本例的 F3：F6)，再按下 Delete 鍵。

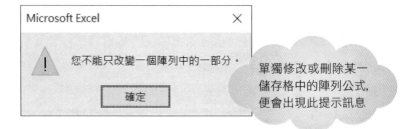

Microsoft Excel ×

! 您不能只改變一個陣列中的一部分。

確定

單獨修改或刪除某一儲存格中的陣列公式，便會出現此提示訊息

財務函數

Excel 提供許多理財方面的函數, 可幫助我們分析財務狀況、計算銀行貸款, 這一節我們要介紹幾個實用的財務函數給您參考。

PV 函數－計算現值

PV 函數是用來求算現值的函數。透過此函數, 可以反推在某種獲利條件下, 所需要的本金, 以便評估某項投資是否值得。PV 函數的格式為:

```
=PV(Rate, Nper, Pmt, Fv, Type)
```

- **Rate**:為各期的利率。

- **Nper**:為付款的總期數。

- **Pmt**:為各期所應給付的固定金額。

- **Fv**:為最後一次付款以後, 所能獲得的現金餘額。此欄若不填則以 0 代替。

- **Type**:為一邏輯值, 當為 1 時, 代表每期期初付款;當為 0 時, 代表每期期末付款。此欄若不填則以 0 代替。

實例應用－評估投資報酬現值

假設郵局推出一種儲蓄理財方案:年利率為 2.5%, 只要您現在先繳 120,000 元, 就可在未來的 10 年內, 每年領回 13,500 元, 這時候我們就可以利用 PV 函數來評估此項方案是否值得投資。

A1	:	× ✓ fx	=PV(2.5%,10,13500)			
	A	B	C	D	E	F
1	-$118,152.86					
2						

帶入函數計算：PV (2.5%,10,13500) = -118,152.86，由於是反推成本，所以會出現負數，表示我們大約只須繳 118,153 元，即可享有此投資報酬率，並不需要繳到 120,000 元這麼多，因此評估結果為不值得投資。

FV 函數－計算未來值

FV 函數是用來計算未來值的函數，透過它可評估參與某種投資時最後可獲得的淨值。FV 函數的格式為：

```
=FV(Rate, Nper, Pmt, Pv, Type)
```

- **Rate**：為各期的利率。
- **Nper**：為付款的總期數。
- **Pmt**：為各期所應給付的固定金額。
- **Pv**：為年金淨現值。此欄若不填則以 0 代替。
- **Type**：為一邏輯值，當為 1 時，代表每期期初付款；當為 0 時，代表每期期末付款。此欄若不填則以 0 代替。

實例應用－計算定期定額存款總合

假設銀行年利率為 1%，您從現在起，每月固定存款 8,000 元，那麼在 5 年後，您一共存了多少錢呢？

由上述說明可知 Rate 為 1%/12 (1% 是年利率，每月存款所以要除以 12)，Nper 為 5*12 (一年 12 期，持續 5 年)，Pmt 為 -8000 (由於是付款，故代入負數)：

代入函數計算結果：FV (1%/12,5*12,-8000) = $491,992.39，代表 5 年後您將會有這麼多的存款。

A1		× ✓ *fx*	=FV(1%/12,5*12,-8000)			
	A	B	C	D	E	F
1	$491,992.39					
2						

PMT 函數－計算每期的數值

PMT 函數可幫我們計算在固定期數、固定利率的情況下，每期要償還的錢。對於想向銀行貸款的購屋或購車族來說，是相當實用的一個函數。PMT 函數的格式如下：

```
=PMT(Rate, Nper, Pv, Fv, Type)
```

- **Rate**：為各期的利率。
- **Nper**：為付款的總期數。
- **Pv**：為未來各期年金的總淨值，即貸款總金額。
- **Fv**：為最後一次付款以後，所能獲得的現金餘額。此欄若不填則以 0 代替。
- **Type**：為一邏輯值，當為 1 時，代表每期期初付款；當為 0 時，代表每期期末付款。此欄若不填則以 0 代替。

實例應用 1－計算每月房貸金額

假設旗旗銀行提供申請購屋貸款的優惠方案，貸款年利率為 2.5%，可借得 3,000,000 元，期限為 20 年，這時候您就可以透過 PMT 函數，算算每月必須負擔多少貸款？

A1		fx	=PMT(2.5%/12,20*12,3000000)			
	A	B	C	D	E	F	G
1	-$15,897.09						
2							

代入函數求解：PMT (2.5%/12,20*12,3000000) = -$15,897.09，現在知道如果申請此購屋貸款，每個月必須負擔約一萬五仟多元，您可以依據這個結果加上自備款衡量自己的購屋能力。

實例應用 2 – 計算每月儲蓄目標

假設您想在 4 年後存滿 800,000 元做為留學基金，現今的年利率為 1%，則每個月應存多少錢才能達成這個目標呢？

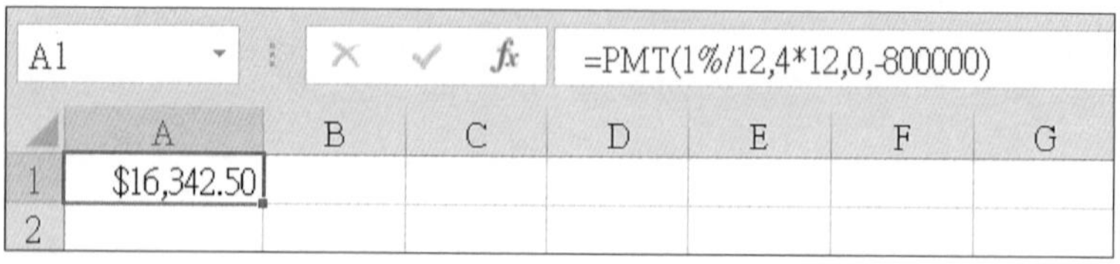

A1	▼	⋮	×	✓	*fx*	=PMT(1%/12,4*12,0,-800000)
	A	B	C	D	E	F	G
1	$16,342.50						
2							

由上圖得知：PMT (1%/12,4*12,0,-800000) = $16,342.50，也就是說您只要每個月固定存入 $16,342.50 元，4 年後就可以順利的出國留學了。

RATE 函數－計算利率

RATE 函數可以幫我們計算借了一筆錢，在固定期數、每期要償還固定金額的條件下，算出其利率為何。RATE 函數的格式為：

```
=RATE(Nper, Pmt, Pv, Fv, Type)
```

● **Nper**：為付款的總期數。

● **Pmt**：為各期所應給付的固定金額。

● **Pv**：為未來各期年金現值的總和。

● **Fv**：為最後一次付款後，所能獲得的現金餘額。此欄若不填則以 0 代替。

● **Type**：為一邏輯值，當值為 1 時，代表每期期初付款；當值為 0 時，代表每期期末付款。此欄若不填則以 0 代替。

實例應用 1 – 計算儲蓄方案利率

假設古堡銀行推出全新的百萬儲蓄計劃, 強調每月只要儲蓄 7,800 元, 10 年後保證領回 100 萬元, 那到底這個百萬儲蓄計劃的年利率是多少呢？

A1		⁝	×	✓	f_x	=RATE(10,7800*12,,-1000000)	
◢	A	B	C	D	E	F	G
1	1%						
2							

此時計算結果為 1%, 但是利率通常我們會精準到小數點之後的 2 或 3 位數, 為了確認小數點之後是否還有數字, 請切換至**常用**頁次, 再連按 3 下**增加小數位數**鈕 🔼, 就會看到結果為 1.461% (建議您增加小數位至 3 位或小數是 0 為止)。

代入函數計算的結果：RATE(10,7800*12,,-1000000)=1.461%, 比起一般銀行定存約 1% 的利率還要高一些, 是一個值得考慮的儲蓄計劃哦！

A1		⁝	×	✓	f_x	=RATE(10,7800*12,,-1000000)	
◢	A	B	C	D	E	F	G
1	1.461%						
2							

實例應用 2 – 計算小額信貸利率

假設古堡銀行提出個人小額信用貸款方案, 借款 30 萬, 每月只要還款 16000, 兩年即可還清。咦！怎麼沒有說明貸款利率。沒關係, 我們自行計算一下這個貸款利率到底是多少吧！

A1		⁝	×	✓	f_x	=RATE(2,16000*12,-300000)
◢	A	B	C	D	E	
1	18.163%					
2						

> 按下**增加小數位數**鈕 🔼
> 可顯示小數位數哦！

帶入函數得知：RATE(2,16000*12,-300000)=18.163%，竟然和信用卡循環利息一樣高耶，還是划不來。

NPER 函數－計算期數

NPER 函數是指每期投入相同金額，在固定利率的情形下，計算欲達到某一投資金額的期數。NPER 函數的格式為：

```
=NPER(Rate, Pmt, Pv, Fv, Type)
```

- **Rate**：為各期的利率。
- **Pmt**：為各期所應給付的固定金額。
- **Pv**：為未來各期年金現值的總和。
- **Fv**：為最後一次付款後，所能獲得的現金餘額。此欄若不填則以 0 代替。
- **Type**：為一邏輯值，當值為 1 時，代表每期期初付款；當為 0 時，代表每期期末付款。此欄若不填則以 0 代替。

實例應用 – 購屋自備款存款期數

小風想買一間需自備款 80 萬元的小套房，目前小風每個月可以存 17,000元，而定存年利率為 1.05%，小風需要存多久才能存夠小套房的頭期款呢？

A1	▾	⋮	✕	✓	fx	=NPER(1.05%/12,17000,-800000,1)

	A	B	C	D	E	F	G
1	48.07608934						
2							

代入函數計算結果：NPER(1.05%/12,17000,-800000,1)=48.07608934，表示小風得存 49 個月才能湊足小套房的頭期款。

數學與三角函數

接著我們以實例為您介紹一些常用的數學與三角函數公式, 以解決平常我們覺得算起來很傷腦筋的數學問題。

RANDBETWEEN 函數－求得亂數

RANDBETWEEN 函數用來傳回您所指定數字範圍間的任意一個亂數, 且在每次計算工作表時, 都會傳回一個新的亂數。它的格式為：

```
=RANDBETWEEN(Bottom, Top)
```

- **Bottom**：為 RANDBETWEEN 傳回的最小整數。
- **Top**：為 RANDBETWEEN 傳回的最大整數。

實例應用 – 抽出得獎人

美美護膚公司每年提撥款項, 當做週年慶回饋顧客的來店禮, 但每個通路只有一位幸運得主, 這時我們可以使用 RANDBETWEEN 函數抽出每個通路的得獎人編號。請開啟範例檔案 Ch09-02, 切換至 **RANDBETWEEN** 工作表, 在 C3 填入公式 "= RANDBETWEEN(1,B3)", 將 C3 的公式拉曳複製至 C10。

假設各通路的編號皆由 1 開始依序編號

C3		fx	=RANDBETWEEN(1,B3)		
	A	B	C	D	E	F
1	週年慶回饋顧客贈獎活動					
2	通路	人數	中獎號碼			
3	台北門市	80	5			
4	台中門市	75	26			
5	高雄門市	48	12			
6	花蓮門市	52	3			
7	網路購物平台	65	49			
8	台南加盟店	33	15			
9	宜蘭加盟店	46	18			
10	高雄經銷商	45	14			
11						

中獎名單出爐了

由於是隨機產生的亂數, 您的結果將與上圖不同

SUMIF 函數－計算符合條件的總和

SUMIF 函數可用來加總符合某搜尋準則的儲存格。它的格式為：

```
=SUMIF(Range, Criteria, Sum_range)
```

- **Range**：是要搜尋的儲存格範圍。

- **Criteria**：是判斷是否進行加總的搜尋準則，它可以是數字、表示式或文字。例如：20、"66"、"Happy" 或 ">100"。

- **Sum_range**：是實際要加總的儲存格。Sum_range 和 Range 是相對應的，當範圍中的儲存格符合搜尋準則時，其對應的 Sum_range 儲存格就會被加入總數。

實例應用 – 計算銷售量

請將範例檔案 Ch09-02 切換到 **SUMIF** 工作表：這是一張旗旗公司在 3 大書局的圖書銷售統計表，現在我們要利用 SUMIF 函數，幫旗旗公司計算在這一季中，每一本書一共賣出多少本？

請選取 F11 儲存格，輸入公式 "= SUMIF (A2:A13,"BL 花美男手繪與電腦上色", B2:B13)"，以便算出 "BL 花美男手繪與電腦上色" 一共賣了多少本：

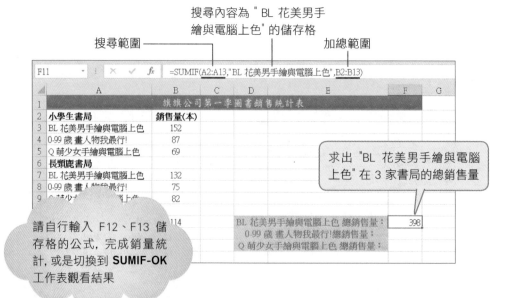

ROUND 函數－將數字四捨五入

ROUND 函數可您依指定的位數, 將數字四捨五入。其格式如下:

```
=ROUND(Number, Num_digits)
```
　　　　想執行四捨五入的數字　　指定四捨五入的位數

● 當 Num_digits 大於 0 時, 數字會被四捨五入到指定的小數位數, 例如: ROUND(35.32,1) =35.3。

● 當 Num_digits 等於 0 時, 數字會被四捨五入到整數, 例如: ROUND(76.82,0) = 77。

● 當 Num_digits 小於 0 時, 數字將被四捨五入到小數點左邊的指定位數, 例如: ROUND(22.5,-1) = 20。

實例應用 – 將平均值四捨五入到整數

請將範例檔案 Ch09-02 切換至 **ROUND** 工作表, 我們要計算出每一本書在 3 家書局內, 平均賣出多少本?

	A	B	C	D	E	F	G
1	旗旗公司第一季圖書銷售統計表						
2	小學生書局	銷售量(本)					
3	BL 花美男手繪與電腦上色	152					
4	0-99 歲 畫人物我最行!	87					
5	Q 萌少女手繪與電腦上色	69					
6	長頸鹿書局						
7	BL 花美男手繪與電腦上色	132					
8	0-99 歲 畫人物我最行!	75		BL 花美男手繪與電腦上色 總銷售量:		398	
9	Q 萌少女手繪與電腦上色	82		0-99 歲 畫人物我最行! 總銷售量:		227	
10	無敵書局			Q 萌少女手繪與電腦上色 總銷售量:		190	
11	BL 花美男手繪與電腦上色	114		BL 花美男手繪與電腦上色 平均銷售量:			
12	0-99 歲 畫人物我最行!	65		0-99 歲 畫人物我最行! 平均銷售量:			
13	Q 萌少女手繪與電腦上色	39		Q 萌少女手繪與電腦上色 平均銷售量:			

要計算每本書平均賣出多少本, 可利用之前求出來的總銷售量來除以 3 , 然後搭配 ROUND 函數將數值四捨五入到整數:

求出平均

銷售量 ———

求出平均銷售量四捨五入到整數

F11		× ✓ fx	=ROUND(F8/3,0)			
	A	B	C	D	E	F	G

	A	B	C	D	E	F	G
1	旗旗公司第一季圖書銷售統計表						
2	小學生書局	銷售量(本)					
3	BL 花美男手繪與電腦上色	152					
4	0-99 歲 畫人物我最行!	87					
5	Q 萌少女手繪與電腦上色	69					
6	長頸鹿書局						
7	BL 花美男手繪與電腦上色	132					
8	0-99 歲 畫人物我最行!	75		BL 花美男手繪與電腦上色 總銷售量:		398	
9	Q 萌少女手繪與電腦上色	82		0-99 歲 畫人物我最行! 總銷售量:		227	
10	無敵書局			Q 萌少女手繪與電腦上色 總銷售量:		190	
11	BL 花美男手繪與電腦上色	114		BL 花美男手繪與電腦上色 平均銷售量		133	
12	0-99 歲 畫人物我最行!	65		0-99 歲 畫人物我最行! 平均銷售量:			
13	Q 萌少女手繪與電腦上色	39		Q 萌少女手繪與電腦上色 平均銷售量:			
14							

另外兩本書請您自行輸入公式求出結果, 或參考已經輸入完成的 **ROUND-OK** 工作表。

F13		× ✓ fx	=ROUND(F10/3,0)			
	A	B	C	D	E	F	G

	A	B	C	D	E	F	G
1	旗旗公司第一季圖書銷售統計表						
2	小學生書局	銷售量(本)					
3	BL 花美男手繪與電腦上色	152					
4	0-99 歲 畫人物我最行!	87					
5	Q 萌少女手繪與電腦上色	69					
6	長頸鹿書局						
7	BL 花美男手繪與電腦上色	132					
8	0-99 歲 畫人物我最行!	75		BL 花美男手繪與電腦上色 總銷售量:		398	
9	Q 萌少女手繪與電腦上色	82		0-99 歲 畫人物我最行! 總銷售量:		227	
10	無敵書局			Q 萌少女手繪與電腦上色 總銷售量:		190	
11	BL 花美男手繪與電腦上色	114		BL 花美男手繪與電腦上色 平均銷售量		133	
12	0-99 歲 畫人物我最行!	65		0-99 歲 畫人物我最行! 平均銷售量:		76	
13	Q 萌少女手繪與電腦上色	39		Q 萌少女手繪與電腦上色 平均銷售量:		63	
14							

9-4 邏輯函數

Excel 的邏輯類別函數可用來設計判斷式, 幫您判斷出某條件是否成立；或者也可以控制當符合某種條件時, 要執行哪些運算或操作。本節要為您介紹的邏輯函數有：IF 函數、AND 函數和 OR 函數。

IF 函數－判斷條件

IF 函數用來判斷測試條件是否成立, 如果所傳回的值為 TRUE 時, 就執行條件成立時的作業, 反之則執行條件不成立時的作業。IF 函數的格式為：

```
=IF(Logical_test, Value_if_true, Value_if_false)
       判斷式        條件成立時的作業   條件不成立時的作業
```

實例應用1 － 判斷是否重修

請開啟範例檔案 Ch09-03, 切換到 **IF** 工作表, 這是一張學生成績列表：

	A	B	C	D	E	F	G	H	I
1	座號	姓名	國文	英文	統計	企管	平均	總評	
2	1	許心梅	78	80	95	66	79.75		
3	2	王雪惠	58	47	62	46	53.25		
4	3	王勵宏	67	80	76	54	69.25		
5	4	彭敏英	80	93	87	85	86.25		
6	5	江美奇	42	64	72	45	55.75		
7	6	蔡小卉	69	54	71	61	63.75		
8	7	林雪姝	58	57	49	62	56.50		
9	8	陳志偉	76	54	84	68	70.50		
10	9	張慧玲	91	87	65	74	79.25		
11	10	游鴻山	67	36	53	59	53.75		
12									

現在我們使用 IF 函數做判斷, 如果學生平均成績大於或等於 60 分, 則在最後的 "總評" 欄內填入 "Pass"；若平均低於 60 分, 就填入 "重修"。首先建立第一位學生的判斷式：

H2	▼	× ✓ fx	=IF(G2>=60,"Pass","重修")

	A	B	C	D	E	F	G	H
1	座號	姓名	國文	英文	統計	企管	平均	總評
2	1	許心梅	78	80	95	66	79.75	Pass
3	2	王雪惠	58	47	62	46	53.25	
4	3	王勵宏	67	80	76	54	69.25	
5	4	彭敏其	80	93	87	85	86.25	
6	5	江美奇	42	64	72	45	55.75	
7	6	蔡小卉	69	54	71	61	63.75	
8	7	林雪妹	58	57	49	62	56.50	
9	8	陳志偉	76	54	84	68	70.50	
10	9	張慧玲	91	87	65	74	79.25	
11	10	游鴻山	67	36	53	59	53.75	

拉曳 H2 的填滿控點至 H11，便可得到每位學生的總評結果囉！

H2	▼	× ✓ fx	=IF(G2>=60,"Pass","重修")

	A	B	C	D	E	F	G	H
1	座號	姓名	國文	英文	統計	企管	平均	總評
2	1	許心梅	78	80	95	66	79.75	Pass
3	2	王雪惠	58	47	62	46	53.25	重修
4	3	王勵宏	67	80	76	54	69.25	Pass
5	4	彭敏其	80	93	87	85	86.25	Pass
6	5	江美奇	42	64	72	45	55.75	重修
7	6	蔡小卉	69	54	71	61	63.75	Pass
8	7	林雪妹	58	57	49	62	56.50	重修
9	8	陳志偉	76	54	84	68	70.50	Pass
10	9	張慧玲	91	87	65	74	79.25	Pass
11	10	游鴻山	67	36	53	59	53.75	重修
12								

假使您修改學生成績，平均和總評欄都會自動重算結果

實例應用 2 – 依成績表現填入評等

IF 函數不只可以判斷條件成立與不成立的 2 種情況，我們還可以寫成巢狀 IF 函數，以判斷更多的狀況並給予不同的處理作業。

以上題為例, 若平均低於 60 分, 填入 "重修"；平均介於 60~80 分, 填入 "中等", 平均大於 80 則填入 "佳", 那麼可改寫公式如下：

簡單來說, 你可以視第 2 個 IF 函數就是第 1 個 IF 函數的 Value_if_false 引數, 第 3 個 IF 函數為第 2 個 IF 函數的 Value_if_false 引數…依此類推

	A	B	C	D	E	F	G	H	I	J
							fx	=IF(G2<60,"重修",IF(G2<80,"中等","佳"))		
1	座號	姓名	國文	英文	統計	企管	平均	總評		
2	1	許心梅	78	80	95	66	79.75	中等		
3	2	王雪惠	58	47	62	46	53.25	重修		
4	3	王勵宏	67	80	76	54	69.25	中等		
5	4	彭敏其	80	93	87	85	86.25	佳		
6	5	江美奇	42	64	72	45	55.75	重修		
7	6	蔡小卉	69	54	71	61	63.75	中等		
8	7	林雪妹	58	57	49	62	56.50	重修		
9	8	陳志偉	76	54	84	68	70.50	中等		
10	9	張慧玲	91	87	65	74	79.25	中等		
11	10	游鴻山	67	36	53	59	53.75	重修		
12										

H2 儲存格：=IF(G2<60,"重修",IF(G2<80,"中等","佳"))

 注意！IF 函數最多只能包含 7 層巢狀 IF 判斷式, 否則會無法計算哦！

AND 函數—條件全部成立

AND 函數的所有引數都必須是邏輯判斷式 (可得到 TRUE 或 FALSE 的結果) 或包含邏輯值的陣列、參照位址, 且當所有的引數都成立時才傳回 TRUE, 它的格式為：

```
=AND(Logical1, Logical2,...)
```
第一個判斷式　　第二個判斷式

實例應用 - 判斷是否符合多項資格

請將範例檔案 Ch09-03 切換到 **AND** 工作表,這是某班級的學生成績列表。假設有一檢定考試,必須要國文、英文這兩科的成績都大於等於 80 分才能報名參加,這時候我們可以使用 AND 函數並搭配前面的 IF 函數來找出符合報考資格的學生:

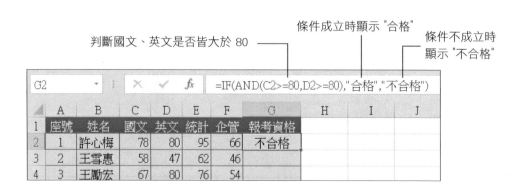

判斷國文、英文是否皆大於 80

條件成立時顯示 "合格"

條件不成立時顯示 "不合格"

接著拉曳 G2 的填滿控點至 G11,哪些學生能參加檢定考試就一目了然了:

	A 座號	B 姓名	C 國文	D 英文	E 統計	F 企管	G 報考資格	H	I	J
1	座號	姓名	國文	英文	統計	企管	報考資格			
2	1	許心梅	78	80	95	66	不合格			
3	2	王雪惠	58	47	62	46	不合格			
4	3	王勵宏	67	80	76	54	不合格			
5	4	彭敏英	80	93	87	85	合格			
6	5	江美奇	42	64	72	45	不合格			
7	6	蔡小卉	69	54	71	61	不合格			
8	7	林雪妹	58	57	49	62	不合格			
9	8	陳志偉	76	54	84	68	不合格			
10	9	張慧玲	91	87	65	74	合格			
11	10	游鴻山	67	36	53	59	不合格			
12										

G2 公式:`=IF(AND(C2>=80,D2>=80),"合格","不合格")`

合格的學生可以準備報名囉!

OR 函數－有一項條件成立

OR 函數和 AND 函數一樣, 所有引數都必須是邏輯判斷式, 不同的是, 當引數中只要有一個成立就傳回 TRUE, 其格式為:

```
=OR(Logical1, Logical2, ...)
```

實例應用 － 判斷是否有任一科不及格

請將範例檔案 Ch09-03 切換到 **OR** 工作表。假設有一檢定考試, 只要其中一科成績低於 60 分就不予合格證明, 我們可以使用 OR 函數搭配 IF 函數來找出合格的學生:

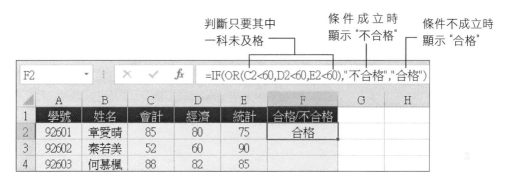

最後一樣拉曳 F2 的填滿控點至 F13, 就可以知道學生的合格情形。

	A	B	C	D	E	F	G
1	學號	姓名	會計	經濟	統計	合格/不合格	
2	92601	章愛晴	85	80	75	合格	
3	92602	秦若美	52	60	90	不合格	
4	92603	何慕楓	88	82	85	合格	
5	92604	覃筱筎	89	88	66	合格	
6	92605	方美茵	88	86	58	不合格	
7	92606	程采樺	92	86	79	合格	
8	92607	李曉嵐	83	86	78	合格	
9	92608	莊妮妮	70	40	74	不合格	
10	92609	林靈	83	90	88	合格	
11	92610	范曉璦	83	82	83	合格	
12	92611	許慧庭	57	78	50	不合格	
13	92612	許紫心	85	84	89	合格	
14							

我們可能常常會需要用查表的方式來找到所需要的資料, 這時候就會用到一些查表及參照函數。這一節來介紹這些好用的檢視與參照函數。

VLOOKUP 函數－自動查表填入資料

當老師將學生成績計算好以後, 便開始要將資料彙整到學生的個人成績單中。倘若要一一輸入每位學生的資料, 可得花費不少時間呢。這時我們就可以套用 VLOOKUP 函數, 在輸入學生姓名後, 讓函數自動填入該學生的各科成績資料, 幫助我們快速完成所有學生的個人成績單。

VLOOKUP 函數可尋找指定清單範圍中第一個欄位的特定值, 找到時便傳回該值所在列中指定欄位的值。請參考下列公式, 並對照下圖:

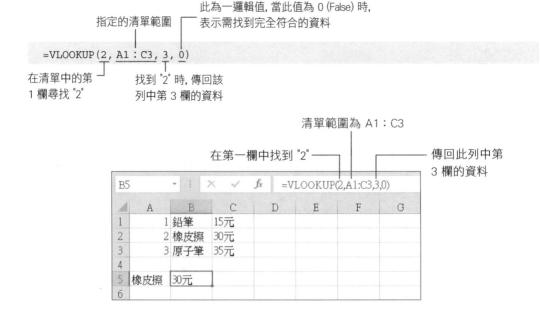

此為一邏輯值, 當此值為 0 (False) 時, 表示需找到完全符合的資料

指定的清單範圍

=VLOOKUP(2, A1：C3, 3, 0)

在清單中的第 1 欄尋找 "2"

找到 "2" 時, 傳回該列中第 3 欄的資料

清單範圍為 A1：C3

在第一欄中找到 "2"

傳回此列中第 3 欄的資料

因此, 以上函數 VLOOKUP (2, A1：C3, 3, 0) 所得到的結果就是 "30 元"。

實例應用 - 製作個人成績單

明白 VLOOKUP 函數的用法之後, 就可以開始製作學生的個人成績單了。請開啟範例檔案 Ch09-04, 切換到 **VLOOKUP** 工作表:

	A	B	C	D	E	F
1			三年六班期中考成績一覽表			
2						
3		姓名:		家長簽名:		
4		會計:				
5		民法:		建議事項		
6		經濟:				
7		統計:				
8		平均成績:				
9						

這是一張已經設計好的個人成績單, 接著要開始填入每位學生的成績 (每位學生的成績則列在**全班成績**工作表中)。

STEP 01 請先選取 C4 儲存格 (要填入會計分數), 然後按下**插入函數鈕** f_x , 開啟**插入函數**交談窗, 選取**檢視與參照**函數類別的 **VLOOKUP** 函數。

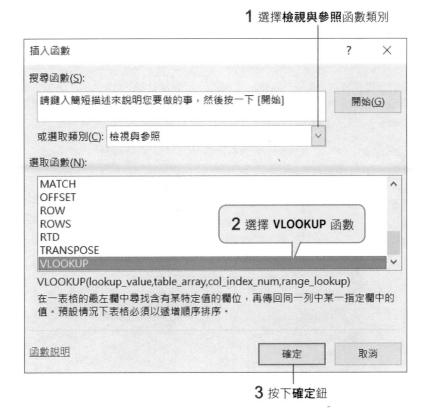

1 選擇**檢視與參照**函數類別

2 選擇 VLOOKUP 函數

3 按下**確定**鈕

接著在**函數引數**交談窗中, 進行如下的設定:

1 輸入 "C3", 表示我們將在 C3 儲存格中輸入要尋找的學生姓名

也可以直接在此輸入 "全班成績! A1:F19"

2 按下**摺疊**鈕選取**全班成績**工作表中的 A1：F19, 作為清單範圍

函數引數   ?   ✕

VLOOKUP

Lookup_value   C3   ▦ = 0

Table_array   全班成績!A1:F19   ▦ = {"姓名","會計","民法","經濟","統計","個人

Col_index_num   2   ▦ = 2

Range_lookup   0   ▦ = FALSE

=

在一表格的最左欄中尋找含有某特定值的欄位, 再傳回同一列中某一指定欄中的值。預設情況下表格必須以遞增順序排序。

Range_lookup 為邏輯值: TRUE 或省略表示找出首欄中最接近的值 (以遞增順序排序);
FALSE 表示僅尋找完全符合的數值。

計算結果 =

函數說明(H)   確定   取消

3 會計成績位於清單範圍 (全班成績工作表的 A1：F19) 中第 2 個欄位, 所以此處輸入 "2"

4 輸入 "0", 表示要尋找完全符合的資料

5 按下**確定**鈕, 回到工作表

在 C4 儲存格設定好的 VLOOKUP 函數

| C4 | ▼ | ✕ ✓ fx | =VLOOKUP(C3,全班成績!A1:F19,2,0) |

	A	B	C	D	E	F	G
1			三年六班期中考成績一覽表				
2							
3		姓名:		家長簽名:			
4		會計:	◈ #N/A				
5		民法:		建議事項			
6		經濟:					
7		統計:					
8		平均成績:					
9							

STEP 03

由於我們尚未在 C3 儲存格中輸入要查詢的學生姓名, 因此 C4 儲存格目前顯示 "#N/A" 的訊息。請在 C3 儲存格中輸入學生姓名, 看看結果是否正確:

1 在此輸入 "林明玉", 然後按下 Enter 鍵

2 自動填入林明玉的會計分數

	A	B	C	D	E	F	G
1			三年六班期中考成績一覽表				
2							
3		姓名:	林明玉	家長簽名:			
4		會計:	80				
5		民法:		建議事項			
6		經濟:					
7		統計:					
8		平均成績:					
9							

STEP 04

接下來的各個欄位, 我們只需依照同樣的方法輸入公式, 不同的是要改變**函數引數**交談窗中 **Col_index_num** 欄位的值, 例如:本範例的**民法**位在第 3 欄, 需輸入 "3";**經濟**為第 4 欄, 需輸入 "4";**統計**為第 5 欄, 需輸入 "5";**個人平均**為第 6 欄, 需輸入 "6"。

STEP 05

當成績單中的公式都建好之後, 我們只要在個人成績單的姓名欄 (C3 儲存格) 內輸入學生姓名, 該位學生的各科成績就會自動填入成績單中了。

	A	B	C	D	E	F	G
1			三年六班期中考成績一覽表				
2							
3		姓名:	林明玉	家長簽名:			
4		會計:	80				
5		民法:	71	建議事項			
6		經濟:	64				
7		統計:	55				
8		平均成績:	67.5				
9							

列出該名學生的成績

HLOOKUP 函數－在清單中尋找特定值

HLOOKUP 函數的功用就是在清單的第一列中尋找特定值, 若找到就傳回所找的那一欄中某個欄位的值。

HLOOKUP 函數的格式為:

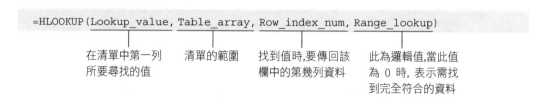

=HLOOKUP(Lookup_value, Table_array, Row_index_num, Range_lookup)

| 在清單中第一列所要尋找的值 | 清單的範圍 | 找到值時,要傳回該欄中的第幾列資料 | 此為邏輯值,當此值為 0 時, 表示需找到完全符合的資料 |

實例應用 － 查詢底薪與獎金

好景公司的業務人員薪資是依據業績的高低而有所不同, 且好景公司已經建立好一份業務人員薪資績效對照表, 可用來查詢不同業績的底薪與獎金。請開啟範例檔案 Ch09-04, 切換到 **HLOOKUP** 工作表, 首先來查詢底薪:

	A	B	C	D	E	F	G
1	好景公司薪資獎金對照表						
2	推銷業績	-	500,000	1,000,000	2,000,000	3,000,000	
3	底薪	12,000	16,000	18,000	20,000	22,000.00	
4	獎金率	0.0%	1.5%	2.0%	2.1%	2.2%	
5							
6	部門	姓名	業績	底薪	獎金	月薪	
7	業務一部	蔡小芬	$ 1,212,000			$ -	
8	業務一部	羅聿晴	$ 2,541,000			$ -	
9	業務一部	方阿輝	$ 311,000			$ -	
10	業務二部	陳榮堂	$ 499,600			$ -	
11	業務二部	黃芯芯	$ 1,268,500			$ -	
12	業務三部	柯俊毅	$ 500,600			$ -	
13	業務三部	閻志祥	$ 800,000			$ -	
14	業務三部	潘雪花	$ 934,000			$ -	
15							

01 將插入點移至 D7 儲存格, 輸入公式 "=HLOOKUP(C7,$B$2:$F$4,2)":

> 底薪存放在 B2:F4 範圍中的第 2 列, 因此設定為 2

D7		× ✓ fx	=HLOOKUP(C7,$B$2:$F$4,2)			
	A	B	C	D	E	F	G

	A	B	C	D	E	F	G
1	好景公司薪資獎金對照表						
2	推銷業績	-	500,000	1,000,000	2,000,000	3,000,000	
3	底薪	12,000	16,000	18,000	20,000	22,000.00	
4	獎金率	0.0%	1.5%	2.0%	2.1%	2.2%	
5							
6	部門	姓名	業績	底薪	獎金	月薪	
7	業務一部	蔡小芬	$ 1,212,000	18000		$ 18,000	
8	業務一部	羅聿晴	$ 2,541,000			$ -	
9	業務一部	方阿輝	$ 311,000			$ -	

02 接著請拉曳填滿控點至 D14, 就可以完成所有業務人員的底薪計算。另外, 獎金的部份也是類似的做法, 我們以 E7 儲存格為例, 請在儲存格內輸入公式 "=C7*HLOOKUP(C7,$B$2:$F$4,3)":

> 獎金率放在 B2:F4 範圍中的第 3 列, 因此設定為 3

E7		× ✓ fx	=C7*HLOOKUP(C7,$B$2:$F$4,3)			
	A	B	C	D	E	F	G

	A	B	C	D	E	F	G
1	好景公司薪資獎金對照表						
2	推銷業績	-	500,000	1,000,000	2,000,000	3,000,000	
3	底薪	12,000	16,000	18,000	20,000	22,000.00	
4	獎金率	0.0%	1.5%	2.0%	2.1%	2.2%	
5							
6	部門	姓名	業績	底薪	獎金	月薪	
7	業務一部	蔡小芬	$ 1,212,000	18000	$ 24,240	$ 42,240	
8	業務一部	羅聿晴	$ 2,541,000	20000		$ 20,000	
9	業務一部	方阿輝	$ 311,000	12000		$ 12,000	
10	業務二部	陳榮堂	$ 499,600	12000		$ 12,000	
11	業務二部	黃芯芯	$ 1,268,500	18000		$ 18,000	
12	業務三部	柯俊毅	$ 500,600	16000		$ 16,000	
13	業務三部	簡志祥	$ 800,000	16000		$ 16,000	
14	業務三部	潘雪花	$ 934,000	16000		$ 16,000	
15							

STEP 03 同樣拉曳 E7 的填滿控點至 E14 完成獎金的計算，或參考已經輸入完成的 **HLOOKUP-OK** 工作表。

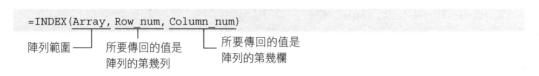

	A	B	C	D	E	F
1	好景公司薪資獎金對照表					
2	推銷業績	-	500,000	1,000,000	2,000,000	3,000,000
3	底薪	12,000	16,000	18,000	20,000	22,000.00
4	獎金率	0.0%	1.5%	2.0%	2.1%	2.2%
5						
6	部門	姓名	業績	底薪	獎金	月薪
7	業務一部	蔡小芬	$ 1,212,000	18000	$ 24,240	$ 42,240
8	業務一部	羅聿晴	$ 2,541,000	20000	$ 53,361	$ 73,361
9	業務一部	方阿輝	$ 311,000	12000	$ -	$ 12,000
10	業務二部	陳榮堂	$ 499,600	12000	$ -	$ 12,000
11	業務二部	黃芯芯	$ 1,268,500	18000	$ 25,370	$ 43,370
12	業務三部	柯俊毅	$ 500,600	16000	$ 7,509	$ 23,509
13	業務三部	藺志祥	$ 800,000	16000	$ 12,000	$ 28,000
14	業務三部	潘雪花	$ 934,000	16000	$ 14,010	$ 30,010

INDEX 函數－傳回指定欄列交會值

INDEX 函數會在陣列中找到指定欄列交會處的儲存格內容。其格式如下：

```
=INDEX(Array, Row_num, Column_num)
```

陣列範圍 ── 所要傳回的值是陣列的第幾列 ── 所要傳回的值是陣列的第幾欄

實例應用 － 依起迄站查出票價

假設想要在票價表中查詢台北到新竹的票價，就可以利用 INDEX 函數來找到結果。請將範例檔案 Ch09-04 切換至 **INDEX** 工作表，在 C11 儲存格輸入公式 "=INDEX(A1:I9,4,7)"，即可查出票價：

第 4 列, 表示起點為台北
第 7 欄, 表示終點為新竹

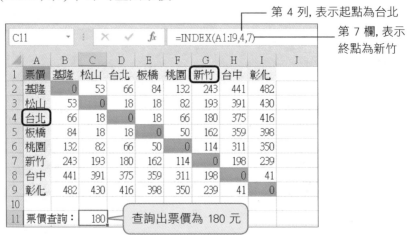

C11		fx	=INDEX(A1:I9,4,7)						
	A	B	C	D	E	F	G	H	I
1	票價	基隆	松山	台北	板橋	桃園	新竹	台中	彰化
2	基隆	0	53	66	84	132	243	441	482
3	松山	53	0	18	18	82	193	391	430
4	台北	66	18	0	18	66	180	375	416
5	板橋	84	18	18	0	50	162	359	398
6	桃園	132	82	66	50	0	114	311	350
7	新竹	243	193	180	162	114	0	198	239
8	台中	441	391	375	359	311	198	0	41
9	彰化	482	430	416	398	350	239	41	0
10									
11	票價查詢：		180						

查詢出票價為 180 元

MATCH 函數－傳回陣列中符合條件的儲存格內容

MATCH 函數是用來比對一陣列中內容相符的儲存格位置。其函數格式為：

```
=MATCH(Lookup_value, Lookup_array, Match_type)
```
　　　　在清單中要找的值　　清單的範圍　　指定比對的方式

當 Match_type 設為 0 時，表示陣列不用排序就找到完全相符的值；若設為 1 或省略，表示陣列會先遞增排序，再找等於或僅次於 Lookup_value 的值；若設為 -1，則表示陣列會先遞減排序，再找等於或大於 Lookup_value 的最小值。

實例應用 － 查詢郵資

當我們到郵局寄送快捷時，為了要快速查詢寄送地點到目的地的郵資，可以利用 MATCH 和 INDEX 函數設計簡便的查詢公式。

STEP 01 請將範例檔案 Ch09-04 切換到 **MATCH** 工作表，將插入點移至 B10，輸入公式 "=MATCH(A10,A1:A7,0)"：

	B10 ▾	⋮	×	✓	fx	=MATCH(A10,A1:A7,0)	
	A	B	C	D	E	F	G	H	I
1	信函/計費標準	>20	21-50	51-100	101-250	251-500	501-1000	1001-2000	
2	普通	5	10	15	25	45	80	130	
3	限時	12	17	22	32	52	87	137	
4	掛號	25	30	35	45	65	100	150	
5	限掛	32	37	42	52	72	107	157	
6	掛號附回執	34	39	44	54	74	107	159	
7	限掛附回執	41	46	51	61	81	116	166	
8									
9									
10	限掛	5							
11	21-50								
12	郵資								
13									

輸入郵件種類 → 限掛（A10）

輸入郵件重量 → 21-50（A11）

查出 "限掛" 在 A1:A7 範圍中的第幾個位置

接著將插入點移至 B11, 輸入公式 "=MATCH(A11,A1:H1,0)":

B11		× ✓ ƒx	=MATCH(A11,A1:H1,0)					
	A	B	C	D	E	F	G	H	I
1	信函/ 計費標準	>20	21-50	51-100	101-250	251-500	501- 1000	1001- 2000	
2	普通	5	10	15	25	45	80	130	
3	限時	12	17	22	32	52	87	137	
4	掛號	25	30	35	45	65	100	150	
5	限掛	32	37	42	52	72	107	157	
6	掛號附回執	34	39	44	54	74	107	159	
7	限掛附回執	41	46	51	61	81	116	166	
8									
9									
10	限掛	5							
11	21-50	3							
12	郵資								
13									

查出 "21-50" 在 A1:H1 範圍中的第幾個位置

最後再將插入點移至 B12, 輸入公式 "=INDEX(A1:H7,B10,B11)":

B12		× ✓ ƒx	=INDEX(A1:H7,B10,B11)					
	A	B	C	D	E	F	G	H	I
1	信函/ 計費標準	>20	21-50	51-100	101-250	251-500	501- 1000	1001- 2000	
2	普通	5	10	15	25	45	80	130	
3	限時	12	17	22	32	52	87	137	
4	掛號	25	30	35	45	65	100	150	
5	限掛	32	37	42	52	72	107	157	
6	掛號附回執	34	39	44	54	74	107	159	
7	限掛附回執	41	46	51	61	81	116	166	
8									
9									
10	限掛	5							
11	21-50	3							
12	郵資	37							
13									

目前 B10=5, B11=3, 因此可查出在 A1:H7 的
範圍中, 第 5 列與第 3 欄交會處的值為 37

　　以後只要在 A10 和 A11 輸入郵件類別和重量, 便可以在 B12 儲存格得到
郵資的對照金額。

日期及時間函數

如果是公司的人事部門,可能需要計算員工的年資,Excel 函數中也提供了許多可以計算日期與時間的函數,讓我們來看看怎麼使用吧!

TODAY 函數－傳回現在系統的日期

TODAY 函數會傳回現在系統的日期,可應用於輸入報告完成時間或是用來計算年資、年齡。

應用實例 – 計算年資

請開啟範例檔案 Ch09-05,並切換至 **TODAY** 工作表。美美公司想要在年終獎金的部份,針對在公司服務滿 10 年的同仁發放年資獎金。我們用 TODAY 這個函數和到職日相減,所減出來的數字表示天數,再除上 365.25 (每 4 年閏 1 天) 即可算出年資:

| E3 | ▼ : × ✓ fx | =(TODAY()-D3)/365.25 |

	A	B	C	D	E	F
1		美美公司員工年資一覽表				
2	**編號**	**姓名**	**性別**	**到職日**	**年資**	
3	S001	潘亮亮	男	1995/6/22	20.8	
4	S002	秦洛洛	女	2008/10/4	7.5	
5	S003	吳小小	女	2010/1/27	6.2	
6	S004	鄭文文	男	1993/3/14	23.1	
7	S005	孔娟娟	女	2014/7/9	1.8	
8	S006	洪慧慧	女	2006/5/19	9.9	
9	S007	范曄曄	女	2008/12/3	7.4	
10	S008	陳偉偉	男	2009/12/3	6.4	
11	S009	賴君君	女	2013/4/22	3.0	
12	S010	董昇昇	男	2004/8/9	11.7	

先算出第 1 位的年資

再拉曳 E3 的填滿控點複製公式後,就可以看出符合年資獎金條件的員工有哪些了

除了使用 TODAY() 函數外,也可以使用與 TODAY() 函數相當類似的 NOW() 函數。TODAY() 函數只能顯示到目前的日期,而 NOW() 函數則可以顯示目前日期和時間,使結果更為精確。

DATEDIF 函數－計算日期間隔

DATEDIF 函數可以幫我們計算兩個日期之間的年數、月數或天數。其格式如下：

```
=DATEDIF(開始日期, 結束日期, 差距單位參數)
```

應用實例 － 計算年資

承續上例，若美美公司想計算員工從到職日至 104 年 10 月 31 日為止的服務年資，就可以這麼計算：

算出第一位員工的年資

DATEDIF 的差距單位參數

在 DATEDIF 函數中，可依據您要求算的結果，搭配使用各種差距單位參數，列表如下供您參考：

參數	傳回的值
"Y"	兩日期差距的整年數, 亦即 "滿幾年"
"M"	兩日期差距的整月數, 亦即 "滿幾個月"
"D"	兩日期差距的整日數, 亦即 "滿幾天"
"YM"	期間內未滿 1 年的月數
"YD"	期間內未滿 1 年的天數
"MD"	期間內未滿 1 個月的天數

文字函數

有時候我們可能只需要某欄中的部份資料, 例如地址欄中的縣市..., 這時利用 Excel 的文字函數, 就可以輕鬆取出所要的文字囉!

LEFT 函數－擷取左起字串

LEFT 函數可以幫我們從字串的最左邊開始擷取指定長度的字串。其格式為:

=LEFT(Text, Num_chars)

文字或字串的儲存格 —————— 要從最左邊取出來的字數

實例應用 － 擷取時間中的開始時間

請開啟範例檔案 Ch09-05, 並切換至 **LEFT** 工作表。旗旗公司的全年度教育訓練課程已經公告出來, 原始資料是直接輸入課程的起迄時間, 若我們想要讓課程的起迄時間分開存於不同儲存格, 便可利用 LEFT 函數取出課程開始時間:

擷取 C2 儲存格最左邊
5 個字就是開始時間

E2			fx	=LEFT(C2,5)		
	A	B	C	D	E	F
1	項次	日期	時間	課程名稱	開始時間	
2	1	3月3日	13:30~16:30	簡報技巧	13:30	
3	2	4月6日	09:30~12:30	時間管理技巧		
4	3	4月7日	18:30~20:30	檔案管理技巧		
5	4	5月29日	18:30~21:30	專案控管		
6	5	6月24日	09:30~12:30	行銷基本認識		
7	6	7月15日	13:00~16:00	行銷進階		
8	7	10月4日	09:30~12:00	工作設計與用人管理		
9	8	10月13日	13:00~17:00	法律常識		
10	9	12月19日	13:30~17:00	自我管理與激勵		
11	10	12月24日	18:30~21:30	客戶關係管理		
12						

RIGHT 函數－擷取右起字串

RIGHT 函數可以幫我們從字串的最右邊開始擷取指定長度的字串。其格式為：

```
=RIGHT(Text, Num_chars)
```

文字或字串的儲存格 ─── 要從最右邊取出來的字數

實例應用 － 擷取時間中的結束時間

前例中，我們已經利用 LEFT 函數取出課程的開始時間，接著再利用 RIGHT 函數來取出課程的結束時間 (請切換至 Ch09-05 的 **RIGHT** 工作表)：

取出 C2 儲存格最右邊
的 5 個字就是結束時間

	A	B	C	D	E	F	G
						F2 =RIGHT(C2,5)	
1	項次	日期	時間	課程名稱	開始時間	結束時間	時數
2	1	3月3日	13:30~16:30	簡報技巧	13:30	16:30	
3	2	4月6日	09:30~12:30	時間管理技巧	09:30		
4	3	4月7日	18:30~20:30	檔案管理技巧	18:30		
5	4	5月29日	18:30~21:30	專案控管	18:30		

將課程的開始與結束時間分開存於不同儲存格後，我們就可以計算出課程的總時數囉！

	A	B	C	D	E	F	G
						G2 =F2-E2	
1	項次	日期	時間	課程名稱	開始時間	結束時間	時數
2	1	3月3日	13:30~16:30	簡報技巧	13:30	16:30	3:00
3	2	4月6日	09:30~12:30	時間管理技巧	09:30	12:30	3:00
4	3	4月7日	18:30~20:30	檔案管理技巧	18:30	20:30	2:00
5	4	5月29日	18:30~21:30	專案控管	18:30	21:30	3:00
6	5	6月24日	09:30~12:30	行銷基本認識	09:30	12:30	3:00
7	6	7月15日	13:00~16:00	行銷進階	13:00	16:00	3:00
8	7	10月4日	09:30~12:00	工作設計與用人管理	09:30	12:00	2:30
9	8	10月13日	13:00~17:00	法律常識	13:00	17:00	4:00
10	9	12月19日	13:30~17:00	自我管理與激勵	13:30	17:00	3:30
11	10	12月24日	18:30~21:30	客戶關係管理	18:30	21:30	3:00

MID 函數－擷取指定位置、字數的字串

MID 函數可讓我們在字串中傳回自指定起始位置到指定長度的字串, 格式如下:

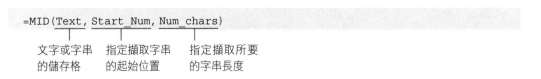

```
=MID(Text, Start_Num, Num_chars)
```
文字或字串　指定擷取字串　指定擷取所要
的儲存格　　的起始位置　　的字串長度

實例應用 – 改變手機號碼格式

請切換至 Ch09-05 的 **MID** 工作表, 其中的 B 欄記錄行動電話的資料, 其格式在輸入時是以 XXXX-XXXXXX 為格式, 但現在卻想要改成 XXXX-XXX-XXX 這樣的格式。我們可以利用 MID 函數將所要的資料取出, 再加上其他格式:

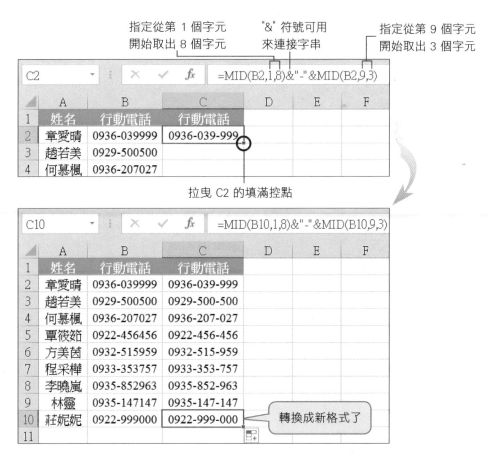

指定從第 1 個字元開始取出 8 個字元　"&" 符號可用來連接字串　指定從第 9 個字元開始取出 3 個字元

C2　=MID(B2,1,8)&"-"&MID(B2,9,3)

	A	B	C	D	E	F
1	姓名	行動電話	行動電話			
2	章愛晴	0936-039999	0936-039-999			
3	趙若美	0929-500500				
4	何慕楓	0936-207027				

拉曳 C2 的填滿控點

C10　=MID(B10,1,8)&"-"&MID(B10,9,3)

	A	B	C	D	E	F
1	姓名	行動電話	行動電話			
2	章愛晴	0936-039999	0936-039-999			
3	趙若美	0929-500500	0929-500-500			
4	何慕楓	0936-207027	0936-207-027			
5	覃筱筎	0922-456456	0922-456-456			
6	方美茵	0932-515959	0932-515-959			
7	程采樺	0933-353757	0933-353-757			
8	李曉嵐	0935-852963	0935-852-963			
9	林靈	0935-147147	0935-147-147			
10	莊妮妮	0922-999000	0922-999-000			
11						

轉換成新格式了

CONCATENATE 函數－組合字串

CONCATENATE 函數可以讓我們將多組字串組合成單一字串，其格式如下：

```
=CONCATENATE(Text1, Text2, …)
```

實例應用 － 組合名字與姓氏欄位

小銘將郵件收發軟體 Outlook 中的朋友通訊錄名單匯入 Excel 中使用，但卻發現 Outlook 的欄位是依照名字、姓氏分開的方式來存放，跟小銘平常習慣 "姓名" 的排放方式不同，那麼小銘可以利用 CONCATENATE 函數快速地將 2 個欄位的字串組合起來。

請開啟範例檔案 Ch09-05，切換到 **CONCATENATE** 工作表，將插入點移至 C2，輸入公式 "=CONCATENATE(B2,A2)"：

姓名排列方式就符合
小銘所希望的樣子了

C2			×	✓	fx	=CONCATENATE(B2,A2)	
	A	B	C		D		E
1	名字	姓氏	姓名		電子郵件地址		
2	愛晴	章	章愛晴		agnes@flag.com.tw		
3	若美	秦	秦若美		benbel@flag.com.tw		
4	慕楓	何	何慕楓		cathy@flag.com.tw		
5	筱筎	覃	覃筱筎		dabby0909@flag.com.tw		
6	美茵	方	方美茵		evafan@flag.com.tw		
7	采樺	程	程采樺		francis_1977@flag.com.tw		
8	曉嵐	李	李曉嵐		gari@flag.com.tw		
9	妮妮	莊	莊妮妮		helen@flag.com.tw		
10	靈	林	林靈		ivylin@flag.com.tw		
11	曉瓔	范	范曉瓔		jannifer@flag.com.tw		
12							

拉曳 C2 的填滿控點複製公式到 C11

以此例而言，除了可用函數來合併姓與名欄位，你也可以在 C2 儲存格中輸入 "章愛晴"，接著拉曳 C2 儲存格的**填滿控點**到 C11，按下**自動填滿選項**鈕，再選擇**快速填入**項目，馬上就填好資料了。

CHAPTER

10

活頁簿與工作表
的管理與保護

當工作表的資料量筆數較多，往下捲動之後就會
看不到欄位標題，可以讓標題固定顯示在上面
嗎？還有，機密性的資料，怎麼防護以避免被查
閱或修改呢？這些本章都有詳細的說明！

- 並排多個活頁簿或工作表
- 分割與凍結視窗—讓欄位名稱固定顯示
- 隱藏欄、列、工作表與活頁簿
- 為重要活頁簿設定開啟及防寫密碼
- 限制工作表的增刪
- 自訂工作表的保護範圍與限制操作
- 巨集病毒的防護

10-1 並排多個活頁簿或工作表

開啟多個活頁簿檔案時，通常只能看見切換到螢幕最上層的工作視窗，其餘的都躲在工作視窗的背後。若需要同時比對、參考多個活頁簿或工作表，可以善用「並排視窗」的技巧，一起來試試看！

多重視窗的排列

請您同時開啟 Ch10-01、Ch10-02 與 Ch10-03 這 3 個範例檔案，這些檔案彼此具有關聯性，因此若能在同一個畫面中同時參照，將會增加作業上的便利性。請將 Ch10-01 切換為工作視窗，然後按下**檢視**頁次**視窗**區的**並排顯示**鈕，會顯示如右圖的**重排視窗**交談窗：

請由**重排視窗**交談窗中選取一種排列方式，然後按下**確定**鈕，則所有開啟的視窗便可同時顯示在螢幕上。以下為 4 種視窗排列方式的結果：

使用中視窗會排在最左上方

為方便觀看結果，我們將功能區暫時隱藏起來

▶ 磚塊式並排

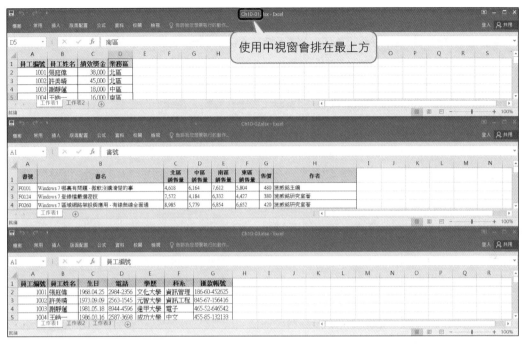

▲ 水平並排

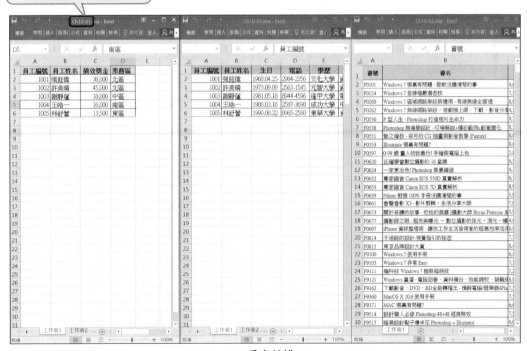

▲ 垂直並排

使用中視窗會排在最前面

▲ 階梯式並排

　　將所有開啟的檔案顯示在螢幕上的好處如下：

● 可以明顯看出目前開啟了哪些檔案, 並在檔案之間比對相關資料。

● 方便檔案的切換：我們要處理哪個檔案, 只要在該檔案的視窗範圍內按一下, 就可以將它切換成工作視窗了。

還原成單一視窗

如果要將 Excel 工作環境恢復成只顯示一個檔案視窗, 請先將該視窗切換為工作視窗, 再按一下該工作視窗右上角的**最大化**鈕 □ 即可。

檢視同一本活頁簿的不同工作表

對於檢視同一本活頁簿，也可能發生一樣的問題：即活頁簿裡存有多張工作表，可是每次螢幕上只能看到其中一張，如果想要同時檢視不同的工作表，同樣可利用重排視窗的方法，不過重排的是「活頁簿視窗」：

STEP 01 切換到 Ch10-01 活頁簿，按下**檢視**頁次**視窗**區的**開新視窗**鈕，即可為 Ch10-01 再開啟另一個視窗。

STEP 02 按下**檢視**頁次**視窗**區的**並排顯示**鈕，選取**水平並排**，並勾選**重排使用中活頁簿的視窗**項目，然後按下**確定**鈕。

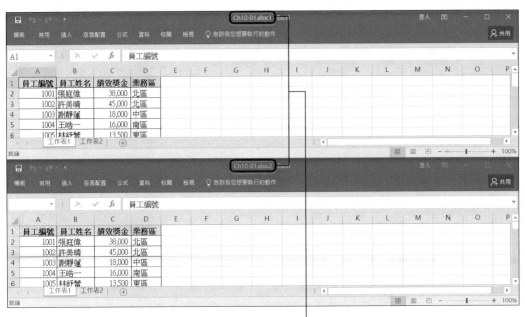

新視窗的內容與原來的視窗完全一樣，仍是同一個檔案，就像本尊與分身一樣，但在兩個視窗的標題列會加上「視窗序號」

> 勾選**重排使用中活頁簿的視窗**項目表示只排列工作視窗 (如 Ch10-01)，對於其他活頁簿視窗 (如 Ch10-02 及 Ch10-03) 則不排列。

現在螢幕上排列了兩個 Ch10-01 視窗，在兩個視窗中分別選取不同的工作表，就可以同時檢視兩張工作表：

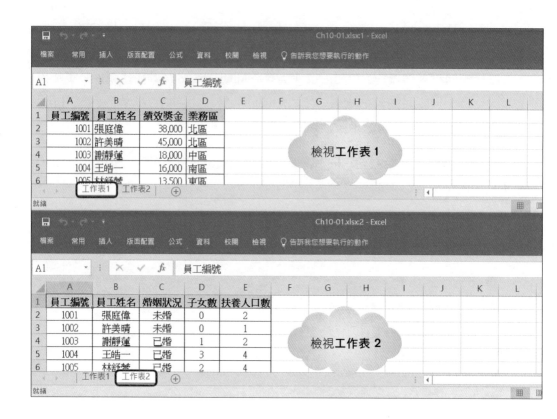

　　這兩個視窗仍是指同一個檔案，因此不管您修改哪個視窗的工作表資料，另一個視窗也會跟著修改。

取消視窗的分身

當視窗還有分身時 (即按下**檢視**頁次**視窗**區的**開新視窗**鈕所增加的視窗)，若直接存檔，則下次開啟此檔案時，仍會保留這些分身。如果不想保留視窗的分身，請將分身的視窗一一關閉，最後只保留一個視窗，這時視窗的標題列序號就會消失，恢復成只有檔名的狀態，再進行存檔即可。

分割與凍結視窗─
讓欄位名稱固定顯示

當工作表中的資料很多，我們一捲動工作表視窗，標題就會被捲到上方或左邊去，常會搞不清楚數據的涵義而要捲回去查看欄位名稱。這些不便，只要您知道如何分割及凍結視窗，就可以解決了。

分割視窗

我們可以將視窗分割成多個窗格，再讓每個窗格顯示不同的工作表區域，那要對照前後的資料就簡單多了！請開啟範例檔案 Ch10-04，然後選取 A15 儲存格作為分割點，再按下**檢視**頁次**視窗**區上的**分割**鈕 ，就會從選取的儲存格上方分割出窗格。

	A	B	C	D	E	F	G	H
1	書號	書名	北區銷售量	中區銷售量	南區銷售量	東區銷售量	售價	作者
2	F0101	Windows 7 哪裏有問題 - 微軟沒講清楚的事	4,618	6,164	7,612	5,804	480	施威銘主編
3	F0124	Windows 7 登錄檔嚴選密技	7,572	4,184	6,332	4,427	380	施威銘研究室著
4	F0260	Windows 7 區域網路架設與應用 - 有線無線全面通	8,985	5,779	6,854	6,652	420	施威銘研究室著
5	F0262	Windows 7 無線網路架設、遊戲機上網、下載、影音分享	4,183	6,394	8,034	7,474	380	施威銘研究室著
6	F0530	P 型人生 - Photoshop 打造相片生命力	9,763	4,345	4,534	7,837	450	橋本 篤生
7	F0538	Photoshop 無痛學設計 - 叮嚀解說+精彩範例x創意變化	8,723	5,435	3,452	2,143	480	岩屋民穗、高野徹、高橋としゆき、
8	F0551	魅之繪技 - 梁月的 CG 插畫與影音教學 (Painter)	8,637	5,324	2,453	1,324	580	梁月
9	F0553	Illustrator 哪裏有問題?	8,642	5,731	4,523	1,238	490	高野 雅弘
10	F0597	0-99 歲 畫人物我最行! 手繪與電腦上色	5,840	3,005	2,301	5,063	320	ヒラタ リョウ
11	F0620	正確學會數位攝影的 16 堂課	6,500	8,802	4,556	7,144	499	施威銘主編, 賴吉欽審閱
12	F0624	一定更出色! Photoshop 風景編修	4,328	5,334	4,324	2,463	420	施威銘研究室
13	F0652	專家證言 Canon EOS 550D 真實解析	6,110	8,470	5,565	7,126	299	Motor Magazine 著
14	F0653	專家證言 Canon EOS 7D 真實解析	8,986	7,390	4,447	7,550	350	カメラマン編輯部
15	F0659	Nikon 相機 100% 手冊沒講清楚的事	5,903	7,727	6,049	6,431	360	施威銘研究室著
16	F0661	會聲會影 X3 - 影片剪輯‧生活分享大師	7,054	4,765	4,394	5,057	380	施威銘研究室著
17	F0673	關於奇蹟的故事 - 近拍的奧義 攝影大師 Bryan Peterson 系	5,988	5,548	7,590	5,704	450	布萊恩‧彼得森
18	F0677	攝影師之眼: 超完美曝光 - 數位攝影的採光‧測光‧曝	4,692	6,973	5,515	5,761	450	麥可‧弗里曼
19	F0697	iPhone 資訊整理術 - 讓你工作生活皆得意的超高效率活	8,912	5,329	7,449	6,047	299	堀 正岳‧佐々木正悟 著 / 吳嘉芳

分割線　　　　　可分別在不同窗格中, 拉曳捲軸以捲動資料

若要變更分割的位置，直接在分割線上拉曳即可。

	A	B	C	D	E	F	G	H
1	書號	書名	北區銷售量	中區銷售量	南區銷售量	東區銷售量	售價	作者
2	F0101	Windows 7 哪裏有問題 - 微軟沒講清楚的事	4,618	6,164	7,612	5,804	480	施威銘主編
3	F0124	Windows 7 登錄檔嚴選密技	7,572	4,184	6,332	4,427	380	施威銘研究室著
4	F0260	Windows 7 區域網路架設與應用 - 有線無線全面通	8,985	5,779	6,854	6,652	420	施威銘研究室著
5	F0262	Windows 7 無線網路架設、遊戲機上網、下載、影音分享	4,183	6,394	8,034	7,474	380	施威銘研究室著
6	F0530	P 型人生 - Photoshop 打造相片生命力	9,763	4,345	4,534	7,837	450	橋本 篤生
7	F0538	Photoshop 無痛學設計 - 叮嚀解說+精彩範例x創意變化	8,723	5,435	3,452	2,143	480	岩屋民穗、高野徹、高橋としゆき、
8	F0551	魅之繪技 - 梁月的 CG 插畫與影音教學 (Painter)	8,637	5,324	2,453	1,324	580	梁月
9	F0553	Illustrator 哪裏有問題?	8,642	5,731	4,523	1,238	490	高野 雅弘
10	F0597	0-99 歲 畫人物我最行! 手繪與電腦上色	5,840	3,005	2,301	5,063	320	ヒラタ リョウ
11	F0620	正確學會數位攝影的 16 堂課	6,500	8,802	4,556	7,144	499	施威銘主編,賴吉欽審閱
12	F0624	一定更出色! Photoshop 風景	4,324	2,463	420	施威銘研究室
13	F0652	專家證言 Canon EOS 550D 真	665	7,126	299	Motor Magazine 著
14	F0653	專家證言 Canon EOS 7D 真實	47	7,550	350	カメラマン編輯部
15	F0659	Nikon 相機 100% 手冊沒講清	49	6,431	360	施威銘研究室
16	F0661	會聲會影 X3 - 影片剪輯、生活分享 x264	394	5,057	380	施威銘研究室
17	F0673	關於奇蹟的故事 - 近拍的奧義 [攝影大師 Bryan Peterson 系	5,988	5,548	7,590	5,704	450	布萊恩・彼得森
18	F0677	攝影師之眼：超完美曝光 - 數位攝影的採光・測光・曝	4,692	6,973	5,515	5,761	450	麥可・弗里曼
19	F0697	iPhone 資訊整理術 - 讓你工作生活皆得意的超高效率活用	8,912	5,329	7,449	6,047	299	堀　正岳、佐々木正悟 著 / 吳嘉芳

工作表1

> 用滑鼠按住分割線再上、下拉曳, 確定位置後再放開滑鼠

分割線的位置會依你所選取的儲存格而有不同的結果，例如選取工作表中第 1 欄的任一儲存格，那麼分割線會建立在儲存格的上方，將工作表做**水平分割**；若是選擇工作表中第 1 列的任一儲存格，則分割線會建立在選取儲存格的左方，將工作表做**垂直分割**；若是選擇工作表中的任一儲存格，則會同時建立水平及垂直的**交叉分割**線, 將畫面分割成 4 個窗格。

	A	B	C	D	E	F	G	H
1	書號	書名	北區銷售量	中區銷售量	南區銷售量	東區銷售量	售價	作者
2	F0101	Windows 7 哪裏有問題 - 微軟沒講清楚的事	4,618	6,164	7,612	5,804	480	施威銘主編
3	F0124	Windows 7 登錄檔嚴選密技	7,572	4,184	6,332	4,427	380	施威銘研究室著
4	F0260	Windows 7 區域網路架設與應用 - 有線無線全面通	8,985	5,779	6,854	6,652	420	施威銘研究室著
5	F0262	Windows 7 無線網路架設、遊戲機上網、下載、影音分享	4,183	6,394	8,034	7,474	380	施威銘研究室著
6	F0530	P 型人生 - Photoshop 打造相片生命力	9,763	4,345	4,534	7,837	450	橋本 篤生
7	F0538	Photoshop 無痛學設計 - 叮嚀解說+精彩範例x創意變化	8,723	5,435	3,452	2,143	480	岩屋民穗、高野徹、高橋としゆき、
8	F0551	魅之繪技 - 梁月的 CG 插畫與影音教學 (Painter)	8,637	5,324	2,453	1,324	580	梁月
9	F0553	Illustrator 哪裏有問題?	8,642	5,731	4,523	1,238	490	高野 雅弘
10	F0597	0-99 歲 畫人物我最行! 手繪與電腦上色	5,840	3,005	2,301	5,063	320	ヒラタ リョウ
11	F0620	正確學會數位攝影的 16 堂課	6,500	8,802	4,556	7,144	499	施威銘主編,賴吉欽審閱
12	F0624	一定更出色! Photoshop 風景編修	4,328	5,334	4,324	2,463	420	施威銘研究室
13	F0652	專家證言 Canon EOS 550D 真實解析	6,110	8,470	5,565	7,126	299	Motor Magazine 著

選取 A8 儲存格，再按下**分割鈕**　　

▲ 水平分割

畫面會分割成上下 2 個窗格

選取 C1 儲存格，再按下**分割**鈕 ⊟

	A	B	C	D	E	F	G	H
1	書號	書名	北區銷售量	中區銷售量	南區銷售量	東區銷售量	售價	作者
2	F0101	Windows 7 哪裏有問題 - 微軟沒講清楚的事	4,618	6,164	7,612	5,804	480	施威銘主編
3	F0124	Windows 7 登錄檔嚴選密技	7,572	4,184	6,332	4,427	380	施威銘研究室著
4	F0260	Windows 7 區域網路架設與應用 - 有線無線全面通	8,985	5,779	6,854	6,652	420	施威銘研究室著
5	F0262	Windows 7 無線網路架設、遊戲機上網、下載、影音分享	4,183	6,394	8,034	7,474	380	施威銘研究室著
6	F0530	P 型人生 - Photoshop 打造相片生命力	9,763	4,345	4,534	7,837	450	橋本 篤生
7	F0538	Photoshop 無痛學設計 - 叮嚀解說+精彩範例x創意變化	8,723	5,435	3,452	2,143	480	岩屋民穗、高野徹、高橋としゆき
8	F0551	魅之繪技 - 梁月的 CG 插畫與影音教學 (Painter)	8,637	5,324	2,453	1,324	580	梁月
9	F0553	Illustrator 哪裏有問題？	8,642	5,731	4,523	1,238	490	高野 雅弘
10	F0597	0-99 歲 畫 人物我最行！手繪與電腦上色	5,840	3,005	2,301	5,063	320	ヒラタ リョウ
11	F0620	正確學會數位攝影的 16 堂課	6,500	8,802	4,556	7,144	499	施威銘主編,賴吉欽審閱
12	F0624	一定更出色！Photoshop 風景編修	4,328	5,334	4,324	2,463	420	施威銘研究室

工作表1 ⊕

▲ 垂直分割

畫面會分割成左右 2 個窗格

	A	B	C	D	E	F	G	H
1	書號	書名	北區銷售量	中區銷售量	南區銷售量	東區銷售量	售價	作者
2	F0101	Windows 7 哪裏有問題 - 微軟沒講清楚的事	4,618	6,164	7,612	5,804	480	施威銘主編
3	F0124	Windows 7 登錄檔嚴選密技	7,572	4,184	6,332	4,427	380	施威銘研究室著
4	F0260	Windows 7 區域網路架設與應用 - 有線無線全面通	8,985	5,779	6,854	6,652	420	施威銘研究室著
5	F0262	Windows 7 無線網路架設、遊戲機上網、下載、影音分享	4,183	6,394	8,034	7,474	380	施威銘研究室著
6	F0530	P 型人生 - Photoshop 打造相片生命力	9,763	4,345	4,534	7,837	450	橋本 篤生
7	F0538	Photoshop 無痛學設計 - 叮嚀解說+精彩範例x創意變化	8,723	5,435	3,452	2,143	480	岩屋民穗、高野徹、高橋としゆき
8	F0551	魅之繪技 - 梁月的 CG 插畫與影音教學 (Painter)	8,637	5,324	2,453	1,324	580	梁月
9	F0553	Illustrator 哪裏有問題？	8,642	5,731	4,523	1,238	490	高野 雅弘
10	F0597	0-99 歲 畫 人物我最行！手繪與電腦上色	5,840	3,005	2,301	5,063	320	ヒラタ リョウ
11	F0620	正確學會數位攝影的 16 堂課	6,500	8,802	4,556	7,144	499	施威銘主編,賴吉欽審閱
12	F0624	一定更出色！Photoshop 風景編修	4,328	5,334	4,324	2,463	420	施威銘研究室

工作表1

▲ 交叉分割：畫面會分割成上下左右 4 個窗格

選取 C8 儲存格，再按下**分割**鈕 ⊟

捲動窗格

一個視窗最多可分出四個窗格，而且每個窗格都可以捲動，其捲動方法如下：

● 當你拉曳上方的垂直捲軸，可同時上下捲動上方的左右兩個窗格。

● 當你拉曳下方的垂直捲軸，可同時上下捲動下方的左右兩個窗格。

● 當你拉曳左方的水平捲軸，可同時左右捲動左方的上下兩個窗格。

● 當你拉曳右方的水平捲軸，可同時左右捲動右方的上下兩個窗格。

移除分割線

要移除分割線 (取消分割視窗狀態)，只要再次按下**檢視**頁次**視窗**區的**分割**鈕
，或是直接在分割線上雙按，就可以移除分割線。

再次按下此鈕取消分割

	A	B	C	D	E	F	G	H
1	書號	書名	北區銷售量	中區銷售量	南區銷售量	東區銷售量	售價	作者
2	F0101	Windows 7 哪裏有問題 - 微軟沒講清楚的事	4,618	6,164	7,612	5,804	480	施威銘主編
3	F0124	Windows 7 登錄檔嚴選密技	7,572	4,184	6,332	4,427	380	施威銘研究室著
4	F0260	Windows 7 區域網路架設與應用 - 有線無線全面通	8,985	5,779	6,854	6,652	420	施威銘研究室著
5	F0262	Windows 7 無線網路架設、遊戲機上網、下載、影音分享	4,183	6,394	8,034	7,474	380	施威銘研究室著
6	F0530	P 型人生 - Photoshop 打造相片生命力	9,763	4,345	4,534	7,837	450	橋本 篤生
7	F0538	Photoshop 無痛學設計 - 叮嚀解說+精彩範例x創意變化	8,723	5,435	3,452	2,143	480	岩屋民穂、高野徹、高橋としゆき
8	F0551	魅之繪技 - 梁月的 CG 插畫與影音教學 (Painter)	8,637	5,324	2,453	1,324	580	梁月
9	F0553	Illustrator 哪裏有問題?	8,642	5,731	4,523	1,238	490	高野 雅弘
10	F0597	0-99 歲 畫人物我最行! 手繪與電腦上色	5,840	3,005	2,301	5,063	320	ヒラタ リョウ
11	F0620	正確學會數位攝影的 16 堂課	6,500	8,802	4,556	7,144	499	施威銘主編,賴吉欽審閱
12	F0624	一定更出色! Photoshop 風景編修	4,328	5,334	4,324	2,463	420	施威銘研究室

在此雙按亦可取消分割

凍結窗格

剛剛我們說過可利用水平分割線，讓上面的窗格顯示資料欄位，但上面的窗格
仍然可以捲動。若想要將工作表的標題部份保持在螢幕不能捲動，可將第一列儲存
格凍結起來。請按下**檢視**頁次**視窗**區的**凍結窗格**鈕，從下拉式選單中選取『**凍結頂
端列**』命令，即可將標題的部份固定在螢幕上。

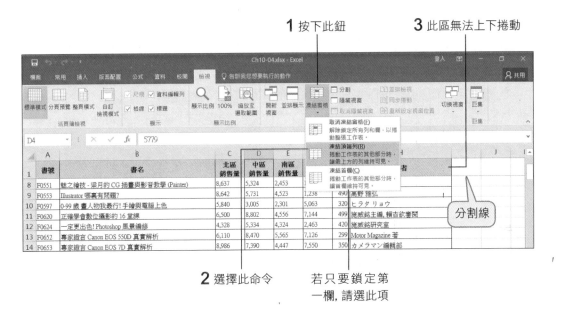

1 按下此鈕

3 此區無法上下捲動

分割線

2 選擇此命令

若只要鎖定第
一欄，請選此項

取消凍結窗格

檢視完工作表的資料就可以按**檢視**頁次**視窗**區的**凍結窗格**鈕，並在其下拉式選單中選取『**取消凍結窗格**』，恢復原本的狀態。

使用『監看視窗』觀察儲存格值的變化

運用凍結視窗的技巧固然可讓某個儲存格範圍保持顯示在螢幕上，但有的時候，您可能會想要隨時觀察工作表中某幾個儲存格的值，這時候就須透過**監看視窗**來辦到。以範例檔案 Ch10-04 為例，我們希望能隨時看到北區銷售量總計的 C109 儲存格，就可以如下操作：

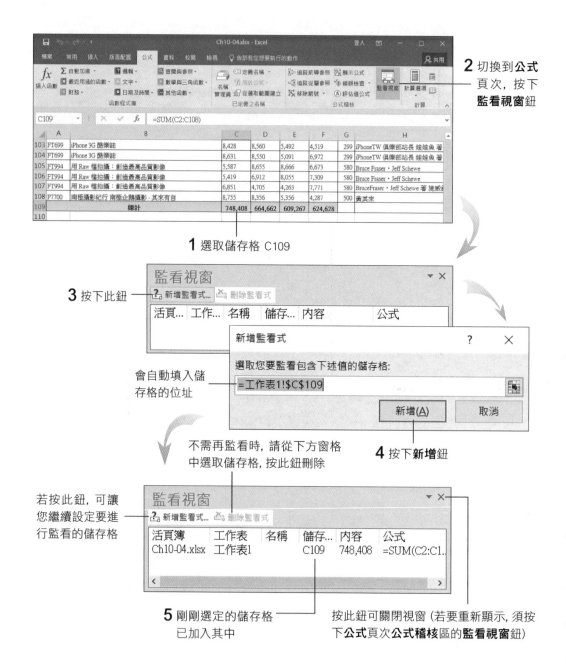

2 切換到**公式**頁次, 按下**監看視窗**鈕

1 選取儲存格 C109

3 按下此鈕

會自動填入儲存格的位址

不需再監看時, 請從下方窗格中選取儲存格, 按此鈕刪除

4 按下**新增**鈕

若按此鈕, 可讓您繼續設定要進行監看的儲存格

5 剛剛選定的儲存格已加入其中

按此鈕可關閉視窗 (若要重新顯示, 須按下**公式**頁次**公式稽核**區的**監看視窗**鈕)

現在, 即使您切換到其他的活頁簿檔案或別張工作表, **監看視窗**都會保持顯示, 您就可以時時察看該儲存格的內容了。

 當你切換到其他開啟的活頁簿或別張工作表, 只要雙按**監看視窗**中所加入的儲存格, 畫面就會馬上跳回該儲存格所在的位置。

10-3 隱藏欄、列、工作表與活頁簿

一份工作表可能送交不同的單位查閱, 而各單位需要的資料也不盡相同, 因此我們可以依照各單位的需求, 將工作表上不相干的欄位、甚至是工作表隱藏起來, 方便各單位查閱他們所需要的資料。

隱藏欄與列

隱藏欄和隱藏列的方法類似, 只是選取的對象 (欄或列) 不同而已。請開啟範例檔案 Ch10-05, 我們以**工作表 1** 來做練習。假設我們要將 C、D、E 這 3 欄隱藏起來, 請您選取 C、D、E 欄, 然後在選取範圍內按下滑鼠右鈕, 執行快顯功能表中的『**隱藏**』命令:

	A	B	C	D	E	F	G	H
1	員工編號	員工姓名	生日	電話	學歷		帳號	
2	1001	張庭偉	1968.04.25	2984-2356	文化大學		452625	
3	1002	許美晴	1973.09.09	2563-1545	元智大學		56416	
4	1003	謝靜蓮	1981.05.18	8944-4596	逢甲大學		646542	
5	1004	王皓一	1986.03.16	2587-3698	成功大學		32133	
6	1005	林舒蕾	1990.08.22	8965-2580	東華大學		31317	
7								
8								

快顯功能表:
- ✂ 剪下(T)
- 複製(C)
- 貼上選項:
- 選擇性貼上(S)...
- 插入(I)
- 刪除(D)
- 清除內容(N)
- 儲存格格式(F)...
- 欄寬(C)... ← 選擇此項
- 隱藏(H)
- 取消隱藏(U)

C、D、E 三欄都不見了

	A	B	F	G	H
1	員工編號	員工姓名	科系	匯款帳號	
2	1001	張庭偉	資訊管理	186-60-452625	
3	1002	許美晴	資訊工程	845-67-156416	
4	1003	謝靜蓮	電子	465-52-646542	
5	1004	王皓一	中文	455-85-132133	
6	1005	林舒蕾	食品科技	457-21-131317	
7					

若是想隱藏列, 除了按滑鼠右鈕執行快顯功能表中的『隱藏』命令以外, 還可按下**常用**頁次**儲存格**區的**格式**鈕, 在其下拉式選單中執行『**隱藏及取消隱藏/ 隱藏列**』命令。

取消隱藏欄與列

若要取消欄、列的隱藏狀態，請您先選取隱藏欄 (列) 兩側相鄰的整欄 (列)，然後按滑鼠右鈕，執行快顯功能表的『**取消隱藏**』命令，便可讓剛剛隱形的欄 (列) 再度現身！

	A	B	F			H
1	員工編號	員工姓名	科系			
2	1001	張庭偉	資訊管理			
3	1002	許美晴	資訊工程			
4	1003	謝靜蓮	電子			
5	1004	王皓一	中文			
6	1005	林舒蕾	食品科技			
7						
8						
9						
10						
11						
12						
13						

（快顯功能表）
- 剪下(T)
- 複製(C)
- 貼上選項:
- 選擇性貼上(S)...
- 插入(I)
- 刪除(D)
- 清除內容(N)
- 儲存格格式(F)...
- 欄寬(C)...
- 隱藏(H)
- 取消隱藏(U)

選取 B、F 欄, 按右鈕執行此命令, 可使 C、D、E 三欄現身

隱藏活頁簿視窗

當你在處理較機密或涉及隱私的資料時，若不希望螢幕中的內容被別人看見，也可以將這個活頁簿視窗「隱藏」起來！

例如我們開啟 Ch10-05 及 Ch10-06 這兩個檔案，Ch10-06 參照了 Ch10-05 的個人資料，但現在要處理的其實是 Ch10-06，而我們不希望 Ch10-05 裡面的匯款帳號出現在畫面上，這時就可以將 Ch10-05 隱藏起來，這樣不會影響到 Ch10-06 的參照，又可保障隱私：

	A	B	C	D	E	F	G
8	編號	姓名	生日	電話	學歷	科系	總業績
9	(以下儲存格參照 Ch10-05)						
10	1	張庭偉	1968.04.25	2984-2356	文化大學	資訊管理	
11	2	許美晴	1973.09.09	2563-1545	元智大學	資訊工程	
12	3	謝靜蓮	1981.05.18	8944-4596	逢甲大學	電子	
13	4	王皓一	1986.03.16	2587-3698	成功大學	中文	
14	5	林舒蕾	1990.08.22	8965-2580	東華大學	食品科技	

Ch10-06

Ch10-06 的 B~F 欄參照 Ch10-05 的 B~F 欄

STEP 01 請將 Ch10-05 切換為工作視窗，按下**檢視**頁次**視窗**區的**隱藏視窗**鈕。

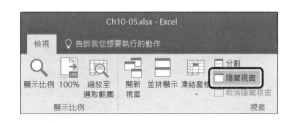

STEP 02 現在按下**檢視**頁次的**切換視窗**鈕或在工作列中都找不到 Ch10-05 這個檔案了。然而，隱藏的活頁簿視窗仍是開啟的，所以 Ch10-06 仍然可以參照隱藏活頁簿裡的資料。如果要將剛剛隱藏的活頁簿重新顯示，請您按下**檢視**頁次**視窗**區的**取消隱藏視窗**鈕 □：

被隱藏的視窗記錄在此

STEP 03 從**取消隱藏**交談窗中選取 Ch10-05，按下**確定**鈕，則 Ch10-05 便出現了。

隱藏工作表

若活頁簿裡面只有幾張工作表特別重要時，並不需要大費周章地將整本活頁簿都隱藏起來，只要隱藏工作表即可。

在此要將 Ch10-05 範例檔案的**工作表 1** 和**工作表 3** 隱藏起來，則請選取**工作表 1** 和**工作表 3** 頁次標籤，然後按下**常用**頁次**儲存格**區的**格式**鈕，在其下拉式選單中執行『**隱藏及取消隱藏/隱藏工作表**』命令即可：

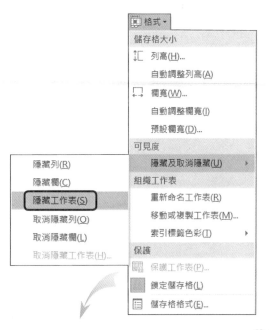

	A	B	C	D
1	員工編號	員工姓名	年齡	
2	1001	張庭偉	48	
3	1002	許美晴	43	
4	1003	謝靜蓮	35	
5	1004	王皓一	30	
6	1005	林舒蕾	26	
7				
8				

工作表2　(+)

 你也可以直接在工作表頁次標籤上按右鈕執行『隱藏』命令來隱藏工作表。

找不到**工作表 1** 和 **工作表 3** 這兩個頁次標籤了

取消工作表的隱藏

Excel 雖然可以同時隱藏多張工作表，但一次卻只能取消一張工作表的隱藏狀態，因此我們必須分次取消**工作表 1** 和**工作表 3** 的隱藏狀態。請按下**常用**頁次**儲存格**區的**格式**鈕，在其下拉式選單中執行『**隱藏及取消隱藏/取消隱藏工作表**』命令：

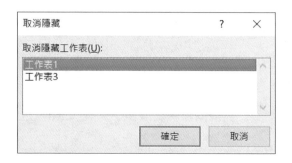

從**取消隱藏工作表**列示窗中選取**工作表 1**，然後按下**確定**鈕，則**工作表 1** 就能重見天日了。請您重複上面的步驟，再取消**工作表 3** 的隱藏狀態。

	A	B	C	D	E
1	員工編號	員工姓名	星座		
2	1001	張庭偉	金牛座		
3	1002	許美晴	處女座		
4	1003	謝靜蓮	金牛座		
5	1004	王皓一	雙魚座		
6	1005	林舒蕾	獅子座		
7					
8					

工作表1　工作表2　工作表3　(+)

現在 3 個工作表都出現了！

10-4 為重要活頁簿設定開啟及防寫密碼

若不希望重要的活頁簿檔案被別人擅自開啟或修改, 我們可以為活頁簿檔案加上層層的把關措施。活頁簿的保護分成兩個層次:一是防止活頁簿被別人開啟, 二是允許開啟但禁止修改內容。不管是那一個層次, 皆需透過密碼設定來達成保護檔案的目的。

設定保護密碼防止開啟檔案

若希望活頁簿只能供部份人員查閱, 可為該檔案設定一個「保護密碼」, 如此一來就只有知道密碼的人才可開啟檔案。請您開啟範例檔案 Ch10-07, 我們來為該檔案設定「保護密碼」:

STEP 01 請切換到**檔案**頁次的**資訊**項目並如下操作:

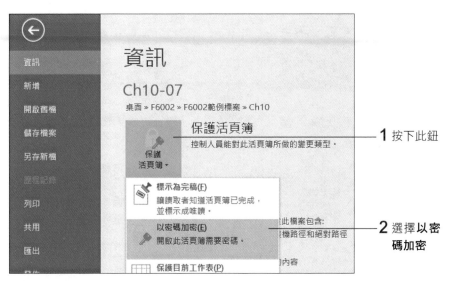

1 按下此鈕

2 選擇以密碼加密

02 在**加密文件**交談窗輸入密碼，例如 "confidential"。注意輸入的字元會以 ● 來表示，因此在保護密碼欄會看到 12 個 ●。

03 輸入密碼後，請按下**確定**鈕。這時會再顯示**確認密碼**交談窗，請您再輸入一次保護密碼以便確認。

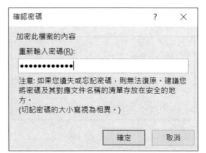

若步驟 3 輸入的密碼和步驟 2 不一樣，則 Excel 會發出**確認密碼不相同**訊息，按下**確定**鈕，即可回到步驟 2 重新設定密碼。

04 按下**確認密碼**交談窗的**確定**鈕後，便會在**檔案**頁次中看到 "**開啟此活頁簿需要密碼**" 的訊息，請按下**儲存檔案**鈕，剛剛設定的密碼才能隨檔案儲存下來。

切換到 ──
此頁次

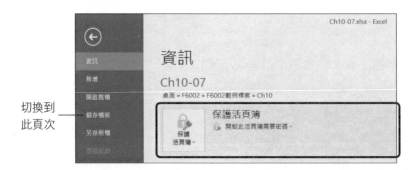

05 現在請您先關閉範例檔案再重新打開，這時會出現**密碼**交談窗要求您輸入密碼：

請在**密碼**欄輸入剛剛所設定的保護密碼 "confidential"，按下**確定**鈕，待確定密碼無誤便可開啟檔案

請您務必要牢記檔案的保護密碼，若忘了密碼，以後檔案就打不開囉！

設定防寫密碼避免修改內容

欲防止活頁簿資料內容被別人任意更改，我們還可以設定「防寫密碼」，這樣不知道「防寫密碼」的人便只能以**唯讀**方式開啟檔案，也就是只能查閱資料，不能將他所做的修改存回到原活頁簿檔案中。

底下，我們繼續為 Ch10-07 範例檔設定「防寫密碼」：

STEP 01 按下**檔案**頁次，執行『**另存新檔**』命令，按下**瀏覽**鈕選好檔案的儲存位置後，在跳出的**另存新檔**交談窗中按下**工具**鈕，選擇『**一般選項**』命令，此時會開啟一**般選項**交談窗。請在**防寫密碼**欄輸入密碼，假設為 "readonly"，再按下**確定**鈕。

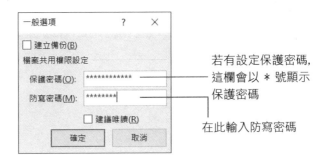

若有設定保護密碼，這欄會以 * 號顯示保護密碼

在此輸入防寫密碼

STEP 02 再輸入一次 "readonly"，按**確定**鈕，以便 Excel 確認密碼。

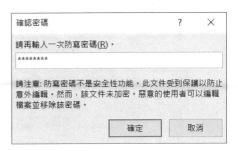

STEP 03 密碼確認後回到**另存新檔**交談窗，請按**儲存**鈕再次儲存檔案，則 Ch10-07 便具有「防寫密碼」了。接著關閉檔案，然後再重新開啟，這次除了要求您輸入檔案的「保護密碼」外，接著還會要求您輸入「防寫密碼」：

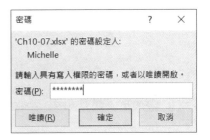

STEP 04 此時只有知道「防寫密碼」的人，在輸入密碼之後才能檢視內容並做編輯與儲存；不知道密碼的人，只能按下**唯讀**鈕，以唯讀方式查閱內容。

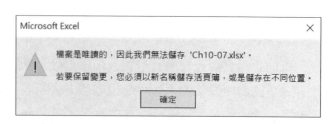

Microsoft Excel ×

! 檔案是唯讀的，因此我們無法儲存 'Ch10-07.xlsx'。

若要保留變更，您必須以新名稱儲存活頁簿，或是儲存在不同位置。

確定

▲ 在**唯讀**模式下仍可編輯，但儲存時就會出現此訊息，指引你必須將修改後的資料另存成其他檔名。另存的檔案仍具備與原檔案相同的「保護密碼」，但「防寫密碼」會自動取消

取消密碼設定

接續上例，假設我們要取消 Ch10-07 檔案所設的密碼：

STEP 01 請開啟範例檔案 Ch10-07，並依指示輸入保護密碼 "confidential" 和防寫密碼 "readonly"。

STEP 02 按下**檔案**頁次，執行『**另存新檔**』命令，在**另存新檔**交談窗中按下**工具**鈕，選擇『**一般選項**』命令。

 您必須知道原來的密碼才能開啟檔案並解除密碼的設定，所以為了以防萬一，最好將密碼和對應的檔案列個清單並妥善保存。

STEP 03 在開啟的**一般選項**交談窗中選取欲刪除的密碼，再按 Delete 鍵將密碼清除掉。

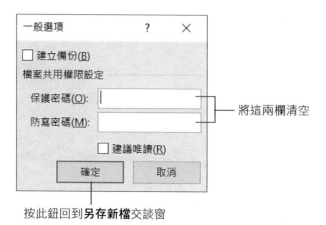

一般選項 ? ×

☐ 建立備份(B)

檔案共用權限設定

保護密碼(O): [　　　　] ┐
　　　　　　　　　　　　├─ 將這兩欄清空
防寫密碼(M): [　　　　] ┘

☐ 建議唯讀(R)

確定　　取消

按此鈕回到**另存新檔**交談窗

STEP 04 最後按下**儲存**鈕重新儲存 Ch10-07，則以後開啟此檔案時，就不用輸入密碼了。

10-5 限制工作表的增刪

除了防止別人任意開啟活頁簿檔案及修改活頁簿內容，我們也可以限制工作表的整體操作，例如無法增加或刪除工作表、改變工作表名稱…等。

保護活頁簿的結構

保護活頁簿的**結構**，就無法移動、複製、刪除、隱藏 (或取消隱藏)、新增工作表及改變工作表的名稱和頁次標籤顏色。請開啟範例檔案 Ch10-07，切換到**校閱**頁次如下練習保護活頁簿的**結構**：

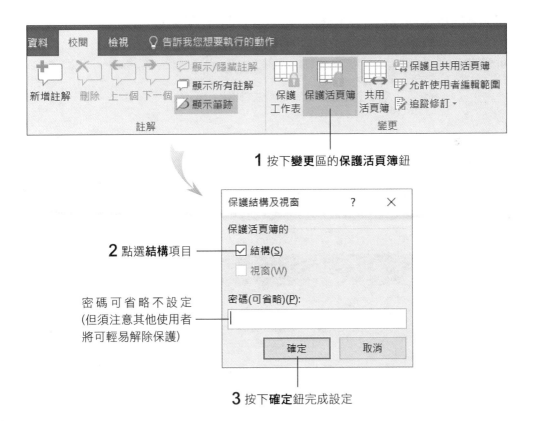

1 按下**變更**區的**保護活頁簿**鈕

2 點選**結構**項目

密碼可省略不設定 (但須注意其他使用者將可輕易解除保護)

3 按下**確定**鈕完成設定

接著你可以測試一下保護活頁簿**結構**的結果：

在頁次標籤上按右鈕, 會發現部分命令無法使用 (保護活頁簿**結構**的結果)

按下此鈕會沒反應, 無法新增工作表

取消活頁簿結構的保護

當你要取消活頁簿結構的保護, 可再次按下**保護活頁簿**鈕, 讓它呈現未按下的狀態即可。

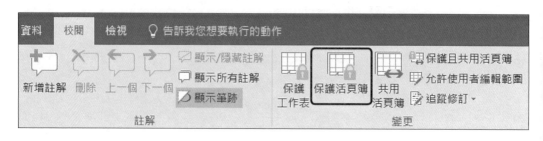

 若先前在保護活頁簿時有輸入密碼, 則此時就必須輸入密碼才能取消保護。

自訂工作表的保護範圍與限制操作

「防寫密碼」只能在開啟檔案時過濾沒有修改權的人員，一旦使用「防寫密碼」開啟以後，整本活頁簿就可以任意修改了。還好 Excel 提供保護工作表的功能，讓您可以針對某張工作表或某工作表中的部份儲存格再加以保護，限制可進行哪些操作。

設定工作表的保護項目

請開啟範例檔案 Ch10-08，現在我們要來保護整張**工作表 1** 的業績資料，讓開啟檔案的人只能查閱內容而無法做任何修改：

	A	B	C	D	E	F
1			業務員銷售業績一覽表			
2	姓名	第一季業績	第二季業績	第三季業績	第四季業績	
3	張美雪	2,035	1,258	2,210	2,367	
4	林舒蕾	1,986	1,756	2,036	2,201	
5	張秋鳳	1,689	1,458	1,698	1,987	
6	謝偉銘	2,354	1,698	2,489	2,365	
7						

STEP 01 按下工作表最左上角的**全選**鈕選取全部儲存格：

全選鈕

	A	B	C	D	E	F	G	H
1			業務員銷售業績一覽表					
2	姓名	第一季業績	第二季業績	第三季業績	第四季業績			
3	張美雪	2,035	1,258	2,210	2,367			
4	林舒蕾	1,986	1,756	2,036	2,201			
5	張秋鳳	1,689	1,458	1,698	1,987			
6	謝偉銘	2,354	1,698	2,489	2,365			
7								
8								
9								
10								

按下滑鼠右鈕, 執行快顯功能表中的『**儲存格格式**』命令 (或直接按下**常用**頁次**儲存格**區的**格式**鈕, 並在其下拉式選單執行『**儲存格格式**』命令), 開啟**儲存格格式**交談窗:

2 請勾選此項, 表示要保護儲存格免於被更改、刪除或搬移 (此選項預設便會勾選, 進入此交談窗是為了做確認)

1 切換到**保護**頁次

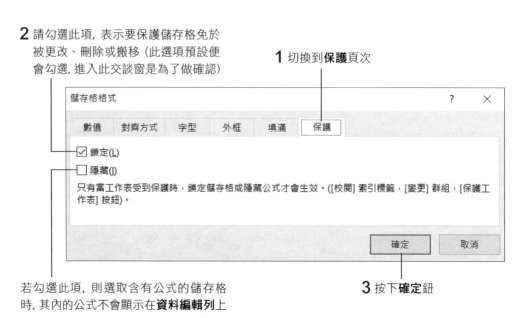

若勾選此項, 則選取含有公式的儲存格時, 其內的公式不會顯示在**資料編輯列**上

3 按下**確定**鈕

03 接著按下**常用**頁次**儲存格**區的**格式**鈕, 並在其下拉式選單執行『**保護工作表**』命令:

若設定密碼後就只有知道密碼的人才可解除工作表保護效力

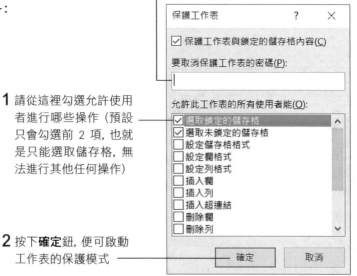

1 請從這裡勾選允許使用者進行哪些操作 (預設只會勾選前 2 項, 也就是只能選取儲存格, 無法進行其他任何操作)

2 按下**確定**鈕, 便可啟動工作表的保護模式

　　根據我們在**保護工作表**交談窗中所做的勾選 (允許選取鎖定及未鎖定的儲存格), 您會發現, 雖然可以選取**工作表 1** 中的儲存格, 但無法更改儲存格的格式, 無法進行欄、列的插入等操作:

可以選定儲存格　　　　　　　　　　這些工具鈕都呈現無法使用的狀態

此時, 若試圖輸入新資料, 還會立即顯示警告訊息, 不准您修改儲存格的資料:

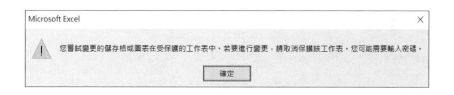

只保護部分儲存格範圍

　　在上例中, 我們是針對整張工作表做保護, 但有的時候, 您可能只想針對部分儲存格做保護, 那該怎麼辦呢?

　　請切換到 Ch10-08 的**工作表 2** 工作表, 假設我們只想保護含有數字資料的 B3：E6 範圍:

只想保護此一範圍

由於 Excel 會將工作表中「所有」儲存格的保護模式皆預設為鎖定，因此一旦按下**常用**頁次**儲存格**區的**格式**鈕，並在其下拉式選單執行『**保護工作表**』命令，則所有儲存格便都被鎖定了！若只要保護某些儲存格，就要先把工作表中預設的鎖定狀態取消，然後重新選取儲存格範圍來做鎖定及保護設定。請如下操作：

STEP 01 請按下**工作表 2** 左上角的**全選**鈕，選取整張工作表，然後如下取消鎖定狀態：

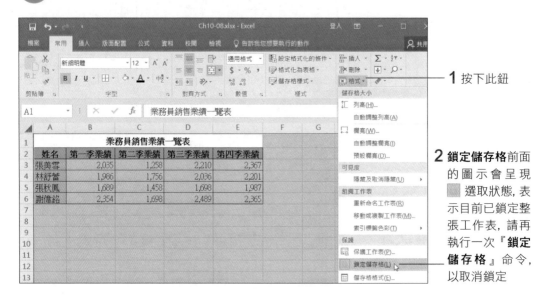

1 按下此鈕

2 **鎖定儲存格**前面的圖示會呈現 ▨ 選取狀態，表示目前已鎖定整張工作表，請再執行一次『**鎖定儲存格**』命令，以取消鎖定

上圖的操作也等於是取消**儲存格格式**交談窗**保護**頁次中的**鎖定**選項。

STEP 02 重新選取欲保護的儲存格範圍 B3：E6，再按下**格式**鈕執行『**鎖定儲存格**』命令，即可只針對選取的儲存格範圍做鎖定。

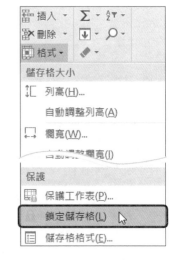

	A	B	C	D	E
1	業務員銷售業績一覽表				
2	姓名	第一季業績	第二季業績	第三季業績	第四季業績
3	張美雪	2,035	1,258	2,210	2,367
4	林舒蕾	1,986	1,756	2,036	2,201
5	張秋鳳	1,689	1,458	1,698	1,987
6	謝偉銘	2,354	1,698	2,489	2,365

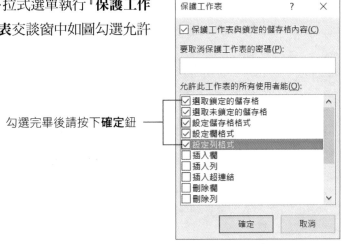

STEP 03 按下**格式**鈕，並在其下拉式選單執行『**保護工作表**』命令，在**保護工作表**交談窗中如圖勾選允許使用者進行的操作：

勾選完畢後請按下**確定**鈕 ————

現在，您會發現只有 B3：E6 範圍無法更改資料，但可依照上圖的勾選，允許設定儲存格與欄列格式；其餘的儲存格則皆可自由刪改資料，也就是只針對部分儲存格範圍做保護，並自訂允許哪些編輯操作。

解除保護狀態

若您想要修改被保護的儲存格資料，就必須按下**常用**頁次**儲存格**區的**格式**鈕，並在其下拉式選單執行『**取消保護工作表**』命令，以解除保護效力。若當初執行『**保護工作表**』命令時，曾設定保護密碼，則 Excel 會要求您先輸入正確的密碼後，才能解除工作表的保護效力。

設定允許使用者編輯的範圍

除了上述保護工作表的技巧，我們還可以針對不同的儲存格範圍，設定不同的保護密碼，讓只有知道保護範圍密碼的人，才能解除保護效力、修改儲存格內容。請您切換到 Ch10-08 的**工作表 3**：

	A	B	C	D	E	F
1	業務員銷售業績一覽表					
2	姓名	第一季業績	第二季業績	第三季業績	第四季業績	自我檢討
3	張美雪	2,035	1,258	2,210	2,367	
4	林舒薈	1,986	1,756	2,036	2,201	
5	張秋鳳	1,689	1,458	1,698	1,987	
6	謝偉銘	2,354	1,698	2,489	2,365	

現在，我們要利用**允許使用者編輯範圍**功能，設定讓每個業務員輸入個人的密碼來填入各自的「自我檢討」欄位：

STEP 01 首先來設定「張美雪」的密碼和可修改的儲存格 F3。請切換到**校閱**頁次，如下操作：

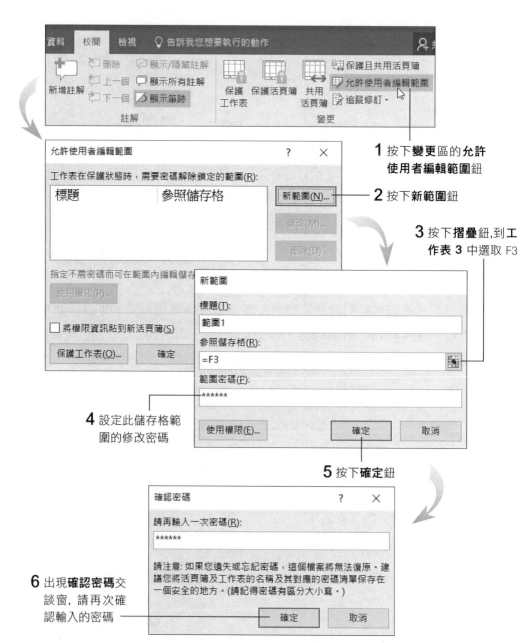

1 按下**變更**區的**允許使用者編輯範圍**鈕

2 按下**新範圍**鈕

3 按下**摺疊**鈕，到**工作表 3** 中選取 F3

4 設定此儲存格範圍的修改密碼

5 按下**確定**鈕

6 出現**確認密碼**交談窗，請再次確認輸入的密碼

STEP 02 密碼確認無誤後，會回到**允許使用者編輯範圍**交談窗，可繼續設定另一個業務
員「林舒蕾」的可修改範圍及密碼：

第 1 組範
圍和密碼
設定好了

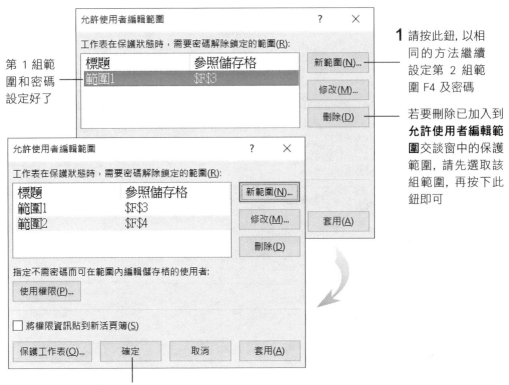

1 請按此鈕, 以相
同的方法繼續
設定第 2 組範
圍 F4 及密碼

若要刪除已加入到
**允許使用者編輯範
圍**交談窗中的保護
範圍, 請先選取該
組範圍, 再按下此
鈕即可

2 按下**確定**鈕

STEP 03 按下**常用**頁次**儲存格**區的**格式**鈕, 並
在其下拉式選單執行『**保護工作
表**』命令, 則儲存格範圍的保護效力才會
真正啟動。此時同樣會開啟**保護工作
表**交談窗, 讓你勾選允許使用者進
行的操作：

在此請直接按下**確定**鈕

STEP 04 現在，假設業務員「張美雪」要填入或修改 F3 儲存格的資料，則此時將不是出現無法更改的訊息，而是出現如下的**解除鎖定範圍**交談窗：

請試著在儲存格中輸入資料

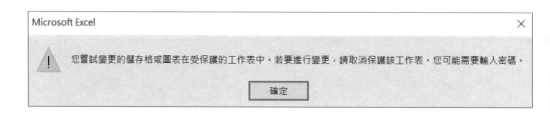

	A	B	C	D	E	F
1			業務員銷售業績一覽表			
2	姓名	第一季業績	第二季業績	第三季業績	第四季業績	自我檢討
3	張美雪	2,035	1,258	2,210	2,367	
4	林舒蕾	1,986	1,756	2,036	2,201	
5	張秋鳳	1,689	1,458	1,698	1,987	
6	謝偉銘					

解除鎖定範圍

您嘗試變更的儲存格有密碼保護。

輸入密碼以變更儲存格(E):

[　　　　　　　　　]

[確定] [取消]

只要輸入第 1 組範圍的密碼，就可修改 F3
的內容，而其餘的儲存格則仍然無法修改

若要修改其它儲存格內容，同樣會跳出如下的訊息，告知你無法做變更：

Microsoft Excel　　　　　　　　　　　　　　　　　　　　　　　×

⚠ 您嘗試變更的儲存格或圖表在受保護的工作表中。若要進行變更，請取消保護該工作表。您可能需要輸入密碼。

[確定]

如此一來，工作表中的資料，就可以依照使用者的需求及權限，分別設定不同的密碼來落實工作表的保護工作囉！

巨集病毒的防護

除了提防有心人士修改或竊取活頁簿資料外，還須防範「巨集病毒」的侵襲，以免活頁簿的內容遭到破壞或損毀。本節就來看看 Excel 有關防範巨集病毒的功能。

什麼是巨集病毒

「巨集病毒」是電腦病毒的一種，主要是儲存在活頁簿或增益集程式的巨集中。若不小心開啟一個中毒的活頁簿，或是執行一個可驅動病毒的動作，就會讓活頁簿檔案感染巨集病毒，甚至摧毀檔案中的資料！

Excel 雖不像專業防毒軟體一樣具有檢查病毒的能力，但它可以降低活頁簿感染「巨集病毒」的機會。每當您開啟含有巨集的活頁簿檔案時，Excel 便會發出警告：「安全性警告，已經停用巨集」。

按下此鈕才可啟用巨集功能

	A	B	C	D	E	F
1	年度	產品名稱	區域	單位(台)	銷售額	
2	104	義式咖啡機	北區	2,000	1,900,000	
3	104	美式咖啡機	北區	3,000	2,250,000	
4	104	膠囊咖啡機	北區	5,000	88,700,000	

安全性警告 已經停用巨集 · 啟用內容

K12

變更安全性層級

您可按下**檔案**頁次，並按下視窗右側的**選項**，切換到**信任中心**頁次，再按下**信任中心設定**鈕，切換到**巨集設定**頁次：

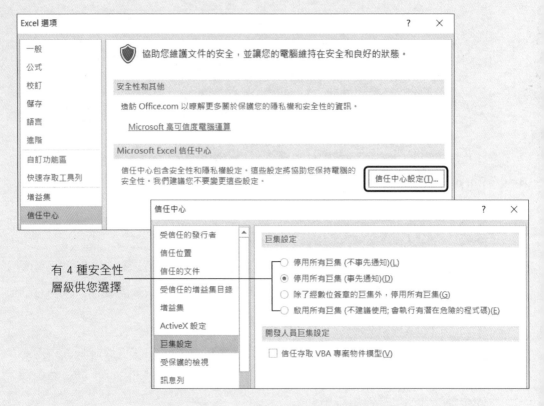

有 4 種安全性
層級供您選擇

● **停用所有巨集 (不事先通知)**：只有安裝在信任位置中的巨集才能執行, 其它巨集不論是否具有數位憑證, 都會自動停用所有巨集, 以避免被巨集病毒侵害。

● **停用所有巨集 (事先通知)**：檢查活頁簿中的巨集是否為信任對象所錄製, 如果是您信任的對象, 則以開啟巨集的方式開啟活頁簿檔案；若非信任對象所錄製的巨集, 則會以關閉巨集的方式開啟活頁簿檔案。

● **除了經數位簽章的巨集外, 停用所有巨集**：如果巨集不是來自您信任的對象, 則開啟活頁簿檔案時會發出警告, 詢問您是否要開啟巨集。

● **啟動所有巨集 (不建議使用；會執行有潛在危險的程式碼)**：以開啟巨集的方式開啟活頁簿。若要設定此一等級, 請務必確定您開啟的活頁簿或增益集程式都是安全的。

　　讀完本章之後, 請您多多善用工作表的管理及保護技巧, 為您的機密檔案加上一層層保護, 以防止別人任意查閱或修改您的資料, 同時也要建立防範巨集病毒的正確觀念喔！

CHAPTER

11

建立圖表

工作表中的資料若用圖表來表達，可讓資料更
具體、更易於了解。Excel 內建了多種的圖表
樣式，你只要選擇適合的樣式，馬上就能製作出
一張具專業水準的圖表。

- 圖表類型介紹
- 建立圖表物件
- 調整圖表物件的位置及大小
- 認識圖表的組成項目
- 變更圖表類型
- 變更資料範圍

11-1 圖表類型介紹

Excel 雖然提供多達 90 幾種圖表樣式, 若不明白每種圖表類型的特性, 畫出來的圖表還是無法提供給相關人員做出決策判斷, 因此我們首先來認識一下 Excel 的圖表類型。

　　請開啟範例檔案 Ch11-01, 點選儲存格中的任一資料後, 切換到**插入**頁次, 在**圖表**區中即可看到內建的圖表類型。

按下各個圖表類型鈕, 可開
啟 Excel 內建的圖表類型

若要進一步選擇副圖表類型, 你可以參考 11-5 節的說明來更換

　　若是按下**圖表**區的**建議圖表**鈕 🔖 , 則 Excel 會自動分析你的資料內容, 並選出適用此資料的圖表讓你快速套用。

若是覺得自動建議的圖表不適合, 可切
換到**所有圖表**頁次, 選擇其它圖表類型

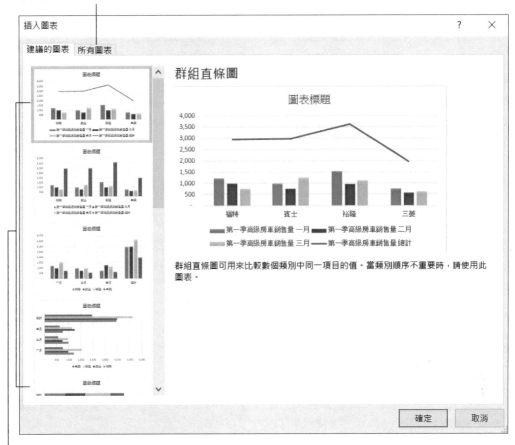

Excel 分析出目前所選取的資料適合套
用直條圖, 可在此選擇直條圖的類型

以下我們就
簡單為你說明幾
種常見的圖表類
型, 當你要建立圖
表前, 可以依自己
的需求來選擇適
用的圖表。

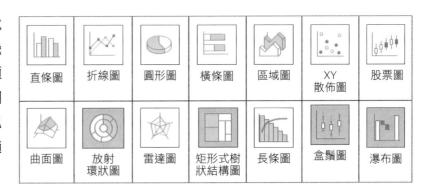

● **直條圖**：直條圖是最普遍使用的圖表類型, 它很適合用來表現一段期間內數量上的變化, 或是比較不同項目之間的差異, 各種項目放置於水平座標軸上, 而其值則以垂直的長條顯示。例如近 5 年來國人旅遊人數統計:

近年旅遊人數統計					
	2011年	2012年	2013年	2014年	2015年
香港	2,156,760	2,021,212	2,038,732	2,018,129	2,008,153
日本	1,136,394	1,560,300	2,346,007	2,971,846	3,797,879
韓國	423,266	532,729	518,528	626,694	500,100
新加坡	207,808	241,893	297,588	283,925	318,516
馬來西亞	209,164	193,170	226,919	198,902	201,631
泰國	382,635	306,746	507,616	419,133	599,523
菲律賓	178,876	211,385	129,361	133,583	180,091

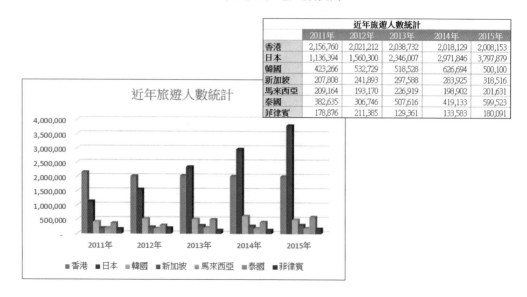

● **折線圖**：顯示一段時間內的連續資料, 適合用來顯示相等間隔 (每月、每季、每年、…) 的資料趨勢。例如外貿協會統計 1~4 季的外銷訂單金額, 用折線圖來看出各類產品的成長或衰退趨勢:

外銷訂單金額統計 (千萬)			
	通訊用品	文具禮品	交通運輸	醫療器材
第一季	236	563	1230	885
第二季	632	895	1000	795
第三季	563	635	1205	957
第四季	759	550	1360	700

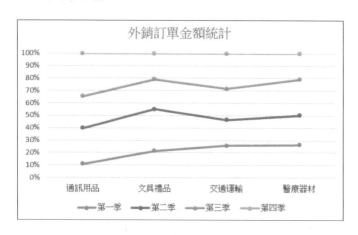

圓形圖：圓形圖只能有一組數列資料，每個資料項目都有唯一的色彩或是圖樣，圓形圖適合用來表現各個項目在全體資料中所佔的比率。例如底下我們要查看流行時尚雜誌中賣得最好的是哪一本，就可以使用圓形圖來表示：

六月份雜誌銷量	
ELLE	54632
美麗佳人	54123
東京依芙	46522
柯夢波丹	68104
大美人	24358
Ray 國際中文版	43532
Color Plus	34231
ELLE Wedding	12357
Shop 123 網購誌	45310

橫條圖：可以顯示每個項目之間的比較情形，Y 軸表示類別項目；X 軸表示值。橫條圖主要是強調各項目之間的比較，不強調時間。例如你可以查看各地區的銷售額，或是像底下列出各項商品的人氣指數。

桔子工坊暢銷排行票數	
百香綠 QQ	650
水果粒茶	521
珍珠奶綠	438
珍珠奶茶	425
百香粉條	324
金桔檸檬	185

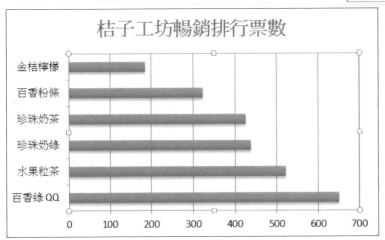

● 區域圖：強調一段時間的變動程度，可由值看出不同時間或類別的趨勢。例如可用區域圖強調某個時間的利潤資料，或是某個地區的銷售成長狀況。底下以北台灣近年來各縣市新生兒人口數為例來繪製區域圖。

台灣新生兒人口統計			
	2013年	2014年	2015年
新北市	38,563	35,188	41,935
臺北市	29,174	26,175	30,232
桃園市	17,471	16,436	20,335
臺中市	26,381	24,069	28,971
臺南市	15,256	14,479	18,030
高雄市	22,608	21,134	25,467

● 散佈圖：顯示 2 組或是多組資料數值之間的關聯。散佈圖若包含 2 組座標軸，會在水平軸顯示一組數字資料，在垂直軸顯示另一組資料，圖表會將這些值合併成單一的資料點，並以不均勻間隔顯示這些值。散佈圖通常用於科學、統計及工程資料，你也可以拿來做產品的比較，例如底下的冷熱兩種飲料會隨著氣溫變化而影響銷售量，氣溫愈高，冷飲的銷量愈好。

月份	平均溫度	冷飲	熱飲
1	15	328	3504
2	16	524	2843
3	22	680	2345
4	28	1257	2204
5	30	2564	1984
6	32	2894	1458
7	35	3210	650
8	38	3483	310

● **股票圖**：股票圖顧名思義就是用在說明股價的波動，例如你可以依序輸入成交量、開盤價、最高價、最低價、收盤價的資料，來當做投資的趨勢分析圖。

日期	成交量	開盤價	最高價	最低價	收盤價
6月1日	1181	50	52	48	51
6月2日	1043	51	53	49	53
6月3日	1500	50	51	49	50
6月4日	1644	52	53	50	51
6月5日	2455	48	49	47	49
6月6日	3584	47	48	16.5	48
6月7日	3500	50	52	49	51
6月8日	2955	51	53	49	53
6月9日	2840	52	54	50	51
6月10日	3566	53	54	51	51.5
6月11日	4588	54	55	52	53
6月12日	3047	53	55	51	54
6月13日	4347	56	58	54.5	57
6月14日	4607	58	60	56	59
6月15日	4866	57	58	56	57
6月16日	5126	56	57	55	56.5
6月17日	5386	55	56	54	55.5
6月18日	5646	53	54	52	53.5
6月19日	5905	54	55	53	54.5
6月20日	6165	56	57	55.5	57
6月21日	6425	57	58	56	57
6月22日	6685	58	59	56	58
6月23日	6944	59	60	57.5	59.5
6月24日	7204	60	61.5	58.5	61
6月25日	7464	62	63	61.5	62.5

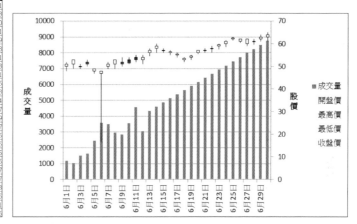

● **雷達圖**：可以用來做多個資料數列的比較。例如右圖的例子，我們利用雷達圖來了解每位學生最擅長及最不擅長的科目。

	張育華	王千玉	楊寶珠	周小琪
學科	20	60	80	60
體育	80	20	40	30
美術	30	40	30	20
音樂	20	80	20	80
特殊才藝	40	50	60	70

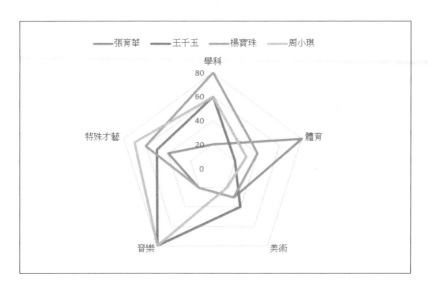

11-2 建立圖表物件

認識 Excel 的圖表類型後，現在我們就以實際的例子來學學如何在工作表中建立圖表物件，將令人眼花撩亂的數據資料轉變成美觀、易於辨別高低趨勢的圖表，看起來也更為專業、有說服力！

建立銷售圖

請開啟範例檔案 Ch11-01，先選取儲存格範圍 A2：D8，然後切換到**插入**頁次，在**圖表區**中如下操作：

1 按下插入直條圖或橫條圖鈕

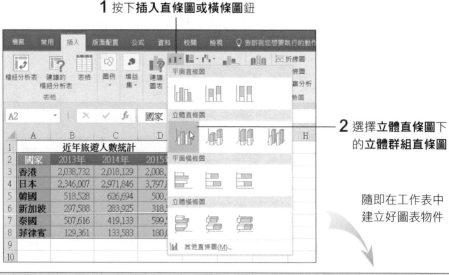

2 選擇**立體直條圖**下的**立體群組直條圖**

隨即在工作表中建立好圖表物件

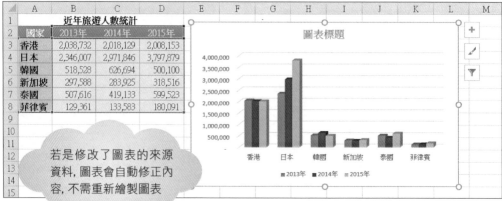

若是修改了圖表的來源資料，圖表會自動修正內容，不需重新繪製圖表

若是不知道要套用什麼樣的圖表比較適合，你可以按下**插入**頁次**圖表**區的**建議圖表鈕** 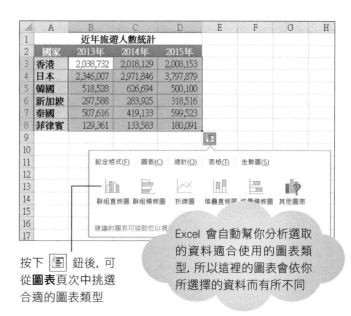，讓 Excel 自動幫你分析資料，套用合適的圖表類型。

此外，你也可以在選取資料範圍後，按下**快速分析鈕**，切換到**圖表**頁次，再從中點選圖表類型：

你也可以在選取來源資料後，直接按下 Alt + F1 鍵，快速在工作表中建立圖表，不過所建立的圖表類型則是預設的直條圖，若有自行修改過預設的圖表類型，才會以你設定的為主。

按下 鈕後，可從**圖表**頁次中挑選合適的圖表類型

Excel 會自動幫你分析選取的資料適合使用的圖表類型，所以這裡的圖表會依你所選擇的資料而有所不同

認識「圖表工具」頁次

在建立圖表物件後，圖表會呈選取狀態，功能區還會自動出現一個**圖表工具**頁次，你可以在此頁次中進行圖表的美化、編輯工作。

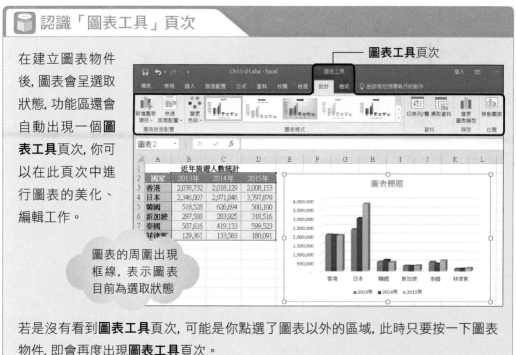

圖表的周圍出現框線，表示圖表目前為選取狀態

若是沒有看到**圖表工具**頁次，可能是你點選了圖表以外的區域，此時只要按一下圖表物件，即會再度出現**圖表工具**頁次。

將圖表移動到新工作表中

　　剛才建立的圖表物件和資料來源放在同一個工作表中，最大的好處是可以對照資料來源中的數據，但若是圖表太大，反而容易遮住資料來源，此時你可以將圖表單獨放在一份新的工作表中：

STEP 01 請在選取圖表物件後 (在圖表上按一下即可選取)，切換到**圖表工具**頁次下的**設計**頁次，並按下**移動圖表**鈕。

按下**移動圖表**鈕

STEP 02 接著會開啟**移動圖表**交談窗，讓你選擇圖表要移動到新工作表或是其他工作表中。

1 在此我們選擇**新工作表**

選擇新工作表項目，預設會以 **Chart1** 為工作表命名，可在此欄自行輸入工作表名稱

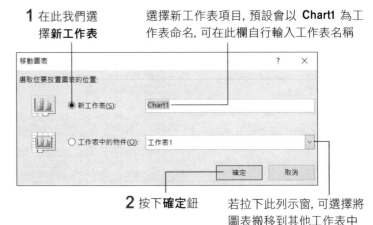

2 按下**確定**鈕

若拉下此列示窗，可選擇將圖表搬移到其他工作表中

STEP 03 設定完成後，即可在 **Chart1** 工作表中看到圖表物件。

要將圖表建立在獨立的工作表中，除了剛才所述的方法外，還有一個更簡單的方法，那就是在選取資料來源後，直接按下 `F11` 鍵，即可自動將圖表建立在 **Chart1** 工作表中。

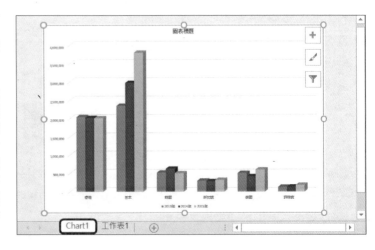

11-3 調整圖表物件的位置及大小

建立在工作表中的圖表物件，也許位置和大小都不是很理想，沒關係，只要稍加調整即可。請開啟範例檔案 Ch11-02 來練習。

移動圖表的位置

建立好的圖表物件如果剛好覆蓋在來源資料上，或者是擺放的位置不妥當，你可以將指標移到圖表物件的外框上，直接拉曳到適當的位置即可。

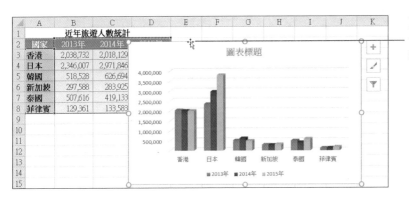

直接拉曳圖表物件的外框，即可移動圖表的位置

調整圖表的大小

如果圖表的內容沒辦法完整顯示，或是覺得圖表太小看不清楚，你可以拉曳圖表物件周圍的控點來調整：

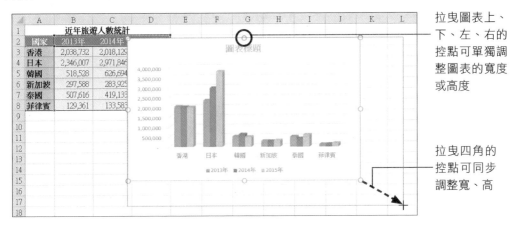

拉曳圖表上、下、左、右的控點可單獨調整圖表的寬度或高度

拉曳四角的控點可同步調整寬、高

調整圖表文字的大小

如果調整過圖表的大小後，圖表中的文字變得太小或太大，那麼你可以先選取要調整的文字，並切換到**常用**頁次，在**字型**區拉下**字型大小**列示窗來調整：

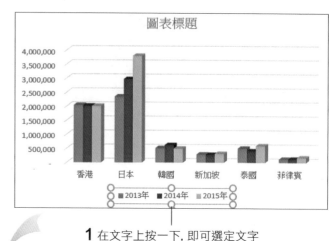

1 在文字上按一下，即可選定文字

2 拉下**字型大小**列示窗，調整文字大小

文字變大了

在**字型**區中除了可調整圖表中的文字大小，你還可以利用此區的工具鈕來修改文字的樣式，例如加粗、斜體、更改顏色、…等。

調整文字大小後，圖表也會自動縮放大小，如果調整文字後，圖表反而變得不清楚，你可以利用剛才所教的方法，拉曳圖表物件的邊框來調整大小。

11-4 認識圖表的組成項目

從剛才所建立的圖表中, 我們可以發現圖表是由許多項目所組成, 這一節我們就來認識這些圖表的組成項目, 日後若要修改圖表上的物件, 只要正確選取對象, 即可迅速進行變更。

不同的圖表類型其組成項目多少會有些差異, 但大部份是相同的, 請開啟範例檔案 Ch11-03, 底下我們以**工作表 1** 中的圖表來說明圖表的組成項目。

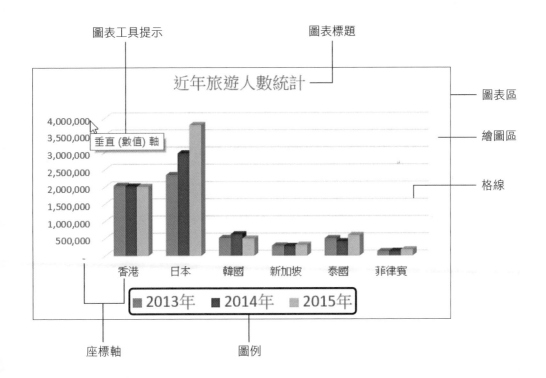

 若不清楚項目的名稱, 可將滑鼠指標移到圖表內的物件上, 指標旁就會出現一個方框, 顯示所指的項目名稱, 這就是圖表工具提示的功能。

● 圖表區：指整個圖表及所涵蓋的所有項目。

● 繪圖區：指圖表顯示的區域, 包含圖形本身、類別名稱、座標軸等區域。

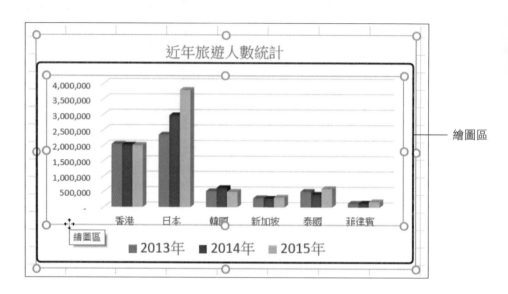

● 圖例：辨識圖表中各組資料數列的說明。圖例內還包括圖例符號、圖例項目。

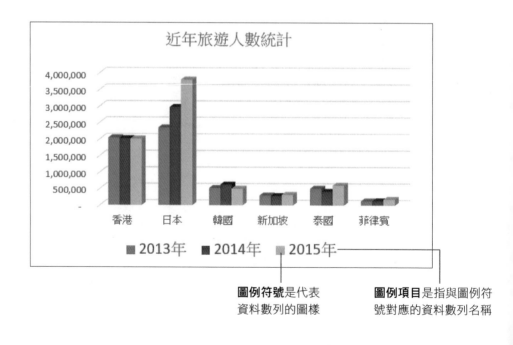

● **座標軸與格線**：平面圖表通常有兩個座標軸：X 軸和 Y 軸；立體圖表上則有 3 個座標軸：X、Y 和 Z 軸。但並不是每種圖表都有座標軸, 例如**圓形圖**就沒有座標軸。而由座標軸的刻度向上或向右延伸到整個**繪圖**區的直線便是所謂的**格線**。顯示格線比較容易察看圖表上資料點的實際數值。

格線

Y 軸通常是垂直軸, 包含數值資料

座標軸數值

X 軸通常為水平軸, 包含類別

● **圖表牆和圖表底板**：圖表牆和圖表底板則是立體圖表所特有的。

圖表牆 (為了方便辨識, 我們替圖表牆填上色彩)

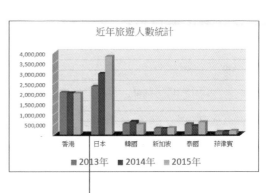

圖表底板 (為了方便辨識, 我們替圖表底板填上色彩)

11-5 變更圖表類型

若你覺得當初建立圖表時所選擇的圖表類型不適合, 該怎麼辦呢?這一節我們先帶你了解一下選擇資料來源範圍與圖表類型的關係, 再告訴你如何替建立好的圖表更換圖表類型。

選取資料來源範圍與圖表類型的關係

每一種圖表類型都有自己的特色, 而且繪製的方法也不盡相同, 千萬別以為只要任意選取了一個資料範圍, 就可以畫出各種圖表。例如, **圓形圖**只能表達一組資料數列, 所以資料範圍應該只包含一組數列。

▲ 圓形圖

若要畫**散佈圖**, 由於此種圖表類型的 X、Y 軸都必須是數值座標軸 (沒有類別座標軸), 所以選取的範圍至少包含兩組有互相影響關係的數值座標軸。

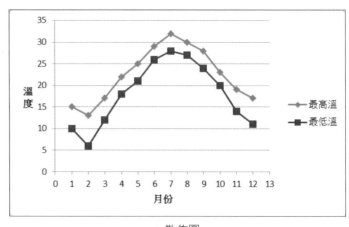

▲ 散佈圖

畫**雷達圖**時, 每
個類別都會有自己的
數值座標軸, 所以資
料範圍最好要包含多
組類別, 而且至少要
超過 3 個。

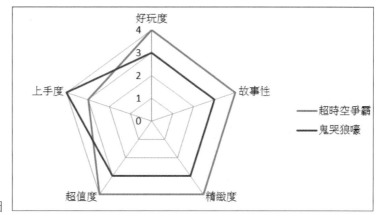

▶ 雷達圖

因此在選取資料範圍時, 應該先考慮到這個資料範圍要以什麼樣的圖表類型來
表達; 或是先決定好要繪製哪一種類型的圖表, 再來考慮資料的選取範圍。

更換成其他圖表類型

當圖表建立好以後, 若覺得原先設定的圖表類型不恰當, 可在選取圖表後, 切
換到**圖表工具/設計**頁次, 按下**類型**區的**變更圖表類型**鈕來更換, 底下以範例檔案
Ch11-04 來說明:

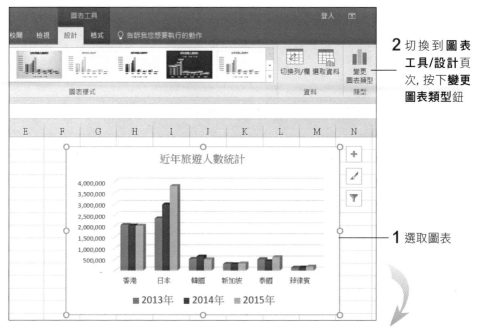

2 切換到**圖表
工具/設計**頁
次, 按下**變更
圖表類型**鈕

1 選取圖表

3 由此區選擇要更
換的圖表類型

將滑鼠指標移到圖表縮
圖上，可放大縮圖內容，
以便觀看套用後的結果

4 由此區選擇圖表的樣式，
例如選擇**立體堆疊橫條圖**

5 按下**確定**鈕

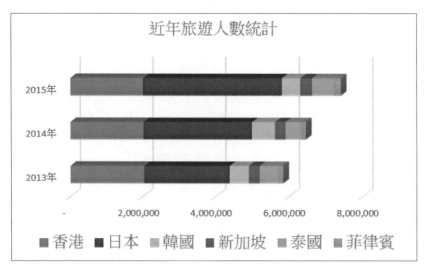

▲ 更換圖表類型了

11-6 變更資料範圍

在建立好圖表之後，才發現當初選取的資料範圍錯了，不必重新建立圖表，只要改變圖表的資料來源範圍，就可以更正圖表了。

請開啟範例 Ch11-05，以此範例而言，我們只需要 2013~2015 的人數，而不需將總人數也繪製成圖表，所以要重新選取資料範圍。

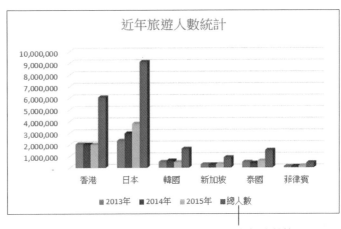

多選了總人數的數據

選取圖表物件後，切換到**圖表工具/設計**頁次，然後按下**資料**區的**選取資料**鈕，開啟**選取資料來源**交談窗來操作：

若按下此鈕，可縮小交談窗，以便回到工作表中重新選取資料

1 選取**總人數**　　　　　　　**2** 按下**移除**鈕

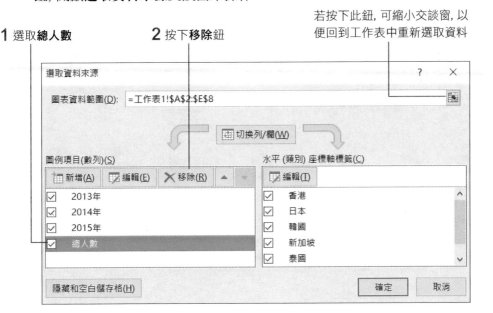

按下**確定**鈕後, 圖表即會自動依選取範圍重新繪圖。

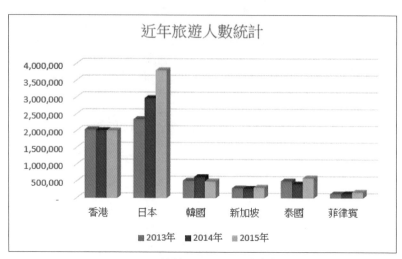

▲ 只繪製 2013~2015 的人數

還有一種更簡便的作法, 就是當您選取圖表物件時, 也會自動選取來源資料範圍, 只要拉曳資料範圍角落的控點即可變更來源範圍, 並更新好圖表了。

改變圖表欄列方向

資料數列取得的方向有循欄及循列兩種, 接下來我們要告訴你如何改變資料數列的取得方向。接續剛才的範例, 圖表的資料數列是來自**欄**, 如果我們想將資料數列改成從**列**取得, 請選取圖表物件, 然後切換到**圖表工具/設計**頁次, 按下**切換列/欄**鈕即可。

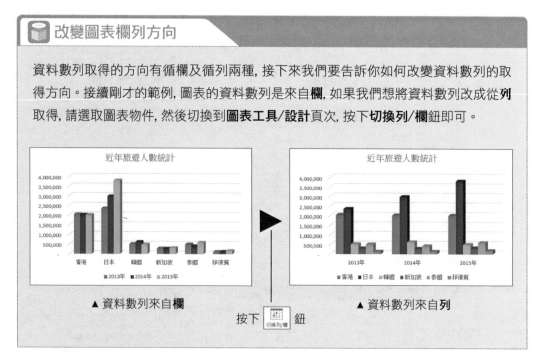

▲ 資料數列來自**欄**　　　按下 切換列/欄 鈕　　　▲ 資料數列來自**列**

CHAPTER

12

圖表的編輯與
格式化

圖表和工作表一樣，也是要經過修飾美化一番
才能呈現美麗的外貌。想讓您的圖表美觀易閱
讀，那您千萬不能錯過本章介紹的各項美化圖
表技巧喲！

- 選取圖表項目
- 快速變換圖表的版面配置及樣式
- 編輯圖表項目
- 手動加入圖表項目
- 變換圖表的背景
- 套用現成的圖案樣式美化圖表

12-1 選取圖表項目

我們可以針對圖表中的各個項目做編輯或是美化的動作，但不管是要編輯或是美化圖表，我們都要先學會選取圖表項目的方法。

利用「圖表工具提示」辨識選取對象

圖表工具提示就是當指標移動到圖表內，指標旁會出現一個方框，顯示目前所指到的項目名稱。有了**圖表工具提示**，直接在圖表上選取圖表項目就方便多了。

請開啟範例檔案 Ch12-01，選取圖表物件後，將指標移到右圖所指的位置，當圖表工具提示出現「數列 "2015年" 資料點 "日本" 值：3,797,879」時，按下滑鼠左鈕即可選取指標所指的項目。

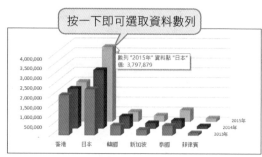

同樣地，若要選取**圖例**這個項目，將指標移到**圖例**附近，當**圖表工具提示**出現「圖例」時，按下左鈕即可選取**圖例**。

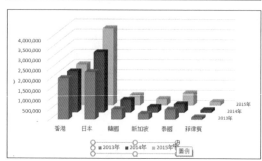

若要選取**圖例**中的**圖例項目**，則將指標移到欲選取的**圖例項目**上，當**圖表工具提示**出現「××圖例項目」時，先按一下滑鼠左鈕可選取**圖例**，再按一下即可選取**圖例項目**。

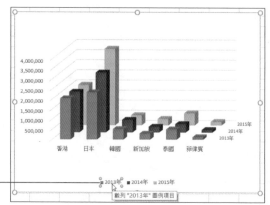

選取 "2013年" 圖例項目

使用下拉列示窗來選取圖表項目

　　除了使用**圖表工具提示**來選取圖表項目外，當你選取圖表物件後，還可以切換到**圖表工具/格式**頁次，在**目前的選取範圍**區拉下**圖表項目**列示窗來選取圖表項目：

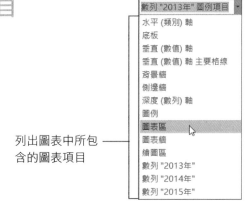

列出圖表中所包含的圖表項目

　　例如我們要選取**繪圖區**這個項目，只要在**圖表項目**列示窗中選取**繪圖區**即可。

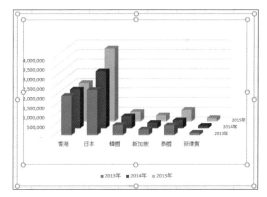

取消選取圖表項目

　　要取消圖表項目的選取狀態，可按下 `Esc` 鍵，或按下工作表中的任一儲存格。

調整圖表項目的位置及大小

選取圖表項目後，周圍會出現框線及控點，將指標移到框線內，可用滑鼠拉曳來搬移位置；若將指標指在控點上，指標會呈雙箭頭狀，此時拉曳控點，即可調整圖表項目的大小。

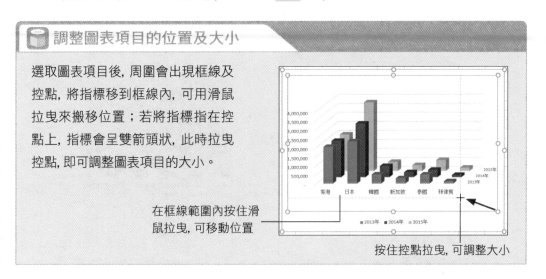

在框線範圍內按住滑鼠拉曳，可移動位置

按住控點拉曳，可調整大小

12-2 快速變換圖表的版面配置及樣式

建立圖表後, 預設會顯示繪圖區、座標軸、圖例、⋯等項目 (套用不同的圖表類型, 顯示的項目會略有不同), 並套好了預設的樣式, 如果你想變更這些項目的位置, 或是更改圖表的樣式, 可依底下的說明來進行修改。

變換圖表的版面配置

當你想變更圖表中各個項目的位置, 或是想增加其他項目, 可以如下操作。請開啟範例檔案 Ch12-02:

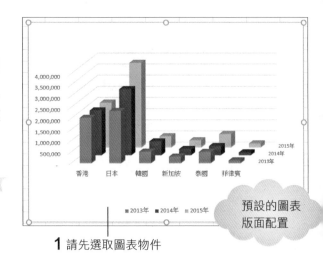

1 請先選取圖表物件

> 預設的圖表版面配置

2 切換到**圖表工具**頁次下的**設計**頁次, 按下**快速版面配置**鈕

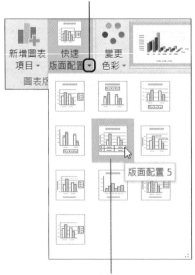

3 選擇一種版面配置 (例如選擇**版面配置 5** 樣式)

出現座標軸的標題

出現圖表標題 (稍後會教你怎麼修改)

已變更了圖表的版面配置

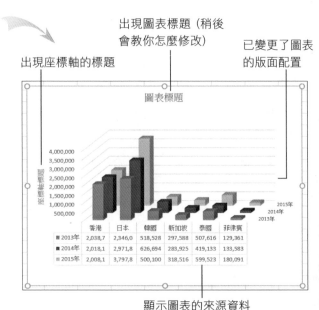

顯示圖表的來源資料

你可以自行試試不同的版面配置，再依需求決定最合適的樣式。例如下圖是套用**版面配置 4** 的樣式，即會在圖形上顯示詳細數據以方便對照。

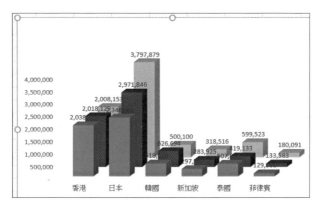

▲ 在圖形上顯示詳細數據

更換圖表的樣式

除了變更圖表的版面配置外，你還可以替圖表套用現成的樣式，請在選取圖表後，切換到**圖表工具/設計**頁次，然後在**圖表樣式**區選擇喜歡的樣式，或是按下**圖表樣式**區的**其他**鈕 ，即可展開所有的樣式：

在縮圖上按一下, 即可套用樣式　　　　　　　　　　你可以點按這兩個鈕來瀏覽樣式

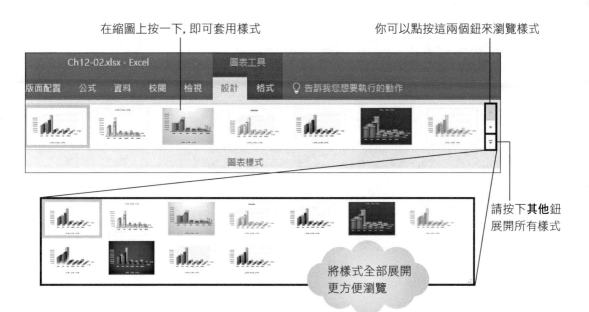

請按下**其他**鈕展開所有樣式

將樣式全部展開更方便瀏覽

例如套用**樣式 4**，在圖表中加上來源數據，且在直條圖底部套上陰影，看起來更立體：

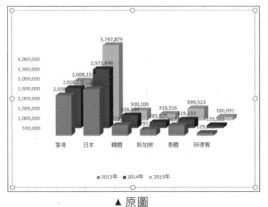

▲ 原圖

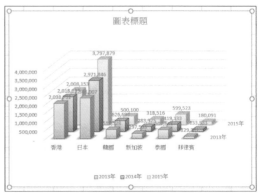

▲ 套用**樣式 4**

要更改圖表的樣式，也可以在選取圖表後，按下右側的**圖表樣式**鈕 <kbd>✎</kbd>，快速挑選圖表樣式。

1 選取圖表後按下此鈕

2 按一下此窗格中的縮圖，即可套用樣式

編輯圖表項目

Excel 在建立圖表或變換圖表的版面配置時,會自動產生相關的圖表項目,例如圖例、刻度標籤、圖表標題、…等,但預設產生的文字可能不是你想要的,現在我們就來看看如何修改圖表項目文字。

修改圖表標題

請開啟範例檔案 Ch12-03,我們以修改圖表標題為例,教你修改圖表項目:

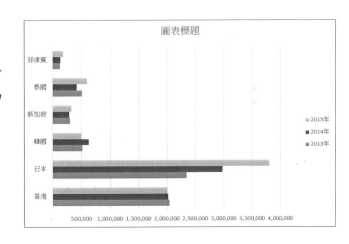

STEP 01
在**圖表標題**上按一下,使**圖表標題**呈選取狀態,接著再於**圖表標題**中按一下左鈕,即會出現插入點讓你修改文字:

▲ 選取**圖表標題**

▲ 在**圖表標題**中按一下,即會出現插入點

STEP 02
你只要將原本的文字刪掉,輸入新的標題文字即可,輸入完再將滑鼠移到圖表標題以外的區域按一下:

輸入新的圖表標題

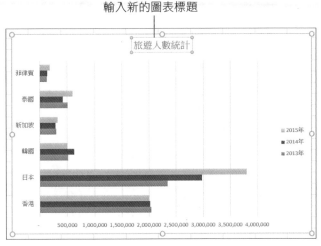

更改其他文字也是一樣的方法，你可以自己試試看。不過要注意的是，如果要更改的文字是由來源資料中自動產生的，那麼就得修改來源資料的內容，而無法直接修改圖表項目，例如圖例、類別座標軸標籤。

接續剛才的範例，我們要將類別座標軸標籤中的「菲律賓」改成「印尼」，請選取 A8 儲存格，然後輸入 "印尼"，按下 Enter 鍵後，圖表就會馬上自動更新。

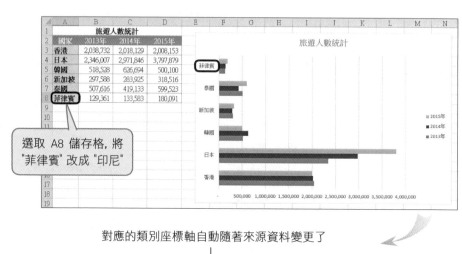

選取 A8 儲存格，將 "菲律賓" 改成 "印尼"

對應的類別座標軸自動隨著來源資料變更了

將圖表文字與來源資料連結

Excel 會自動將來源資料與圖表做連結，這樣你就不必每次更改來源資料都要重新建立圖表。如果也想將圖表文字與來源資料做連結，你可以如下操作：

STEP 01 在此我們以圖表標題來做示範, 請選取圖表標題, 然後在**資料編輯列**上輸入 "=":

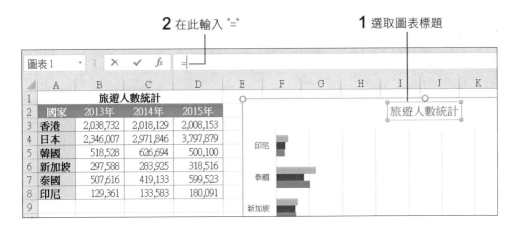

2 在此輸入 "="　　　　　　1 選取圖表標題

STEP 02 接著點選要連結的儲存格 A1, 然後按下 Enter 鍵, 則圖表標題就會連結到 A1 儲存格, 並變更為 A1 儲存格的內容, 日後若更改 A1 儲存格的內容, 圖表標題也會跟著改變。

圖表標題變更成 A1 儲存格的內容

刪除圖表文字

要刪除圖表文字, 只要選取圖表文字後, 按下 Delete 鍵即可。

12-4 手動加入圖表項目

建立好圖表後, 你可以隨時視情況增加需要的圖表項目, 如: 圖表標題、座標軸標題、圖例、…等。相關的操作都在「圖表工具/設計」頁次中。

替圖表加上標題

請開啟範例檔案 Ch12-04, 我們要在圖表中加上標題, 請如圖操作:

1 選取圖表

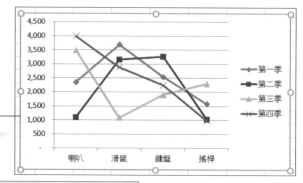

2 切換到**圖表工具/設計**頁次下的**圖表版面配置**區

3 按下**新增圖表項目**鈕的**圖表標題**

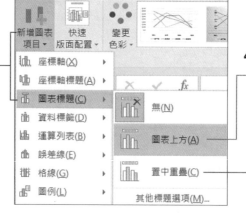

4 選擇此項 (在圖表的上方顯示標題, 並自動調整圖表的大小)

若選擇此項, 也會在圖表的上方顯示標題, 但是不會調整圖表的大小, 標題可能會覆蓋到圖表的內容

出現**圖表標題**後, 請在圖表標題中按一下左鈕, 即可自行修改內容:

修改圖表的標題文字

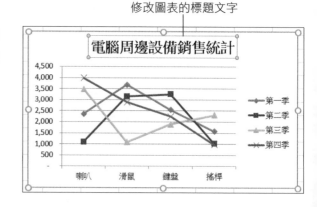

電腦周邊設備銷售統計

加入「座標軸標題」

　　建立好圖表後，會自動產生座標軸，如果想讓人更容易理解座標軸的內容是什麼，你可以適時地幫座標軸加上標題。接續剛才的範例，請在選取圖表後，按下**新增圖表項目**鈕的**座標軸標題**鈕，選擇要顯示水平或是垂直的座標軸標題：

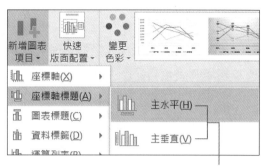

設定水平或垂直座標軸標題

　　我們以加入水平座標軸標題為例，按下上圖的**主水平**項目後，隨即會在座標軸下產生**座標軸標題**，按一下左鈕即可修改內容：

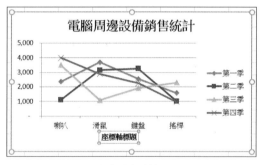

▲ 產生座標軸標題

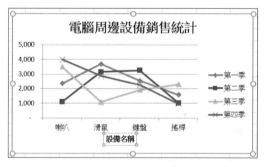

▲ 將水平座標軸標題改成 "設備名稱"

　　更改垂直座標軸標題的方法也是一樣，你可以自行練習。加入垂直座標軸後，如果文字顯示為橫躺的狀態，你可以選取垂直座標軸後，按下**常用**頁次**對齊方式**區的**方向**鈕 選擇**垂直文字**項目，將文字改成直書。

點選此項將垂直座標軸文字改成直書

將垂直座標軸改成 "銷售量"

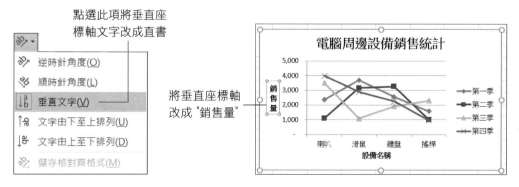

調整「圖例」的位置

　　圖例可說是圖表的參考指南，清楚地指出圖表上的資料數列所代表的意義，若是圖表沒有顯示圖例，或是你想變更圖例的顯示位置，就可以在**圖表版面配置**區中，按下**新增圖表項目鈕**，選擇**圖例**來設定：

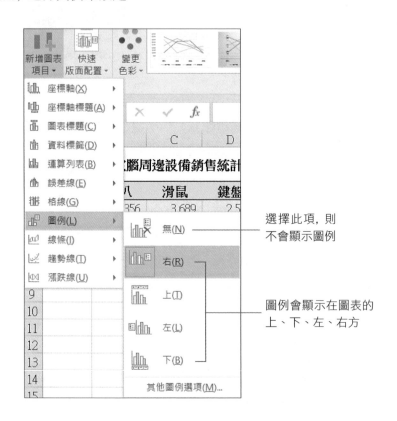

選擇此項，則不會顯示圖例

圖例會顯示在圖表的上、下、左、右方

　　你可以依需求選擇圖例的位置，例如右圖以選擇將圖例放在上方：

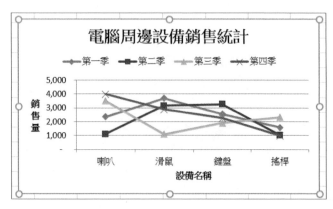

加上「資料標籤」讓圖表更容易理解

資料標籤可以在圖表上顯示來源資料的數值或數列名稱、類別名稱等資訊，讓圖表更容易理解。要顯示**資料標籤**，請在選取圖表後，切換到**設計**頁次按下**新增圖表項目鈕**的**資料標籤**，即可選擇**資料標籤**的顯示位置：

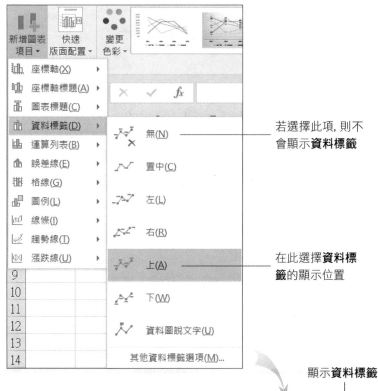

若選擇此項，則不會顯示**資料標籤**

在此選擇**資料標籤**的顯示位置

顯示**資料標籤**

在此我們是以折線圖做示範，如果你按下**資料標籤**鈕看到的命令和上圖不同，那是因為你選用不同的圖表類型，有些圖表類型只能選擇是否顯示**資料標籤**，有些則可進一步選擇**資料標籤**的位置。

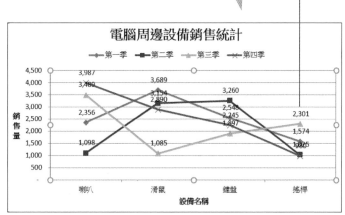

另外，按下**新增圖表項目鈕**的**資料標籤**，選擇『**其他資料標籤選項**』命令，可開啟**資料標籤格式窗格**，進一步選擇**資料標籤**是否要顯示數列及類別名稱：

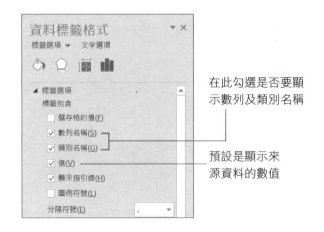

在此勾選是否要顯示數列及類別名稱

預設是顯示來源資料的數值

在圖表中顯示來源數據

如果想一邊觀看圖表，一邊對照原始資料，你可以在圖表中加上運算列表，這樣來源資料就會直接列在圖表底下，方便做對照。

請開啟範例檔案 Ch12-05，選取圖表後，按下**新增圖表項目鈕**的**運算列表**，選擇『**無圖例符號**』命令：

選擇此項，則不會顯示資料表

在圖表下方顯示資料表，同時也會包含圖例符號

在此請選擇此項，我們要在圖表底下顯示資料表

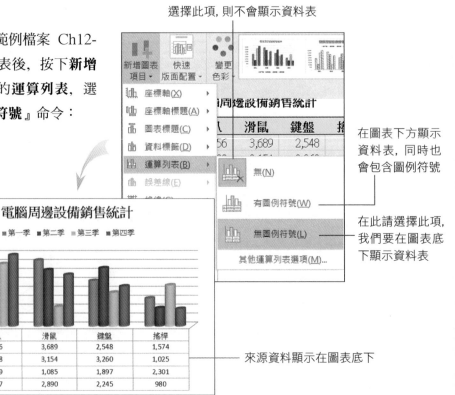

來源資料顯示在圖表底下

調整「座標軸」的位置及顯示單位

建立圖表時，預設會自動產生座標軸，如果你有特別的需要，還可以更改座標軸的位置或顯示單位。接續剛才的範例，請在選取圖表後，按下**新增圖表項目**鈕的**座標軸**，決定是否顯示水平或是垂直座標軸：

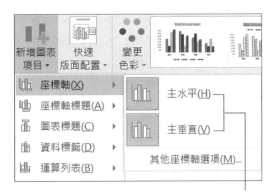

預設會顯示水平及垂直座標軸 (按鈕呈圈選狀態)，若是不想顯示，只要在命令上按一下即可隱藏座標軸

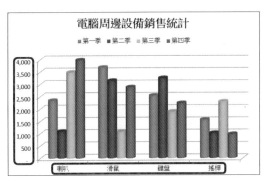

顯示水平及垂直座標軸

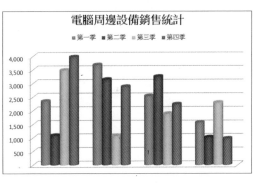

隱藏水平座標軸

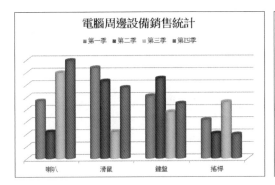

隱藏垂直座標軸

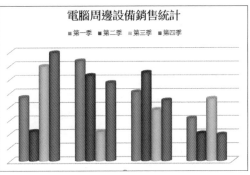

隱藏水平及垂直座標軸

調整垂直座標軸的數值範圍

如果覺得預設的垂直座標軸其數值範圍
太大或太小, 你還可以自己手動設定。
請同樣按下**新增圖表項目**鈕, 執行『**座
標軸/其他座標直軸選項**』命令, 開啟**座
標軸格式**工作窗格來設定:

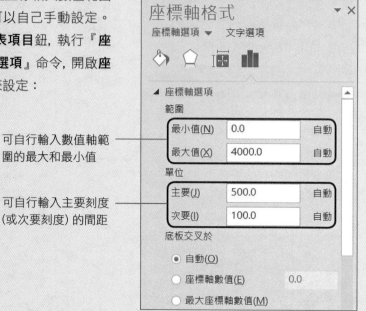

可自行輸入數值軸範
圍的最大和最小值

可自行輸入主要刻度
(或次要刻度) 的間距

例如我們將**最小值**設為 "0"、**最大值**設為 "4800"、**主要**刻度間距設為 "300", 其結果如
下圖:

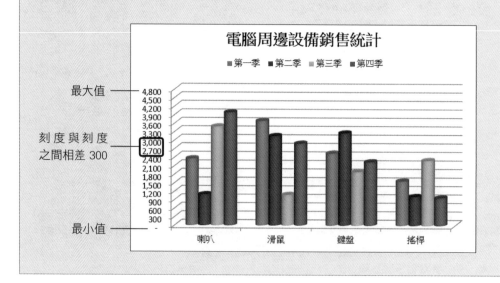

最大值

刻度與刻度
之間相差 300

最小值

加上「格線」

格線是從座標軸延伸到繪圖區的線條，你可以設定水平（或垂直）主座標軸及次座標軸格線的顯示與否。請切換到**圖表工具/設計**頁次，按下**新增圖表項目**鈕的**格線**，來顯示或隱藏水平或垂直座標軸格線。

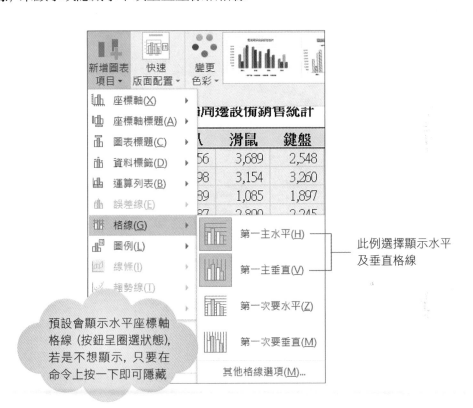

此例選擇顯示水平及垂直格線

預設會顯示水平座標軸格線（按鈕呈圈選狀態），若是不想顯示，只要在命令上按一下即可隱藏

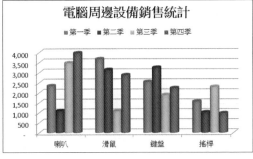

▲ 原圖

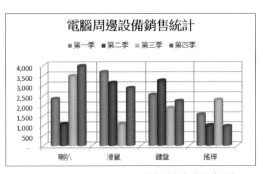

▲ 同時顯示水平及垂直座標軸的主要格線

12-5 變換圖表的背景

除了更改圖表的樣式外,我們還可以在立體圖中更改「圖表牆」與「圖表底板」的背景,再美化一下「繪圖區」,填入漸層色彩或圖樣,讓圖表更漂亮、出色。

替「圖表牆」與「圖表底板」填上背景

圖表牆和圖表底板都是立體圖表特有的,你可以分別為圖表牆或圖表底板填入色彩、漸層、材質或是圖片,讓圖表更美觀。

STEP 01 請開啟範例檔案 Ch12-06,然後選取圖表物件:

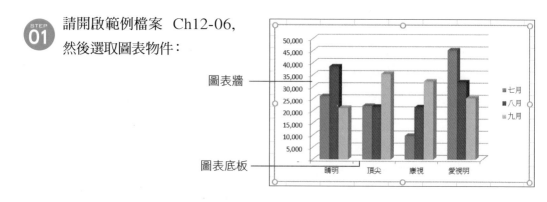

STEP 02 切換到圖表工具/格式頁次,在目前的選取範圍區中,按下圖表項目列示窗,選擇圖表牆:

1 選擇此項

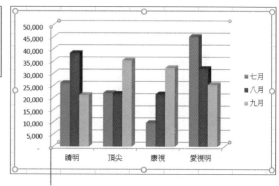

2 此時圖表中的圖表牆部份就會被選取起來

STEP 03

請在選取的圖表牆上按滑鼠右鈕，執行『**圖表牆格式**』命令，即可開啟**圖表牆格式**工作窗格，進行相關設定：

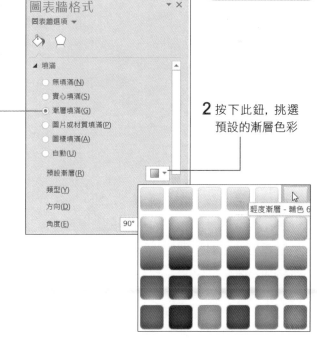

在選取**圖表牆**的狀態下，按滑鼠右鈕，執行此命令

STEP 04

開啟**圖表牆格式**工作窗格後，按一下**填滿**項目，展開其下的設定選項，即可替**圖表牆**填入純色、漸層或是圖片…等。

1 在此選擇**漸層填滿**

2 按下此鈕，挑選預設的漸層色彩

STEP 05

設定完成，請按下**圖表牆格式**工作窗格的**關閉**鈕 ✕。

在**圖表牆**中填入漸層色

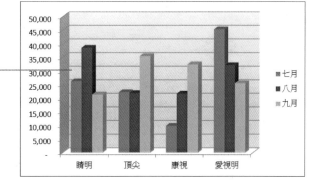

底下為各種填滿方式的說明：

● **無填滿**：若選擇此項, 不會填滿任何色彩或材質。

● **實心填滿**：選擇此項可填入單一色彩, 並可調整透明度。

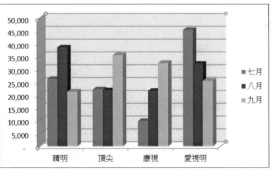

● **漸層填滿**：按下**預設漸層**下拉鈕, 可
套用現成的漸層樣式, 或是在**漸層停
駐點**區, 自訂漸層的停駐點來調配漸
層色。

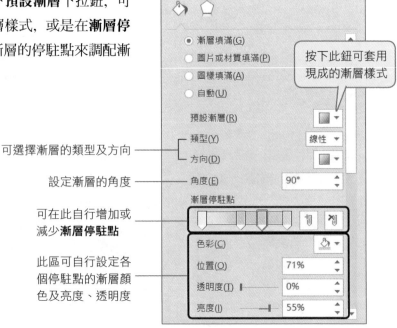

● **圖片或材質填滿**：套用現成的材質或是圖片來當背景，並可設定透明度及檔案的排列方式。

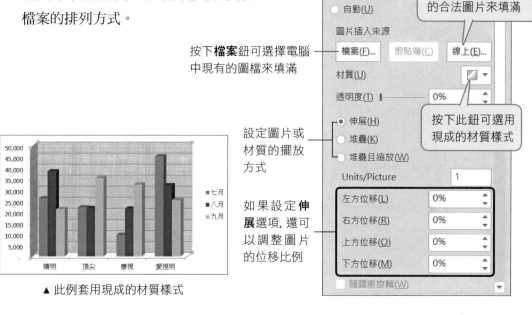

按下**檔案**鈕可選擇電腦中現有的圖檔來填滿

按此鈕可挑選網路上的合法圖片來填滿

按下此鈕可選用現成的材質樣式

設定圖片或材質的擺放方式

如果設定**伸展**選項，還可以調整圖片的位移比例

▲ 此例套用現成的材質樣式

● **圖樣填滿**：套用內建的圖樣來當背景，並可設定圖樣的前景與背景色彩。

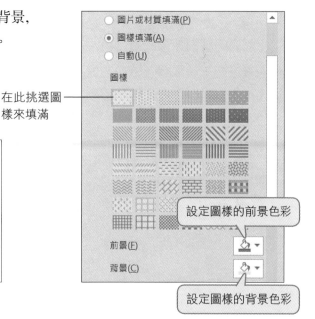

在此挑選圖樣來填滿

設定圖樣的前景色彩

設定圖樣的背景色彩

● **自動**：如果圖表套用了**圖表樣式**中的範本，再選擇此項，會以範本中設定的顏色為主。

圖表底板的填滿方式大同小異，你可以在圖表中點選圖表底板，再按右鈕執行『底板格式』命令，即可開啟底板格式工作窗格進行填色。

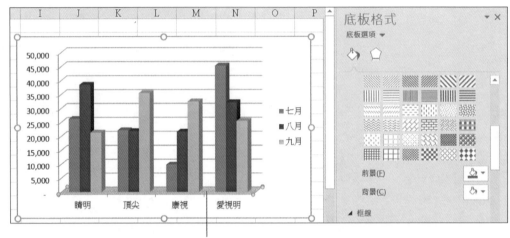

在圖表底板填入色彩

繪圖區的美化

圖表的繪圖區預設為白色，你可以手動替繪圖區填入色彩、漸層或是圖片，讓圖表更美觀。請重新開啟範例檔案 Ch12-06，選取圖表物件後，切換到圖表工具/格式頁次，然後拉下圖表項目列示窗選擇繪圖區：

拉下列示窗選擇繪圖區

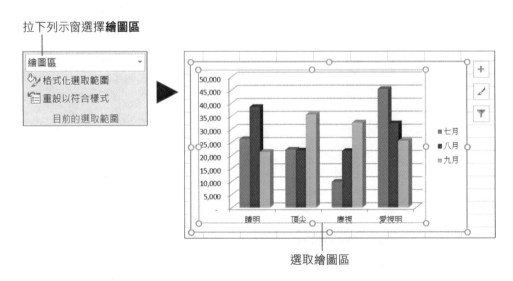

選取繪圖區

選取**繪圖區**後, 請按下**圖案樣式**區的**圖案填滿**鈕, 即可填滿顏色或是材質。

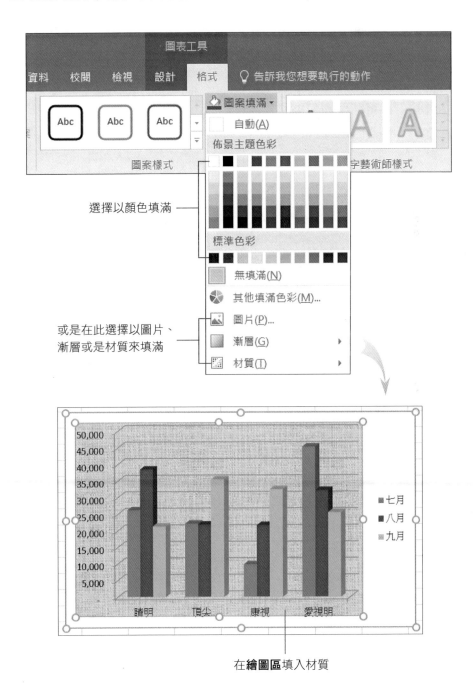

選擇以顏色填滿

或是在此選擇以圖片、
漸層或是材質來填滿

在**繪圖區**填入材質

立體圖表的旋轉

　　立體圖表為三度空間型態的統計圖表，你可以改變其旋轉角度來觀看圖表。請開啟範例檔案 Ch12-07，選取圖表後，請在**圖表區**中雙按，即可開啟**圖表區格式**工作窗格進行設定：

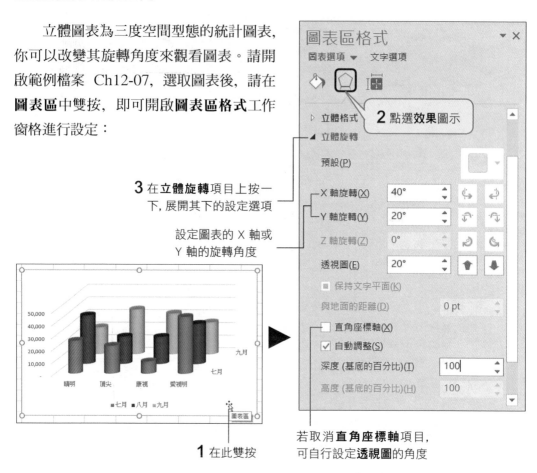

3 在**立體旋轉**項目上按一下，展開其下的設定選項

設定圖表的 X 軸或 Y 軸的旋轉角度

1 在此雙按

若取消**直角座標軸**項目，可自行設定**透視圖**的角度

　　例如我們將範例中的**立體圓柱圖**旋轉如下：

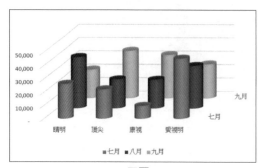

▲ 原圖

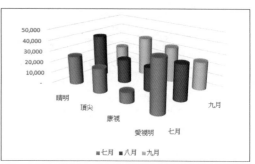

▲ X 軸旋轉：40 度；Y 軸旋轉：20 度；透視圖：20 度

12-6 套用現成的圖案樣式美化圖表

Excel 提供了一個圖案樣式庫, 可讓圖表中的圖案更立體、美觀, 此外, 我們也可以進一步調整圖案樣式的色彩、框線及立體效果, 突顯圖表的效果。

套用「圖案樣式」

請開啟範例檔案 Ch12-08 來練習:

STEP 01 請選取圖表物件, 然後切換到**圖表工具/格式**頁次, 在**目前的選取範圍**區中拉下**圖表項目**列示窗, 選擇**數列 "十月"**:

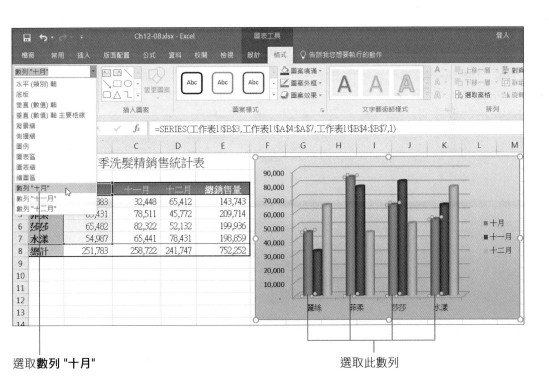

選取**數列 "十月"**　　　　　　　　　　選取此數列

STEP 02 請在**圖案樣式**區中按下**其他鈕** ▾，將圖案樣式展開，以方便選取：

例如選取此樣式

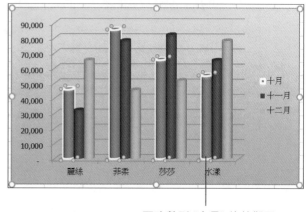

更改**數列 "十月"** 的外觀了

利用同樣的方法，你可以繼續更改其他數列，或是選取圖表中的其他物件來更改。

進一步調整圖案樣式的色彩、框線及立體效果

套用現成的圖案樣式，你可以進一步更改圖案的色彩、框線或是立體效果。請選取剛才套用圖案樣式的**數列 "十月"**，我們要在**圖案樣式**區中進行調整：

可進一步選取圖案的顏色

可調整圖案邊框的粗細

按下此鈕，可替圖案加上陰影、反射、光暈、浮凸、⋯等效果，讓圖案更有立體感

● **圖案填滿**：可由**佈景主題色彩**、**標準色彩**區中選擇單一顏色，若是這些色彩都
沒有你所需要的，可選擇『**其他填滿色彩**』命令，由色盤中自訂顏色；另外，你
也可以填入材質、漸層色彩或是圖片。

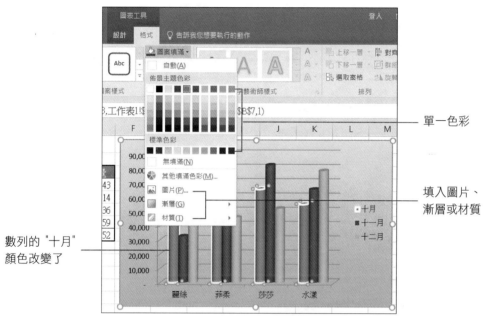

單一色彩

填入圖片、
漸層或材質

數列的 "十月"
顏色改變了

● **圖案外框**：可調整圖案外框的顏色、
粗細及樣式等。

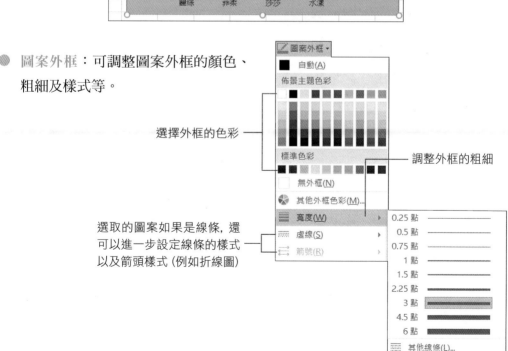

選擇外框的色彩

調整外框的粗細

選取的圖案如果是線條，還
可以進一步設定線條的樣式
以及箭頭樣式 (例如折線圖)

● **圖案效果**：可設定圖案的陰影、反射、光暈、柔邊、立體旋轉、…等效果。

如果選取圖案後, 功能選單無法使用,
表示此功能無法套用在選取的圖案上

可設定圖案的陰
影方向及樣式

讓圖案的邊緣產生
光暈或是柔邊效果

讓圖案像按鈕一
樣產生凸起或凹
下的立體感

如果圖表為立體圖表, 可按下此
鈕調整圖表的傾斜或是透視角度

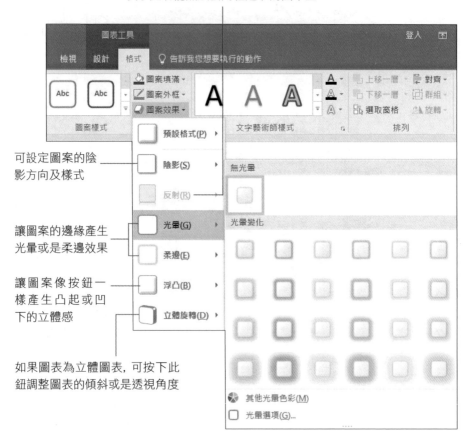

你可以選用不同的**圖
表項目**來試試看, 例如選取
圖表區, 再套用**光暈**及**浮凸**
效果, 如右圖所示。

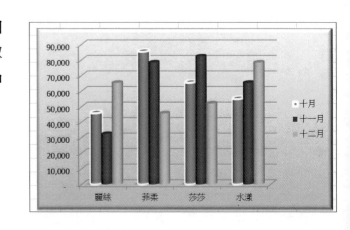

CHAPTER

13

快速列印工作表、
圖表與列印設定

工作表和圖表除了秀在螢幕上, 還可以印製成
精美的報表。本章要介紹 Excel 的列印選項設
定, 幫助您印出想要的範圍、加入有用的版面
資訊, 並設定好四周美觀的留白邊界。

- 快速列印工作表

- 在頁首、頁尾加入報表資訊

- 調整頁面四周留白的邊界

- 設定列印方向與縮放列印比例

- 列印工作表格線與欄列標題

- 單獨列印圖表物件

13-1 快速列印工作表

列印工作表的程序很簡單, 首先請您將印表機的電源打開, 然後開啟欲列印的活頁簿檔案, 再如下進行快速列印。稍後將在各節為您說明列印的選項設定, 以及頁首、頁尾設定等版面相關調整技巧。

列印檔案

我們想要列印 Ch13-01 的**調查結果**工作表, 請開啟檔案後如下操作：

STEP 01 切換到**檔案**頁次再按下視窗左側的**列印**項目：

選取要進行列印的印表機　　　設定列印份數

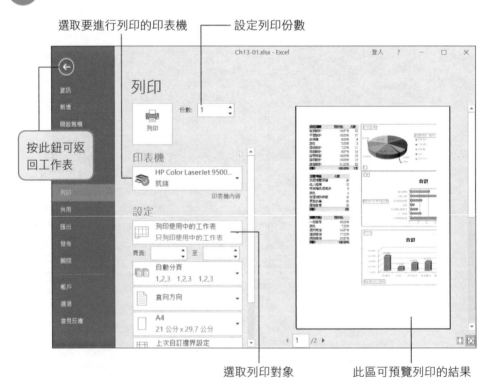

按此鈕可返回工作表

選取列印對象　　　此區可預覽列印的結果

STEP 02 按下中央窗格的**列印**鈕, 即可將目前使用的工作表列印出來。

如果想要立即將工作表列印出來, 以上的操作就能幫助您完成。若還需要選擇不同的印表機、設定列印範圍, 或設定列印份數, 請看以下的說明。

指定要列印的印表機

在公司或學校的環境下，或是安裝了不只一部印表機時，**印表機**項目就會列出所有可用的印表機名稱，請檢查是否為您要使用的印表機，如果不是，請拉下名稱列示窗重新選擇：

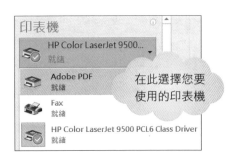

在此選擇您要使用的印表機

Microsoft XPS Document Writer

當您選擇印表機時，會看到其中有 1 個 **Microsoft XPS Document Writer** 項目，它並不是一台真正的印表機，而是在安裝 Office 2016 時自動建立的虛擬印表機。如果選取此項進行列印，就會開啟**另存檔案為**交談窗，讓我們將這份文件儲存成 *.XPS 的檔案。

*.XPS 的檔案格式會把文件轉換成 .html 文件，而整個頁面看起來就跟原來的文件一樣。如果要將資料提供給別人參考，卻不想讓別人輕易修改內容，那麼就可以儲存成 *.XPS 格式，再將檔案傳送給別人，收到檔案的人，只要用 IE 瀏覽器開啟即可看到內容。

指定列印對象

如果不是要列印整張工作表，或是資料內容很多，但只需要列印其中幾頁，都可以在**設定**區指定列印對象：

- 列印使用中的工作表：列印目前在活頁簿視窗中選取的工作表。
- 列印整本活頁簿：列印活頁簿中的所有工作表。
- 列印選取範圍：列印工作表中選取的範圍。必須先在工作表上選取欲列印的儲存格範圍，才能選擇此項。

設定列印的頁次

如果工作表共有 10 頁，但此次不需要列印全部的頁面，那麼我們可以指定要從第幾頁印到第幾頁：

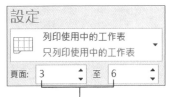

只列印其中的某幾頁，例如設定為從 3 到 6，表示只列印出 3、4、5、6 頁

指定列印份數

當資料要分送給許多部門或人員查閱，可在**列印**鈕旁的**份數**欄設定欲列印的份數，一併列印出來。

列印多份且不只一頁內容的工作表時，可由**頁面**下方設定是否啟用**自動分頁**功能，啟用後在列印時會先印完第一份再印下一份 (否則會將每一份的第一頁全部印出，然後再印下一頁，依此類推)。

預覽列印結果

都設定好之後，請在預覽區檢查列印的結果，若發現任何不理想的地方，都可立即修改，以節省紙張及列印時間。

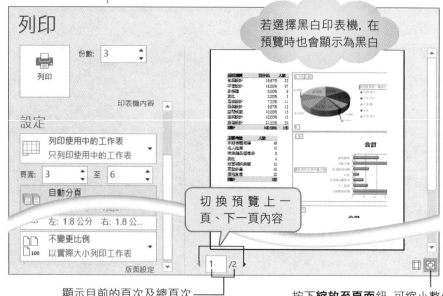

若選擇黑白印表機，在預覽時也會顯示為黑白

切換預覽上一頁、下一頁內容

顯示目前的頁次及總頁次

按下**縮放至頁面**鈕，可縮小整份工作表至整頁大小，以便預覽列印結果

 若列印資料只有一頁，◀ 與 ▶ 鈕將無法使用。

設定區中還有許多與版面相關的設定，我們將在 13-3~13-6 節中陸續說明。

在頁首、頁尾加入報表資訊

報表除了要有資料內容外，我們還可以在報表的頁首、頁尾加上各式資訊，例如：日期、報表名稱或頁碼，讓我們在參考報表時能清楚知道報表的時效性與來源出處等訊息。

插入內建的頁首及頁尾樣式

請切換到**插入**頁次，再按下**文字**區的**頁首及頁尾**鈕來設定頁首及頁尾的標題內容：

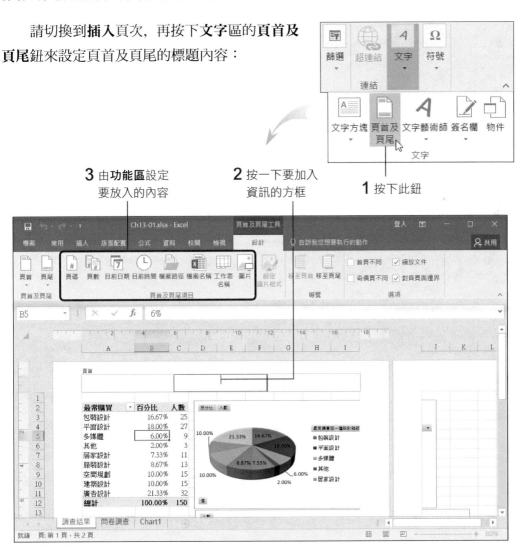

3 由**功能區**設定要放入的內容

2 按一下要加入資訊的方框

1 按下此鈕

我們還可以按下**頁首及頁尾**區**頁首**（或**頁尾**）鈕的向下箭頭，在列示窗選取頁首、頁尾樣式。

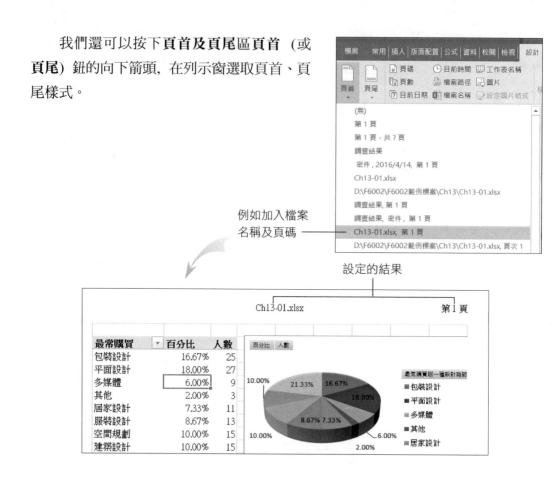

例如加入檔案
名稱及頁碼

設定的結果

自訂頁首、頁尾內容

如果在**頁首**或**頁尾**列示窗中找不到合適的樣式，您也可以利用**頁首及頁尾項目**區上的按鈕，自己動手設計：

中欄

左欄

右欄

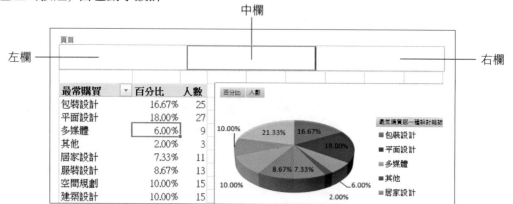

　　圖中 3 個空白欄分別代表頁首左、中、右 3 個位置, 因此我們不僅可以設定標題的內容, 還可以控制標題顯示的位置。

　　在此我們要設計的頁首如下:

市場調查統計結果	Ch13-01.xlsx 2016/4/14	1/2
↓	↓	↓
自行輸入頁首內容	活頁簿檔案的名稱及列印日期	目前頁碼及總頁數

STEP 01 在左欄中輸入 "市場調查統計結果", 接著在欄中選取這 8 個字, 就會自動出現**迷你工具列**來讓您做文字的格式化。

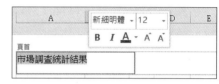

STEP 02 按一下中欄, 再按下**檔案名稱**鈕加入檔名, 然後按一下 空白鍵 鍵, 再按下**目前日期**鈕加入日期。

頁首		
市場調查統計結果	&[檔案] &[日期]	
最常購買 ▼ **百分比** **人數**	百分比 人數	
包裝設計　　　　16.67%　　25		

STEP 03 按一下右欄, 再按一下**頁碼**, 按一下 / , 再按**頁數**鈕加入工作表的頁碼及總頁數。

頁首		
市場調查統計結果	Ch13-01.xlsx 2016/4/14	&[頁碼]/&[總頁數]
最常購買 ▼ **百分比** **人數**	百分比 人數	
包裝設計　　　　16.67%　　25		

STEP 04 設定完成之後, 請在頁首區以外的範圍按一下, 即可看到設定結果:

▲ 設計完成的頁首

自訂頁尾的方法和自訂頁首完全一樣, 請您自己動手做做看囉!

13-3 調整頁面四周留白的邊界

為求報表的美觀, 或因應裝訂的需求, 我們通常不會將一張紙列印得滿滿的, 而會在紙的四周留一些空白, 這些空白的區域就稱為「邊界」。調整邊界即在控制四周空白的大小, 也就是控制資料在紙上列印的範圍。

要設定工作表在頁面上的邊界, 請切換至**版面配置**頁次按下**版面設定**區的**邊界**鈕進行設定:

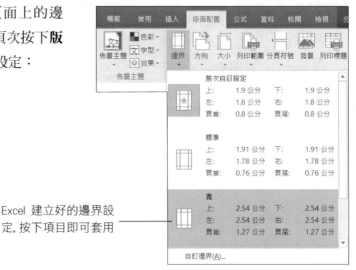

Excel 建立好的邊界設定, 按下項目即可套用

如果工作表的內容不多, 您可能會希望印在文件的水平或垂直中央, 這時請按下上圖選單最下方的『**自訂邊界**』命令, 開啟**版面設定**交談窗來設定**邊界**:

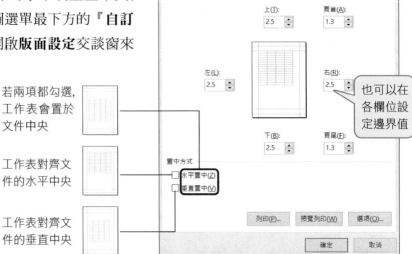

若兩項都勾選, 工作表會置於文件中央

工作表對齊文件的水平中央

工作表對齊文件的垂直中央

也可以在各欄位設定邊界值

不過，此處的調整只能看到大概的模樣，若想要預覽工作表的邊界或拉曳調整邊界，那麼建議您按下交談窗的**預覽列印**鈕 (或切換到**檔案**頁次，並按下左側的**列印**項目)，由預覽區檢視或調整邊界會比較容易：

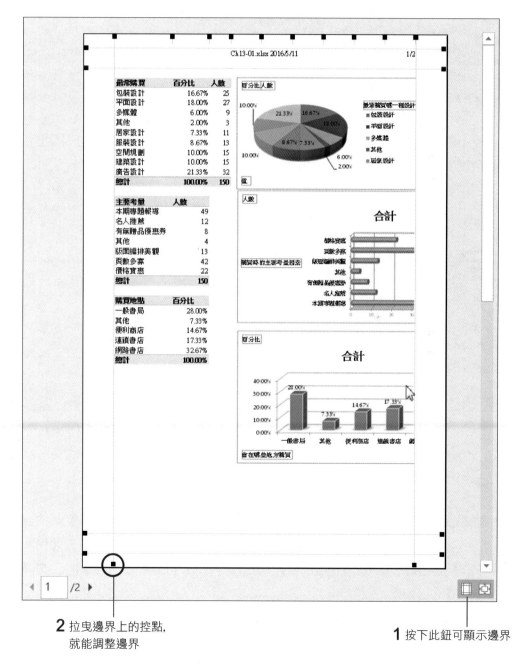

2 拉曳邊界上的控點，就能調整邊界

1 按下此鈕可顯示邊界

13-4 設定列印方向與縮放列印比例

當工作表的欄位比較多, 資料筆數較少時, 我們可以選擇橫式列印; 如果欄位較少, 資料筆數較多時, 那麼採直式列印會比較合適。這一節就來學習變更文件方向及縮放列印比例的技巧。

變更列印方向

按下**版面配置**頁次下**版面設定**區中的**方向**鈕即可選擇要列印的方向, 若是在列印前預覽了結果才想要變更方向, 則可以在**列印**頁次中變更:

選取**直向**

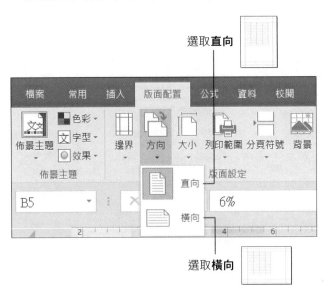

選取**橫向**

在**檔案/列印**頁次變更方向

放大或縮小列印比例

如果覺得文字、圖表太小, 可放大列印比例; 反之, 也可以依需要將內容縮小列印。調整時請於**版面配置**頁次的**配合調整大小**區進行設定, 當**縮放比例**大於 100% 表示要放大列印資料, 最高可達 400%; 小於 100% 表示要縮小, 最多可縮小到 10%。

以範例檔案的**調查結果**工作表來說, 剛才在預覽區已看到圖表有一部份會被印到第 2 頁去, 此時可縮小列印比例至 80%, 就剛好可以容納在一頁內了。

按此鈕可切換至**整頁模式**瀏覽

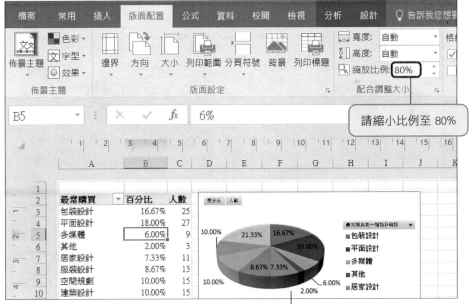

圖表就能完整列印在第 1 頁了

另一種情況是工作表列印的結果，會有 2 頁半之多，為閱讀方便，我們就可以將**配合調整大小**區的**高度**欄設定為 **2 頁**，表示要將內容縮小至 2 頁的高度，**寬度**欄的作用亦同。以範例檔案來說，可將**寬度**設定為 **1 頁**，表示將內容縮小列印於一頁，就能達到如上的操作結果。

不過，這裡要特別提醒您，縮小列印不僅要顧及美觀、節省紙張，更要考量印出來是否看的清楚、舒適，可別縮小到字都看不見囉！

在列印前迅速調整版面設定

很多時候我們都是在預覽列印時，才會發現版面需要調整，這時可以在**檔案/列印**頁次中設定列印比例：

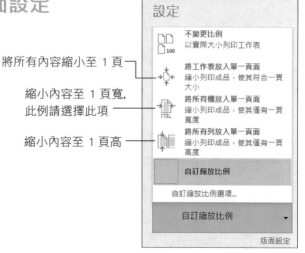

將所有內容縮小至 1 頁

縮小內容至 1 頁寬，
此例請選擇此項

縮小內容至 1 頁高

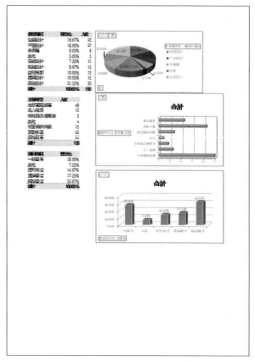

▲ 不變更比例時，圖表會列印到下一頁

▲ 設定為**將所有欄放入單一頁面**，圖表就完整顯示了

13-5 列印工作表格線與欄列標題

列印工作表時，我們可設定是否要印出欄、列編號或格線等工作表元件，以方便瀏覽工作表上密密麻麻的數字。設定時請切換到「版面配置」頁次，在「工作表選項」區進行設定。

列印工作表格線

同樣以範例檔案 Ch13-01 的**調查結果**工作表為例，假設我們想在列印時一併印出工作表的格線，可如下進行設定。

STEP 01 開啟檔案後，請切換到**版面配置**頁次，勾選**工作表選項**區對應到**格線**下方的**列印**選項：

控制螢幕上是否顯示格線

由此設定是否要列印格線

STEP 02 切換到**檔案/列印**頁次，即可在預覽區看到列印格線的結果。

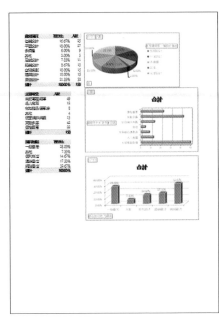

▲ 未列印格線　　　　　　　　　　▲ 列印格線

13-13

隱藏或顯示螢幕上的格線與變更格線色彩

若想控制螢幕上格線的顯示與否, 除了由**格線**下方的**檢視**選項來設定外, 也可以切換到**檢視**頁次, 在**顯示**區勾選或取消**格線**項目來控制。

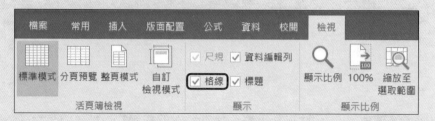

如果不喜歡目前設定的格線顏色, 還可以切換到**檔案**頁次的**選項**, 開啟交談窗後, 切換至**進階**頁次, 在**此工作表的顯示選項**區中變更格線色彩:

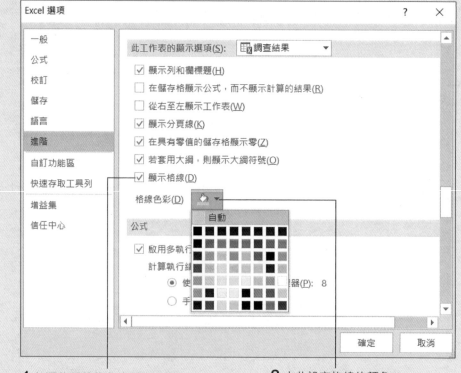

1 勾選此項螢幕上才會顯示格線　　　　　**2** 由此設定格線的顏色

 如果隱藏了螢幕上工作表的格線, 但仍設定要列印格線, 那麼即使螢幕上看不到格線, 在列印時還是會印出來。

列印工作表的欄、列標題

　　假設列印工作表之後，還需要對內容進行說明，那麼列印出欄、列標題（即 A、B、C, 1、2、3...），不但有助於解說儲存格位址，聽的人也更容易理解。要設定列印標題時，同樣是在**版面配置**頁次，由**工作表選項**區進行設定，請勾選**標題**下方的**列印**選項：

1 勾選此項

2 切換到**檔案/列印**頁次

3 預覽列印欄、列標題的效果

13-6 單獨列印圖表物件

前面幾節介紹的都是將圖表物件與來源工作表一起列印,但有時候只需要列印圖表,不需要複雜的工作表數字;或是已經將數字標示在圖表上了,也不需要顯示工作表的數字,此時我們可以單獨將圖表列印出來。

我們想單獨列印出 Ch13-01 **調查結果**工作表中的第 1 張圖表,可如下操作:

STEP 01 請先選取欲列印的圖表物件:

選取圖表後會在其四周顯示邊框

STEP 02 切換至**檔案/列印**頁次,再按下**列印**鈕就可將圖表物件單獨印出來了。

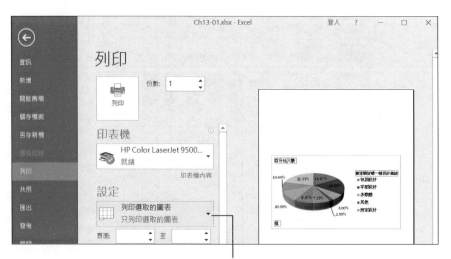

這裡會自動顯示**列印選取的圖表**

CHAPTER

14

列印的進階設定

本章將繼續為您說明列印工作表的相關設定及操作，包括如何進行分頁的動作，設定跨頁的欄、列標題，以及如何列印部份資料，保存您所設定的檢視狀態等。

- 分頁與分頁預覽模式
- 設定跨頁的欄、列標題
- 指定列印範圍
- 為同一份工作表建立不同的檢視模式

14-1 分頁與分頁預覽模式

Excel 會自動為列印資料進行分頁, 這一節我們先帶您檢視資料的分頁狀況, 假如覺得自動分頁的結果不理想, 稍後可手動進行調整, 以符合實際需求。

在「分頁預覽」模式檢視分頁結果

請您開啟範例檔案 Ch14-01, 並確認已切換到**工作表 1**, 目前所在的環境稱為**標準模式**, 也就是我們最常編輯工作表內容的操作環境：

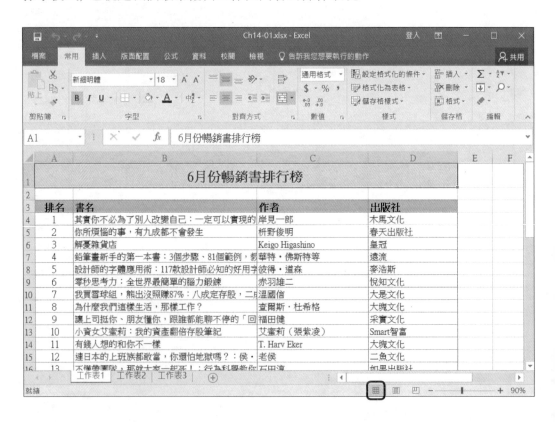

請先切換到**檢視**頁次, 在**活頁簿檢視**區中按下**分頁預覽**鈕, 在此模式下我們可以用拉曳滑鼠的方式調整分頁情形：

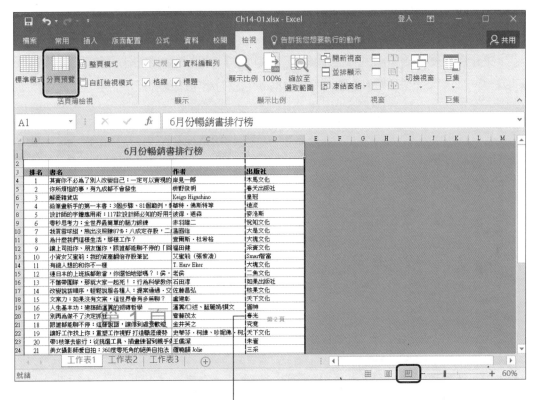

工作表上顯示藍色的**自動分頁線**
了, 可看到目前有 2 頁的資料內容

 按下視窗右下角的 凹 鈕, 亦可切換到**分頁預覽**模式。

　　分頁預覽模式只會顯示有資料的部份, 藉由藍色的**自動分頁線**, 我們可以明顯看出哪些資料在第 1 頁, 哪些資料在第 2 頁。

　　檢視完後, 若沒有要修改分頁, 可按下**檢視**頁次**活頁簿檢視**區的**標準模式**鈕, 或視窗右下角的**標準模式**鈕 田 切換回**標準模式**。

調整自動分頁線

　　從**分頁預覽**模式我們可以看出，第 2 頁只有一欄資料，若按照目前的分頁情況列印，第 2 頁顯然很浪費紙張，同時表格的完整性也被破壞掉了。這時我們可以運用上一章介紹的方法，縮小資料的列印比例，將資料印在 1 頁中。而在**分頁預覽**模式下，還有更便捷的方法。請直接拉曳分頁線來調整分頁的位置，同時資料將會自動縮小列印比例：

向右拉曳自動分頁線到 D 欄的右框線上

2 頁變成 1 頁了

　　當您調整過自動分頁線之後，原本的藍色虛線會改以藍色實線顯示，表示現在這條分頁線已變成**人工分頁線**。當您調整分頁線，使 1 頁的資料量加大，則 Excel 會自動縮小列印比例，讓資料印在 1 頁中；但若調整分頁線後，是使 1 頁的資料量減少，則不會放大列印比例，只是改變分頁的位置而已。

手動為文件分頁

　　若想將某部份的資料另起一個新頁列印時，則可自行設定人工分頁線。請在選取儲存格後切換到 **版面配置**頁次，在**版面設定**區中按下**分頁符號**鈕，執行『**插入分頁**』命令來插入分頁線。以下再針對選取的儲存格位置，及插入的分頁結果做說明，請開啟範例檔案 Ch14-02 來練習：

● 水平分頁：選取緊鄰列編號的儲存格做為分頁點，Excel 會從選取的儲存格上
　方畫出水平分頁線：

　　　　　　　　　水平分頁線　　　　目前以**分頁預覽**模式來示範

● 垂直分頁：選取緊鄰欄編號的儲存格做為分頁點，Excel 會從選取儲存格的左
　方畫出垂直分頁線：

　　　　　　　　　　　　垂直分頁線

● **交叉分頁**：選取不與欄、列編號相鄰的儲存格做為分頁點，Excel 會從選取的儲存格上方畫出水平分頁線，從左方畫出垂直分頁線：

交叉分頁

在**分頁預覽**模式下，亦可選取一個儲存格，再按下滑鼠右鈕執行『**插入分頁**』命令來分頁。

無論在**標準模式**或**分頁預覽**模式，設定人工分頁線的方法皆相同。

取消手動分頁線

請開啟範例檔案 Ch14-03，並切換到**工作表 1**，此工作表已經分成 3 頁，分別將排名 1~13 名、14~26 名、27~38 名的資料各分成一頁，若想取消手動分頁線，請如下操作：

● **取消水平或垂直分頁線**：若想單獨刪除水平或垂直分頁線，只要選取水平分頁線下方，或垂直分頁線右邊相鄰的任一儲存格，然後切換至**版面配置**頁次，按下**版面設定**區的**分頁符號**鈕，並在其下拉式選單中選取『**移除分頁**』命令。

	A	B	C	D
11	8	為什麼我們這樣生活，那樣工作？	查爾斯·杜希格	大塊文化
12	9	讓上司挺你、朋友懂你，跟誰都能聊不停的「回	福田健	采實文化
13	10	小資女艾蜜莉：我的資產翻倍存股筆記	艾蜜莉（張紫凌）	Smart智富
14	11	有錢人想的和你不一樣	T. Harv Eker	大塊文化
15	12	連日本的上班族都敢嗆，你還怕地獄嗎？：侯·	老侯	二魚文化
16	13	不懂帶團隊，那就大家一起死！：行為科學教你	石田淳	如果出版社
17	14	改變說話順序，輕鬆說服各種人：提案通過·交	佐藤昌弘	核果文化
18	15	文案力：如果沒有文案，這世界會有多無聊？	盧建彰	天下文化
19	16	人生基本功：建築師潘冀的砌磚哲學	潘冀/口述、藍麗娟/撰文	圓神
20	17	別再為做不了決定抓狂	齋藤茂太	春光
21	18	跟誰都能聊不停：這樣說話，讓你到處受歡迎	金井英之	究竟

選取第 17 列上的任一儲存格皆可

選取 C 欄上的任一儲存格皆可

	A	B	C	D
11	8	為什麼我們這樣生活，那樣工作？	查爾斯·杜希格	大塊文化
12	9	讓上司挺你、朋友懂你，跟誰都能聊不停的「回	福田健	采實文化
13	10	小資女艾蜜莉：我的資產翻倍存股筆記	艾蜜莉（張紫凌）	Smart智富
14	11	有錢人想的和你不一樣	T. Harv Eker	大塊文化
15	12	連日本的上班族都敢嗆，你還怕地獄嗎？：侯·	老侯	二魚文化
16	13	不懂帶團隊，那就大家一起死！：行為科學教你	石田淳	如果出版社
17	14	改變說話順序，輕鬆說服各種人：提案通過·交	佐藤昌弘	核果文化
18	15	文案力：如果沒有文案，這世界會有多無聊？	盧建彰	天下文化

第 3 頁

● **同時取消水平與垂直的交叉分頁線**：若水平分頁線與垂直分頁線相交，則必須選取兩線相交的右下方相鄰儲存格，同樣按下**版面設定**區的**分頁符號**鈕執行『**移除分頁**』命令，就能一併取消水平與垂直分頁線。

選取此一儲存格才能同時移除兩分頁線

	A	B	C	D
27	24	Quotation·引號：柏林創意最前線·日本海外創	Quotation編輯	大家出版社
28	25	感動70億人心，才是好設計：好品牌的吸引力法	馬克·高貝	原點
29	26	會拿筆就會畫：55個保證學會的素描訣竅	伯特·道森	木馬文化
30	27	荒木經惟·走在東京	荒木經惟	麥田
31	28	DSLR懂這些就夠了：寫給大家的數位單眼攝影10	岡(山鳥)和幸	漫遊者文化
32	29	我的家 我自己裝潢	漂亮家居編輯部	麥浩斯
33	30	工作！工作！：影響我們生命的重要風景	艾倫·狄波頓	先覺
34	31	與絕望奮鬥：本村洋的3300個日子	門田隆將	新雨
35	32	你一定愛讀的極簡歐洲史：為什麼歐洲對現代文	約翰·赫斯特	天下文化
36	33	非實用野鳥圖鑑：600種鳥類變身搞笑全紀錄	富士鷹茄子	遠流

第 4 頁

● **一次取消所有的手動分頁線**：如果要將工作表上的手動分頁線都取消，請切換至**版面配置**頁次，按下**版面設定**區的**分頁符號**鈕執行『**重設所有分頁線**』命令。

14-2 設定跨頁的欄、列標題

在列印大型報表時, 常遇到只有第 1 頁會出現工作表的欄、列標題, 而接下去的頁數就都看不到欄、列標題的情況, 這時只要設定讓欄、列標題跨頁顯示, 就能解決這個問題。

請切換到範例檔案 Ch14-03 的**工作表 2**, 再切換到**分頁預覽**模式, 我們已事先將這份工作表的資料分成 3 頁了:

	A	B	C	D	E	F	G	H
1		圖書銷售量統計						
2								
3	編號	書名	誠品總銷售量	博客來銷售量				
4	A01	其實你不必為了別人改變自己:一定	982,354	850,000				
5	A02	你所煩惱的事·有九成都不會發生	877,721	750,000				
6	A03	親愛雜貨店	687,200	884,675				
7	A04	給攝影新手的第一本書:3個步驟、8	527,110	450,032				
8	A05	設計師的字體應用術:117款設計師必	529,123	387,941				
9	A06	零秒思考力:全世界最簡單的腦力鍛	337,899	427,841				
10	A07	我買著球組·熟出沒照樣87%:八成	461,758	308,547				
11	A08	為什麼我們這樣生活·那樣工作?	632,184	105,488				
12	A09	操上司挺你、朋友服你、跟誰都能聊	187,940	475,211				
13	A10	小資女文青新:我的資產翻倍儲存股	10,000	554,782				
14	B01	有錢人想的和你不一樣	15,052	506,874				
15	B02	連日本的上班族都敢當, 你還怕地	437,652	37,895				
16	B03	不懂帶團隊, 那就大家一起死!	441,190	30,147				
17	B04	改變說話順序, 輕鬆說服各種人	300,080	124,578				
18	B05	文案力:如果沒有文案, 這世界會	358,472	60,785				
19	B06	人生基本功:建築師潘冀的砌磚哲	342,855	57,845				
20	B07	別再為做不了決定抓狂	98,888	300,080				
21	B08	跟誰都能聊不停:這樣說話·讓你	90,000	245,000				
22	B09	讓好工作找上你:重塑工作視野	78,099	104,011				
23	B10	帶1枝筆去旅行:從挑選工具、插	80,257	100,087				
24	B11	美女攝影師愛自拍:360度零死角	35,978	96,687				
25	B12	小房子:全球37個最具創意的小型	34,424	87,458				
26	B13	梵木經惟的天才寫真術	5,087	77,777				
27	B14	Quotation·引號:柏林創意最前線	8,900	59,994				
28	C01	感動70億人心, 才是好設計:好品	59,782	350				
29	C02	會拿筆就會畫:55個保證學會的素	50,000	7,000				
30	C03	梵木經惟·走在東京	48,750	780				
31	C04	DSLR懂這些就夠了:寫給大家的	9,999	35,428				
32	C05	我的家 我自己裝潢	43,125	978				
33	C06	工作!工作!:影響我們生命的事	8,811	7,945				
34	C07	與絕望奮鬥:本村洋的3300個日子	8,620	4,987				
35	C08	你一定愛讀的極簡歐洲史:為什麼	9,266	4,090				
36	C09	非實用野鳥圖鑑:600種鳥類變身	10,001	2,854				
37	C10	聽見蕭邦	7,800	3,636				
38	C11	喚醒內在的天賦:享譽全美的直覺	6,800	4,523				
39	C12	世界, 為什麼是現在這樣子?:舞	2,100	4,800				
40	C13	馬奎斯的一生	4,800	1,200				
41	C14	李家同談教育:希望有人聽我的話	2,500	480				
42								
43								

第 1 頁
第 2 頁
第 3 頁

工作表1　工作表2　工作表3　　就緒

　　除了第 1 頁會顯示欄標題外，其他兩頁就不曉得一堆數字的涵義為何，所以接下來我們要讓第 1 頁的標題出現在報表的每一頁。

　　設定「列標題」與「欄標題」的方法相同，在此我們以設定「列標題」來示範，說明如何將 Ch14-03 **工作表 2** 的 1～3 列設定為每一頁的列標題。

STEP 01 請切換到**版面配置**頁次，按下**版面設定**區的**列印標題**鈕：

STEP 02 接著會開啟**版面設定**交談窗的**工作表**頁次，請在**標題列**輸入列標題範圍，也就是 "A1:D3"，然後按**確定**鈕：

輸入 "A1:D3" 儲存格範圍做為列標題

也可按下**折疊**鈕，直接從工作表上選取第 1 列到第 3 列 ($1:$3)

 設定標題範圍時，選取的儲存格範圍必須是相鄰的。

STEP 03 請切換到**檔案**頁次再按下視窗左側的**列印**項目，就可以在**預覽區**中看到每一頁都加上「列標題」了：

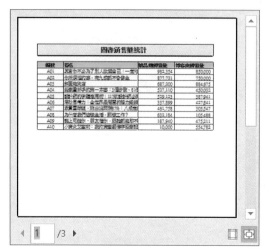
▲ 第 1 頁

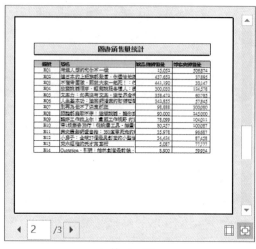
▲ 第 2 頁

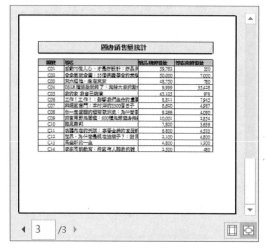
◀ 第 3 頁

　　設定「列標題」與「欄標題」時，若選擇了第 1 頁的標題，則設定的標題會在第 1 頁之後的頁數出現，而第 1 頁所出現的標題是原本就有的；但若選擇第 2 頁的標題，則設定的標題會出現在第 2 頁及以後的頁數，第 1 頁則不會有標題。

　　若要清除設定，請再次按下**列印標題鈕**，開啟**版面設定/工作表**交談窗，清除**標題列**或**標題欄**的設定內容即可。

14-10

14-3 指定列印範圍

除了將工作表整份印出來，我們還可以設定只列印工作表中的某部份資料，或不連續的資料範圍。當資料筆數眾多，或需要保密部份資料時，這些列印技巧就能派上用場囉！

同樣以範例檔案 Ch14-03 的**工作表 2** 來進行練習。請先選取要列印的範圍，例如 A3：C10，切換到**檔案**頁次再按下**列印**項目，將列印內容設定為**列印選取範圍**，就只會列印出剛才選取的部份了：

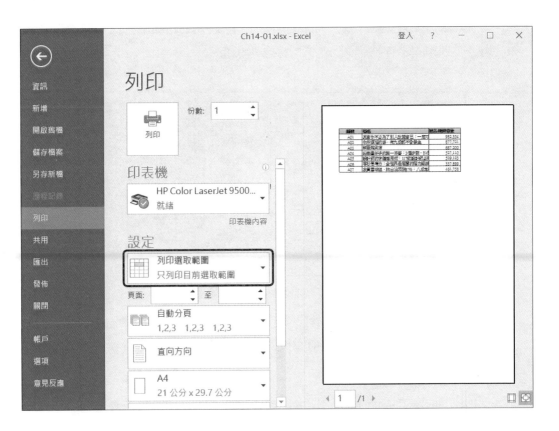

如果想將這個列印範圍儲存起來，以便日後列印時不用重新選取，則可以如下操作：

01 請先選取要列印的儲存格範圍，例如 A3：C10。

	A	B	C	D	E
1		圖書銷售量統計			
2					
3	編號	書名	誠品總銷售量	博客來銷售量	
4	A01	其實你不必為了別人改變自己：一定	982,354	850,000	
5	A02	你所煩惱的事，有九成都不會發生	877,721	750,000	
6	A03	解憂雜貨店	687,200	884,675	
7	A04	鉛筆畫新手的第一本書：3個步驟、8	527,110	450,032	
8	A05	設計師的字體應用術：117款設計師必	529,123	387,941	
9	A06	零秒思考力：全世界最簡單的腦力鍛	337,899	427,841	
10	A07	我買雪球組，能出沒照賺87%：八成z	461,758	303,547	
11	A08	為什麼我們這樣生活，那樣工作？	632,184	105,488	
12	A09	讓上司挺你、朋友懂你，跟誰都能聊	187,940	475,211	

工作表1　工作表2　工作表3

02 切換到**版面配置**頁次，按下**列印範圍**鈕執行『**設定列印範圍**』命令，工作表中被指定要列印的儲存格範圍，就會用線框選起來。

	A	B	C	D	E
1		圖書銷售量統計			
2					
3	編號	書名	誠品總銷售量	博客來銷售量	
4	A01	其實你不必為了別人改變自己：一定	982,354	850,000	
5	A02	你所煩惱的事，有九成都不會發生	877,721	750,000	
6	A03	解憂雜貨手	687,200	884,675	
7	A04	鉛筆畫新手的第一本書：3個步驟、8	527,110	450,032	
8	A05	設計師的字體應用術：117款設計師必	529,123	387,941	
9	A06	零秒思考力：全世界最簡單的腦力鍛	337,899	427,841	
10	A07	我買雪球組，能出沒照賺87%：八成z	461,758	303,547	
11	A08	為什麼我們這樣生活，那樣工作？	632,184	105,488	
12	A09	讓上司挺你、朋友懂你，跟誰都能聊	187,940	475,211	

工作表1　工作表2　工作表3

就緒

A3：C10 會
被框選起來

▲ 為方便查看，在此切換到**分頁預覽**模式

　　設定好列印範圍後，請切換到**檔案**頁次再按下**列印**鈕，就會看到只列印設定好的儲存格範圍了。

　　若要取消列印範圍的框線，請切換到**版面配置**頁次，按下**版面設定**區的**列印範圍**鈕執行『**清除列印範圍**』命令。

14-4 為同一份工作表建立不同的檢視模式

若工作表需要送到多個部門查閱, 而每個部門所需查閱的資料欄位又不同, 這時可利用「自訂檢視模式」功能, 為每個部門設定各自所需的檢視模式, 方便日後直接切換模式並進行列印。

建立自訂檢視模式

首先要為工作表做各項設定, 例如：版面設定、隱藏欄、列…等, 將工作表調整到想要的檢視畫面。例如 Ch14-03 範例檔案的**工作表 3** 已經調整到我們想要的檢視畫面, 而且版面設定也調整好了, 以下就來將畫面儲存起來。

STEP 01 請切換到**檢視**頁次, 按下**活頁簿檢視**區的**自訂檢視模式**鈕, 開啟**自訂檢視模式**交談窗：

目前尚未建立任何的檢視模式, 因此**檢視畫面**列示窗是空的

STEP 02 按下**新增**鈕開啟**新增檢視畫面**交談窗, 在**名稱**欄輸入檢視畫面的名稱, 如 "產品開發部"：

工作表已隱藏了 D 欄, 所以請確認已勾選此項

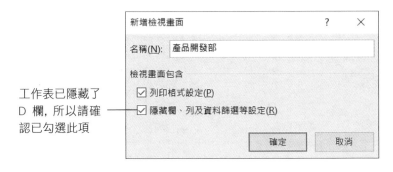

STEP 03 按下**確定**鈕，即建立了**產品開發部**檢視模式。假設**業務部**需要參考各書籍的銷售數量，我們再如下調整工作表資料：

同時選取 C、E 欄再按右鈕執行『**取消隱藏**』命令，可顯示 D 欄的銷售數字

	B		C	D	E
		暢銷書排行榜			
	書名		作者	博客來銷售量	出版社
	其實你不必為了別人改變自己：一定可以實現的阿德		岸見一郎	850,000	木馬文化
	你所煩惱的事，有九成都不會發生		枡野俊明	750,000	春天出版社
	解憂雜貨店		Keigo Higashino	884,675	皇冠
	鉛筆畫新手的第一本書：3個步驟、81個範例，教你學		華特・佛斯特等	450,032	遠流

STEP 04 再次開啟**自訂檢視模式**交談窗，並按下**新增**鈕，開啟**新增檢視畫面**交談窗，在**名稱**欄輸入 "業務部"：

1 輸入 "業務部"

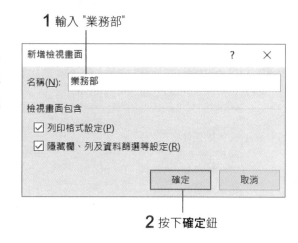

2 按下**確定**鈕

切換到自訂檢視模式

剛才我們已經為**工作表 3** 建立了 2 個檢視模式，假設現在我們要列印供**產品開發部**瀏覽的報表：

STEP 01 切換到**檢視**頁次，再按下**活頁簿檢視**區的**自訂檢視模式**鈕，在**檢視畫面**列示窗中選取**產品開發部**項目。

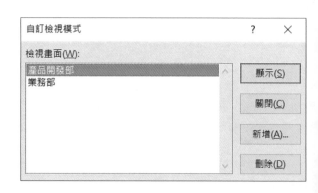

STEP 02 按下**顯示**鈕即可切換到**產品開發部**檢視模式。

不需要的 D 欄被隱藏起來了

	A	B	C	E
1		暢銷書排行榜		
2				
3	排名	書名	作者	出版社
4	1	其實你不必為了別人改變自己：一定可以實現的阿德 岸見一郎		木馬文化
5	2	你所煩惱的事，有九成都不會發生	枡野俊明	春天出版社
6	3	解憂雜貨店	Keigo Higashino	皇冠
7	4	鉛筆畫新手的第一本書：3個步驟、81個範例，教你身華特・佛斯特等		遠流

只要透過**自訂檢視模式**功能，即可將需要檢視的資料及列印模式儲存下來，日後列印前就不會再手忙腳亂了。

自訂檢視模式可儲存的項目

以下為您整理出自訂檢視模式中可儲存的項目, 以便您在設定時參考：

- 列印時的版面設定 (即**版面配置**頁次**版面設定**區中的各項設定)。

- 設定為隱藏的欄、列, 以及凍結窗格設定。

- 選取的儲存格範圍以及作用儲存格。

- 工作表視窗的大小及位置。

只要調整過以上任何一個項目, 其結果都會被儲存在自訂的檢視模式中。

刪除自訂檢視模式

當自訂的檢視模式不再需要時，請開啟**自訂檢視模式**交談窗中，選取欲刪除的檢視畫面名稱然後按下**刪除**鈕，Excel 會先出現一詢問交談窗，詢問您是否確定要刪除該檢視模式，按下**是**鈕即可將選取的自訂檢視模式刪除。

列印不連續的範圍

　　若要列印不連續的範圍，方法亦相同，但是每一個範圍都會被印成單獨的一頁。若希望這些不連續範圍印在同一頁，可改將不需要列印的範圍隱藏起來，讓要列印的範圍相鄰，並重新選取成連續範圍再進行列印。

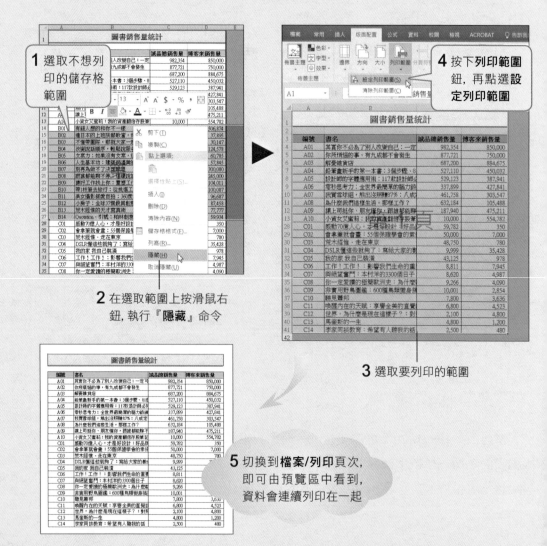

1 選取不想列印的儲存格範圍

2 在選取範圍上按滑鼠右鈕，執行『隱藏』命令

3 選取要列印的範圍

4 按下列印範圍鈕，再點選設定列印範圍

5 切換到檔案/列印頁次，即可由預覽區中看到，資料會連續列印在一起

15

使用「表格」
管理大量資料

Excel 也有 "資料庫管理" 的功能, 那就是本章要介紹的「表格」功能, 雖然不像專業的資料庫軟體那麼強大, 不過 Excel 的表格有 "資料分析" 這個強項, 講起來也是蠻有看頭的哦!

- 何種資料適合用「表格」功能來管理
- 建立表格資料
- 表格資料的操作
- 排序資料
- 善用「自動篩選」功能找出需要的資料
- 自動小計功能
- 群組及大綱
- 核算個人收支－使用「合併彙算」功能

15-1 何種資料適合用「表格」功能來管理

Excel 的「表格」功能, 可以用來管理與分析大量的資料, 它和 Word 中有格線的那種表格功能是不一樣的, 你可以將它當成是一個「資料庫」。接下來我們就一起來認識 Excel 的「表格」功能。

表格的組成

在建立表格之前, 首先必須確認你的資料是由連續的欄和列所組成, 而且第一列為標題列, 用來說明各欄資料的性質, 例如下面兩組資料的**物品名稱**欄、**數量**欄、**姓名**欄、**身分證字號**欄等, 接著才能開始應用表格的各項功能。

物品名稱	單位	數量
抽取式面紙	條	1
低脂高鈣牛奶	罐	1
飲料	箱	2
冰淇淋	盒	1
礦泉水	箱	2

▲ 日常用品採購清單

姓名	身分證字號 (前五碼)	獎項
陳小冬	A1305	頭獎
黃日秋	C2211	貳獎
江若君	H1721	貳獎
賴青蘋	K2462	參獎
張曉春	D1323	參獎

▲ 中獎名單

若以資料庫來定義表格中的資料, 每一欄稱為一個**欄位**; 每一列稱為一筆**記錄**; 第一列的名稱就稱為**欄位名稱**:

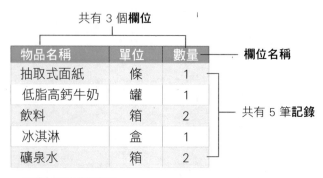

▲ 日常用品採購清單

底下再為你整理出建立表格資料時必須遵守的幾個原則：

● 由工作表儲存格所形成的矩形範圍。

● 範圍的第一列為各欄位的名稱，例如物品名稱、單位、數量等，其餘為資料列，每一列即代表一筆記錄。

● 同一欄的資料都必須具有相同的性質，例如**物品名稱**欄位內的每一項資料都代表一項物品。

● 一組表格範圍內不可以有空白列或空白欄。

● 如果工作表內除了要建立成表格的資料外還有其他資料，則表格資料和其他資料之間，至少要隔一空白欄或空白列。

表格資料範圍

	A	B	C	D	E
1	書號	書名	單價	訂購量	總金額
2	F6154	Google 超活用點子集- 搞定工作・生活大小事!	320	3,545	1,134,400
3	F6927	日日微型花園 - 場景設計、景天屬、藤蔓、多肉、香草	290	500	145,000
4	F6100	Windows 10 使用手冊	450	3,578	1,610,100
5	F6839	更了解「人」你才知道要怎麼設計！抓住使用者心理、	380	3,255	1,236,900
6	F6003	Microsoft PowerPoint 2016 使用手冊	420	3,845	1,614,900
7					
8	784	無刷直流 BLDC 馬達控制實務- 使用 Atmel SAM C21 AR	780	2,588	2,018,640
9	F5041	3 分鐘學會! 提高10倍工作效率的 Excel 技巧	320	2,058	658,560
10	F5825	這樣 ○ 那樣 X 馬上學會好設計	360	5,425	1,953,000
11	F5462	最新 HTML5+CSS3 網頁程式設計 第二版	520	1,585	824,200
12	F5627	LIGHTROOM 6/CC 聖經- 有 10,000 張照片就非看不可	580	3,000	1,740,000
13	F5929	簡易手作 古董雜貨・居家小物	360	1,500	540,000
14	F5926	最愛鑄鐵鍋! LODGE 鑄鐵鍋美味食譜	299	2,500	747,500
15	F5986	我的旅行繪本: 世界遺產&知名景點著色畫	280	3,500	980,000
16	F4040	三步驟搞定! 最強 Excel 資料整理術	490	6,000	2,940,000
17					

有空白列

這些資料不包含在上面的表格資料範圍內

一張工作表內可以建立多份表格資料, 但為了簡化管理, 建議一張工作表內僅建立一份表格資料。

以上是表格資料的組織結構，同時也是建立表格資料的原則。除此之外，表格資料和一般的工作表沒有什麼兩樣，我們同樣可以為表格資料加上各種格式設定。

15-2 建立表格資料

了解表格資料的組織結構之後, 這一節我們就來建立表格資料。建立表格資料的方式有 2 種, 一種是直接在工作表中輸入資料; 另一種則是以「匯入」的方式將現成的資料檔案載入工作表中。

將工作表中的資料建立成表格

若要直接在工作表中建立表格資料, 只要根據上一節所說明的原則輸入資料即可, 範例檔案 Ch15-01 **工作表 1** 的資料, 即是採用這種方式建立的:

	A	B	C	D	E
1	書號	書名	單價	訂購量	總金額
2	F6154	Google 超活用點子集- 搞定工作‧生活大小事!	320	3,545	1,134,400
3	F6927	日日微型花園 - 場景設計、景天屬、籐蔓、多肉、香草	290	500	145,000
4	F6100	Windows 10 使用手冊	450	3,578	1,610,100
5	F6839	更了解「人」你才知道要怎麼設計!抓住使用者心理、	380	3,255	1,236,900
6	F6003	Microsoft PowerPoint 2016 使用手冊	420	3,845	1,614,900

第一列輸入欄位名稱, 接下來則輸入各筆記錄

在表格資料中我們也可以建立公式來計算欄位的數值, 例如**總金額**欄即是由每本書的 "單價 × 訂購量" 計算而來的。

輸入資料後, 請點選資料範圍中的任一個儲存格, 切換到**插入**頁次, 按下**表格**區的**表格**鈕, 我們要將儲存格中的資料轉成表格資料:

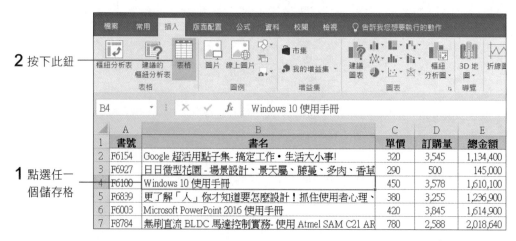

2 按下此鈕

1 點選任一個儲存格

3 會自動偵測表格資料的範圍

	A	B	C	D	E
1	書號	書名	單價	訂購量	總金額
2	F6154	Google 超活用點子集- 搞定工作・生活大小事!	320	3,545	1,134,400
3	F6927	日日微型花園 - 場景	290	500	145,000
4	F6100	Windows 10 使用手冊	450	3,578	1,610,100
5	F6839	更了解「人」你才知	380	3,255	1,236,900
6	F6003	Microsoft PowerPoint 2	420	3,845	1,614,900
7	F8784	無刷直流 BLDC 馬達	780	2,588	2,018,640
8	F5041	3 分鐘學會! 提高10倍	320	2,058	658,560
9	F5825	這樣 O 那樣 X 馬上學	360	5,425	1,953,000
10	F5462	最新 HTML5+CSS3 網頁程式設計 第二版	520	1,585	824,200
11	F5627	LIGHTROOM 6/CC 聖經- 有 10,000 張照片就非看不可	580	3,000	1,740,000
12	F5929	簡易手作 古董雜貨・居家小物	360	1,500	540,000
13	F5926	最愛鑄鐵鍋! LODGE 鑄鐵鍋美味食譜	299	2,500	747,500
14	F5986	我的旅行繪本: 世界遺產&知名景點著色畫	280	3,500	980,000
15	F4040	三步驟搞定! 最強 Excel 資料整理術	490	6,000	2,940,000

建立表格 ? ✕
請問表格的資料來源(W)?
=$A$1:$E$15
☑ 有標題的表格(M)
確定 取消

若要更改資料來源可按下此鈕, 重新選取範圍

勾選此項, 會將第一列做為標題 (若不勾選, 則會在最上方幫你插入一列標題列)

4 確定資料範圍無誤後, 請按下**確定**鈕

自動加上**自動篩選**鈕 (關於**自動篩選**功能, 請參考 15-4、15-5 節)

建立表格後會自動產生**資料表工具**頁次, 讓你進行相關的設定

儲存格範圍已建立成表格資料, 並自動套用**表格樣式**

以上述方法建立表格資料時，會自動套用預設的樣式，你也可以自行選取儲存格資料，按下**快速分析**鈕 ▣，從底下的選單中，切換到**表格**頁次，再點選**表格**項目，即可將資料轉成表格資料。

3 切換到**表格**頁次

	A	B	C	D	E	F
1	書號	書名	單價	訂購量	總金額	
2	F6154	Google 超活用點子集- 搞定工作‧生活大小事!	320	3,545	1,134,400	
3	F6927	日日微型花園 - 場景設計、景天屬、藤蔓、多肉、香草	290	500	145,000	
4	F6100	Windows 10 使用手冊	450	3,578	1,610,100	
5	F6839	更了解「人」你才知道要怎麼設計！抓住使用者心理、	380	3,255	1,236,900	
6	F6003	Microsoft PowerPoint 2016 使用手冊	420	3,845	1,614,900	
7	F8784	無刷直流 BLDC 馬達控制實務- 使用 Atmel SAM C21 AR	780	2,588	2,018,640	
8	F5041	3 分鐘學會! 提高10倍工作效率的 Excel 技巧	320	2,058	658,560	
9	F5825	這樣〇 那樣 X 馬上學會好設計				
10	F5462	最新 HTML5+CSS3 網頁程式設計 第二版				
11	F5627	LIGHTROOM 6/CC 聖經- 有 10,000 張照片就非看不可				
12	F5929	簡易手作 古董雜貨‧居家小物				
13	F5926	最愛鑄鐵鍋! LODGE 鑄鐵鍋美味食譜				
14	F5986	我的旅行繪本: 世界遺產&知名景點著色畫				
15	F4040	三步驟搞定! 最強 Excel 資料整理術	450	6,000	2,540,000	
16						

格式設定　圖表　總計　**表格**　走勢圖

表格　空白的樞...

表格可協助您排序、篩選及彙總資料。

1 選取資料範圍　　**4** 按下**表格**項目, 即可套用　　**2** 按下此鈕

另外，選取儲存格後，切換到**常用**頁次，從**樣式**區中按下**格式化為表格**鈕，並選擇一種表格樣式，也會將儲存格資料轉成表格資料，還會直接套用指定的表格樣式。

由現成的檔案匯入資料

若你已經將資料建立成檔案 (例如文字檔或資料庫檔案)，則可以用匯入的方式來建立表格資料，底下我們以匯入 Access 資料庫檔做示範。

STEP 01 請建立一份新活頁簿, 切換到**資料**頁次再按下**取得外部資料**區的**從 Access** 鈕：

按下此鈕

STEP 02 選擇資料庫檔案, 你可以開啟書附光碟中本章資料夾下的**資料庫檔案**來練習：

1 切換到存放資料庫檔案的資料夾

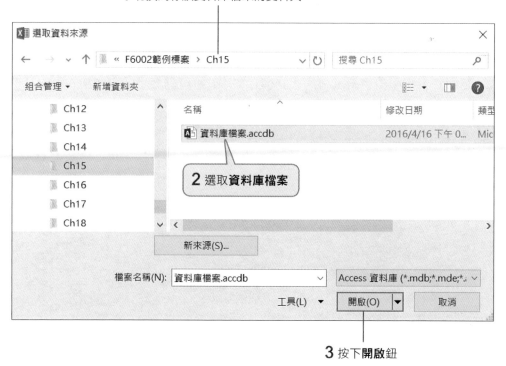

2 選取**資料庫檔案**

3 按下**開啟**鈕

03 接著會開啟**匯入資料**交談窗, 請選擇其中的**表格**項目, 並選擇將匯入的資料放在**目前工作表的儲存格**中:

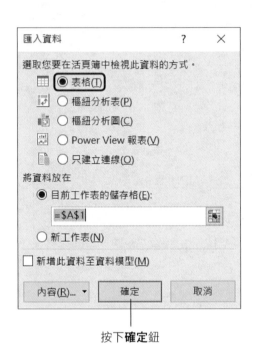

按下**確定**鈕

04 隨即資料庫中的資料就會匯入到儲存格中, 並自動套用成表格樣式。

	A	B	C	D	E	F	G	H
1	訂單編號	日期	客戶名稱	書籍名稱	單價	數量	是否付款	備註
2	1	2015/10/5	何氏書局	Skype & Live Messenger 哈啦省錢密技	200	40	FALSE	
3	2	2015/10/11	流行書店	Linux 網路安全百寶箱	650	20	TRUE	
4	3	2015/10/13	財福書店	Sogi Evolution! 3G 手機王必殺技	350	15	FALSE	
5	4	2015/10/13	書香天地	JavaScript 最新網頁製作	390	40	TRUE	
6	5	2015/10/14	財福書店	Windows 使用者升級手冊	169	30	TRUE	
7	6	2015/10/14	小書生書局	Oracle 資料庫管理實務	400	10	FALSE	
8	7	2015/10/16	高標準書局	抓住你的 PhotoShop 中文版	540	50	FALSE	
9	8	2015/10/18	何氏書局	Sogi Evolution! 3G 手機王必殺技	350	15	FALSE	

工作表1

▲ 匯入進來的資料

修改表格資料的範圍

建立好的表格，你仍然可以改變表格資料的範圍，只要將指標移到表格的右下角，待滑鼠指標變成雙箭頭時拉曳即可，你可以開啟範例檔案 Ch15-02 來練習：

	書號	書名	單價	訂購量	總金額	
10	F5462	最新 HTML5+CSS3 網頁程式設計 第二版	520	1,585	824,200	
11	F5627	LIGHTROOM 6/CC 聖經- 有 10,000 張照片就非看不可	580	3,000	1,740,000	
12	F5929	簡易手作 古董雜貨・居家小物	360	1,500	540,000	
13	F5926	最愛鑄鐵鍋! LODGE 鑄鐵鍋美味食譜	299	2,500	747,500	
14	F5986	我的旅行繪本: 世界遺產&知名景點著色畫	280	3,500	980,000	
15	F4040	三步驟搞定! 最強 Excel 資料整理術	490	6,000	2,940,000	
16						

1 表格資料的右下角會顯示此符號，請將指標移到符號上

	書號	書名	單價	訂購量	總金額	F
10	F5462	最新 HTML5+CSS3 網頁程式設計 第二版	520	1,585	824,200	
11	F5627	LIGHTROOM 6/CC 聖經- 有 10,000 張照片就非看不可	580	3,000	1,740,000	
12	F5929	簡易手作 古董雜貨・居家小物	360	1,500	540,000	
13	F5926	最愛鑄鐵鍋! LODGE 鑄鐵鍋美味食譜	299	2,500	747,500	
14	F5986	我的旅行繪本: 世界遺產&知名景點著色畫	280	3,500	980,000	
15	F4040	三步驟搞定! 最強 Excel 資料整理術	490	6,000	2,940,000	
16						
17						
18						
19						
20						
21						

2 待指標變成雙箭頭時即可重新拉曳資料範圍

	書號	書名	單價	訂購量	總金額	F
10	F5462	最新 HTML5+CSS3 網頁程式設計 第二版	520	1,585	824,200	
11	F5627	LIGHTROOM 6/CC 聖經- 有 10,000 張照片就非看不可	580	3,000	1,740,000	
12	F5929	簡易手作 古董雜貨‧居家小物	360	1,500	540,000	
13	F5926	最愛鑄鐵鍋! LODGE 鑄鐵鍋美味食譜	299	2,500	747,500	
14	F5986	我的旅行繪本: 世界遺產&知名景點著色畫	280	3,500	980,000	
15	F4040	三步驟搞定! 最強 Excel 資料整理術	490	6,000	2,940,000	
16					-	
17						
18						
19						
20						
21						

3 你可以繼續在此輸入資料

公式會自動延伸下來, 不過目前尚未輸入資料, 所以總金額為 0

剛才所示範的是增加資料範圍, 如果要刪減資料範圍, 則要向上或向內拉曳縮小表格資料範圍, 此時不在範圍內的資料就會變成一般儲存格資料:

	書號	書名	單價	訂購量	總金額	F
7	F8784	無刷直流 BLDC 馬達控制實務- 使用 Atmel SAM C21 AR	780	2,588	2,018,640	
8	F5041	3 分鐘學會! 提高10倍工作效率的 Excel 技巧	320	2,058	658,560	
9	F5825	這樣○那樣 X 馬上學會好設計	360	5,425	1,953,000	
10	F5462	最新 HTML5+CSS3 網頁程式設計 第二版	520	1,585	824,200	
11	F5627	LIGHTROOM 6/CC 聖經- 有 10,000 張照片就非看不可	580	3,000	1,740,000	
12	F5929	簡易手作 古董雜貨‧居家小物	360	1,500	540,000	
13	F5926	最愛鑄鐵鍋! LODGE 鑄鐵鍋美味食譜	299	2,500	747,500	
14	F5986	我的旅行繪本: 世界遺產&知名景點著色畫	280	3,500	980,000	
15	F4040	三步驟搞定! 最強 Excel 資料整理術	490	6,000	2,940,000	
16					-	
17					-	
18					-	
19					-	
20					-	
21						

這些才是表格資料

不屬於表格資料

新增或刪除表格資料

如果想在表格中新增或刪除資料, 其操作方法和一般儲存格是一樣的, 底下我們將示範在表格的最後新增一筆資料, 請先恢復表格資料範圍至第 15 列:

STEP 01 請選取 A16 儲存格, 並輸入 "F6100", 然後按下 → 方向鍵, 將作用儲存格移到 B16 儲存格:

	A	B	C	D	E	F
13	F5926	最愛鑄鐵鍋! LODGE 鑄鐵鍋美味食譜	299	2,500	747,500	
14	F5986	我的旅行繪本: 世界遺產&知名景點著色畫	280	3,500	980,000	
15	F4040	三步驟搞定! 最強 Excel 資料整理術	490	6,000	2,940,000	
16	F6100				-	
17						

1 在此輸入資料

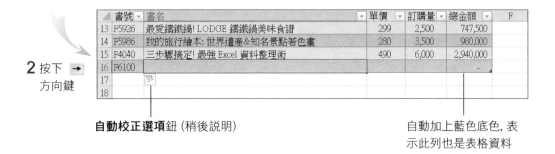

2 按下 →
方向鍵

自動校正選項鈕 (稍後說明)

自動加上藍色底色, 表
示此列也是表格資料

STEP
02
請依下圖在 B16、C16、D16 輸入資料, 當輸入 D16 的資料後, E16 便會
自動計算出總金額:

	書號	書名	單價	訂購量	總金額	F
13	F5926	最愛鑄鐵鍋! LODGE 鑄鐵鍋美味食譜	299	2,500	747,500	
14	F5986	我的旅行繪本: 世界遺產&知名景點著色畫	280	3,500	980,000	
15	F4040	三步驟搞定! 最強 Excel 資料整理術	490	6,000	2,940,000	
16	F6100	Windows 10 使用手冊	450	1,200	540,000	
17						

刪除表格中的資料和一般刪除儲存格資料的方法相同, 你可以自行試試。

「自動校正選項」鈕的作用

從上述的操作中, 你應該學會在表格中新增資料的方法了, 還記得剛才在 A16 儲存格
輸入資料後, 所出現的**自動校正選項**鈕 ![icon] 嗎?按下此鈕, 可控制表格是否自動展開:

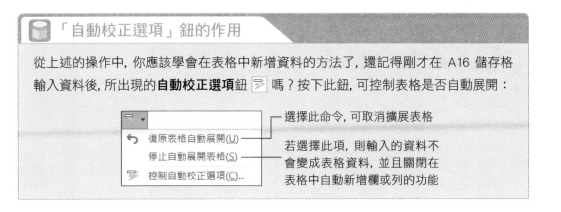

選擇此命令, 可取消擴展表格

若選擇此項, 則輸入的資料不
會變成表格資料, 並且關閉在
表格中自動新增欄或列的功能

插入「合計列」

已經建立好的表格, 還可以快速建立**合計列**, 讓我們知道各欄的加總或平均等
結果。接續上例, 請點選表格中的任一儲存格, 切換到**資料表工具/設計**頁次, 勾選
表格樣式選項區的**合計列**, 即會自動建立合計列, 並顯示表格資料中最後一欄的加
總值:

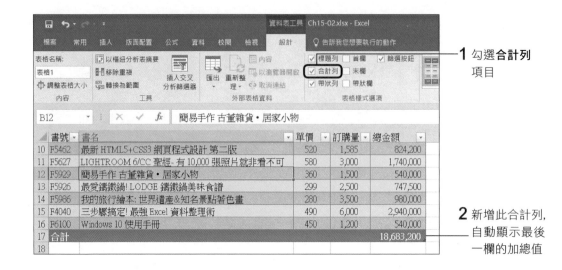

1 勾選**合計列**
項目

2 新增此合計列,
自動顯示最後
一欄的加總值

　　其實除了加總值外, 合計列還提供許多運算, 如:平均值、項目個數、最大值…, 而且不只最後一欄擁有這項合計功能, 只要選取合計列上的儲存格, 就會出現下拉鈕讓我們選擇所需要的運算:

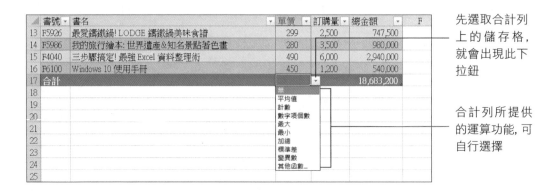

先選取合計列
上的儲存格,
就會出現此下
拉鈕

合計列所提供
的運算功能, 可
自行選擇

更換表格樣式

　　建立表格資料時, 會自動套用預設的表格樣式, 若要變更樣式, 可在**資料表工具/設計**頁次下的**表格樣式**區設定, 表格樣式分成**淺色**、**中等深淺**及**深色** 3 種不同類別, 你可以點選喜愛的樣式來套用:

按下**其他**鈕, 展開所有
的樣式, 以方便點選

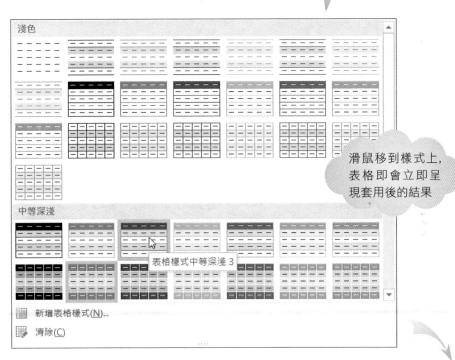

滑鼠移到樣式上,
表格即會立即呈
現套用後的結果

表格樣式中等深淺 3

新增表格樣式(N)...

清除(C)

	A	B	C	D	E
1	書號 ▼	書名 ▼	單價 ▼	訂購量 ▼	總金額 ▼
2	F6154	Google 超活用點子集- 搞定工作‧生活大小事!	320	3,545	1,134,400
3	F6927	日日微型花園 - 場景設計、景天屬、膝蔓、多肉、香草	290	500	145,000
4	F6100	Windows 10 使用手冊	450	3,578	1,610,100
5	F6839	更了解「人」你才知道要怎麼設計！抓住使用者心理、	380	3,255	1,236,900
6	F6003	Microsoft PowerPoint 2016 使用手冊	420	3,845	1,614,900
7	F8784	無刷直流 BLDC 馬達控制實務- 使用 Atmel SAM C21 AR	780	2,588	2,018,640
8	F5041	3 分鐘學會! 提高10倍工作效率的 Excel 技巧	320	2,058	658,560

▲ 套用**表格樣式中等深淺 3** 的結果

將「表格」轉換為一般的資料

若你建立的資料不需要做篩選或使用合計列，可將表格轉換成一般資料，只要選取表格範圍中的任一儲存格，切換到**資料表工具/設計**頁次，按下**工具**區的**轉換為範圍**鈕，此時會出現交談窗詢問您是否要將表格轉換成一般範圍，按下**是**鈕即可。

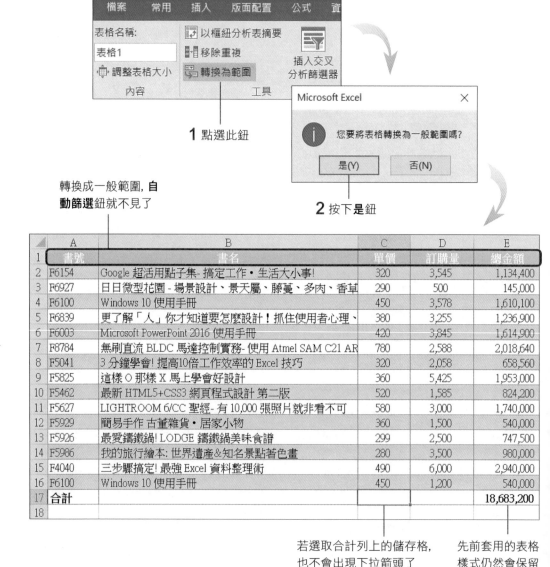

1 點選此鈕

2 按下**是**鈕

轉換成一般範圍，**自動篩選**鈕就不見了

	A	B	C	D	E
1	書號	書名	單價	訂購量	總金額
2	F6154	Google 超活用點子集- 搞定工作‧生活大小事!	320	3,545	1,134,400
3	F6927	日日微型花園 - 場景設計、景天屬、藤蔓、多肉、香草	290	500	145,000
4	F6100	Windows 10 使用手冊	450	3,578	1,610,100
5	F6839	更了解「人」你才知道要怎麼設計！抓住使用者心理、	380	3,255	1,236,900
6	F6003	Microsoft PowerPoint 2016 使用手冊	420	3,845	1,614,900
7	F8784	無刷直流 BLDC 馬達控制實務- 使用 Atmel SAM C21 AR	780	2,588	2,018,640
8	F5041	3 分鐘學會! 提高10倍工作效率的 Excel 技巧	320	2,058	658,560
9	F5825	這樣 O 那樣 X 馬上學會好設計	360	5,425	1,953,000
10	F5462	最新 HTML5+CSS3 網頁程式設計 第二版	520	1,585	824,200
11	F5627	LIGHTROOM 6/CC 聖經- 有 10,000 張照片就非看不可	580	3,000	1,740,000
12	F5929	簡易手作 古董雜貨‧居家小物	360	1,500	540,000
13	F5926	最愛鑄鐵鍋! LODGE 鑄鐵鍋美味食譜	299	2,500	747,500
14	F5986	我的旅行繪本: 世界遺產&知名景點著色畫	280	3,500	980,000
15	F4040	三步驟搞定! 最強 Excel 資料整理術	490	6,000	2,940,000
16	F6100	Windows 10 使用手冊	450	1,200	540,000
17	合計				18,683,200
18					

若選取合計列上的儲存格，也不會出現下拉箭頭了

先前套用的表格樣式仍然會保留

15-4 排序資料

排序是將表格資料按照某個順序重新組織排列, 例如按學號排列學生資料、依庫存量來排列庫存資料等等, 有助於資料的觀察與分析。

如何決定排序

排序的第一步, 首先要決定兩件事:

● **排序的欄位**:選擇要以表格中的哪個欄位為排列依據。

● **排序順序**:有**遞增** (由小到大) 和**遞減** (由大到小) 兩種。

例如要排序電腦書銷售排行榜, 我們可依**訂購量的多寡由大到小**排列, 其中「訂購量」就是**排序欄位**, 而「由大到小」就是**排序順序**。

以單一欄位排序

請開啟範例檔案 Ch15-03 並切換到**工作表 1** , 假設我們要將**工作表 1** 中的資料按照**訂購量**欄由大到小 (遞減) 排序, 請按下**訂購量**欄的**自動篩選**鈕, 選擇『**從最大到最小排序**』命令:

1 按下**自動篩選**鈕

	A	B	C	D	E
1	書號 ▾	書名 ▾	單價 ▾	訂購量 ▾	總金額 ▾
2	F6154	Google 超活用點子集- 搞定工作・生活大小			1,134,400
3	F6927	日日微型花園 - 場景設計、景天屬、膝蓋			145,000
4	F6100	Windows 10 使用手冊			1,610,100
5	F6839	更了解「人」你才知道要怎麼設計!抓住			1,236,900
6	F6003	Microsoft PowerPoint 2016 使用手冊			1,614,900
7	F8784	無刷直流 BLDC 馬達控制實務- 使用 Atme			2,018,640
8	F5041	3 分鐘學會! 提高10倍工作效率的 Excel 技			658,560
9	F5825	這樣○那樣 X 馬上學會好設計			1,953,000
10	F5462	最新 HTML5+CSS3 網頁程式設計 第二版			824,200
11	F5627	LIGHTROOM 6/CC 聖經- 有 10,000 張照片			1,740,000
12	F5929	簡易手作 古董雜貨・居家小物			540,000
13	F5926	最愛鑄鐵鍋! LODGE 鑄鐵鍋美味食譜			747,500
14	F5986	我的旅行繪本: 世界遺產&知名景點著色			980,000
15	F4040	三步驟搞定! 最強 Excel 資料整理術			2,940,000
16					
17					
18					

從最小到最大排序(S)
從最大到最小排序(O) — **2** 選擇此命令
依色彩排序(T) ▶
清除 "訂購量" 的篩選(C)
依色彩篩選(I) ▶
數字篩選(F) ▶
搜尋 🔍
☑ (全選)
☑ 500
☑ 1,500
☑ 1,585
☑ 2,058
☑ 2,500
☑ 2,588
☑ 3,000
☑ 3,255
確定   取消

自動篩選鈕上出現向下箭
頭, 表示此欄做遞減排序

	A	B	C	D	E
1	書號	書名	單價	訂購量	總金額
2	F4040	三步驟搞定! 最強 Excel 資料整理術	490	6,000	2,940,000
3	F5825	這樣 O 那樣 X 馬上學會好設計	360	5,425	1,953,000
4	F6100	Windows 10 使用手冊	450	3,578	1,610,100
5	F6154	Google 超活用點子集- 搞定工作‧生活大小事!	320	3,545	1,134,400
6	F5986	我的旅行繪本: 世界遺產&知名景點著色畫	280	3,500	980,000
7	F6839	更了解「人」你才知要怎麼設計！抓住使用者心理、	380	3,255	1,236,900
8	F6003	Microsoft PowerPoint 2016 使用手冊	420	3,000	1,260,000
9	F5627	LIGHTROOM 6/CC 聖經- 有 10,000 張照片就非看不可	580	3,000	1,740,000
10	F8784	無刷直流 BLDC 馬達控制實務- 使用 Atmel SAM C21 AF	780	2,588	2,018,640
11	F5926	最愛鑄鐵鍋! LODGE 鑄鐵鍋美味食譜	299	2,500	747,500
12	F5041	3 分鐘學會! 提高10倍工作效率的 Excel 技巧	320	2,058	658,560
13	F5462	最新 HTML5+CSS3 網頁程式設計 第二版	520	1,585	824,200
14	F5929	簡易手作 古董雜貨‧居家小物	360	1,500	540,000
15	F6927	日日微型花園 - 場景設計、景天屬、藤蔓、多肉、香草	290	500	145,000

由大到
小排列

利用 ↓、↑ 鈕排序資料

除了可在**自動篩選**列示窗中排序資料, 你還可以切換到**資料**頁次, 按下**排序與篩選**區
中的 ↓ 或 ↑ 鈕來排序資料。例如選取**總金額**欄中的任一個儲存格, 然後按下**從最大
到最小排序**鈕 ↑, 則所有記錄就會按照總金額的多寡, 由大而小重新排列順序了。

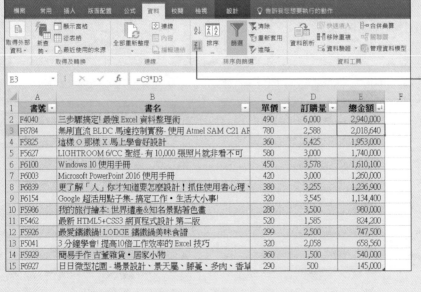

將資料遞減
(由大到小)
排序

多欄位的排序

排序資料不單只能排序一個欄位, 你也可以同時設定一個以上的欄位進行排序, 例如我們以 3 個欄位來排序, 其排序的原則如下:

- 先依據主要欄位加以排序。
- 對於主要欄位相同的記錄, 再以次要欄位進行排序。
- 對於主要欄位、次要欄位均相同的記錄, 最後再以第三欄位加以排序。

剛才按**訂購量、從最大到最小排序**的結果發現, 有幾本書的訂購量相同, 因此無法決定排行順序。假若我們將排序設定改成**依訂購量遞減排序, 若訂購量相同, 則再比較書號遞增排序**, 則問題就解決了。不過由於表格的**自動篩選鈕**, 一次只能排序一個欄位, 因此底下要進入**排序**交談窗才能設定多欄位的排序。

STEP 01 接續上例, 剛才我們已經先將訂購量做遞減排序了, 現在請切換到**資料**頁次按下**排序鈕**, 開啟**排序**交談窗繼續設定第 2 個排序欄位:

1 按下**新增層級**鈕, 建立第二個排序欄位

2 拉下列示窗選擇第二個排序的欄位: **書號**

3 排序對象, 請選擇以**值**來排序

4 排序順序請選擇 **A 到 Z** (遞增排序)

STEP 02 按下**確定鈕**, 會先以**訂購量**做遞減排序, 當訂購量相同時, 再以**書號**做遞增排序。

這是第 2 個要排序的欄位

這是第 1 個要排序的欄位

這 2 筆記錄訂購量相同, 因此再以書號做遞增排序

	A	B	C	D	E
1	書號	書名	單價	訂購量	總金額
2	F4040	三步驟搞定! 最強 Excel 資料整理術	490	6,000	2,940,000
3	F5825	這樣○那樣 X 馬上學會好設計	360	5,425	1,953,000
4	F6100	Windows 10 使用手冊	450	3,578	1,610,100
5	F6154	Google 超活用點子集- 搞定工作‧生活大小事!	320	3,545	1,134,400
6	F5986	我的旅行繪本: 世界遺產&知名景點著色畫	280	3,500	980,000
7	F6839	更了解「人」你才知道要怎麼設計! 抓住使用者心理	380	3,255	1,236,900
8	F5627	LIGHTROOM 6/CC 聖經- 有 10,000 張照片就不看不可	580	3,000	1,740,000
9	F6003	Microsoft PowerPoint 2016 使用手冊	420	3,000	1,260,000
10	F8784	無刷直流 BLDC 馬達控制實務-使用 Atmel SAM C21 AF	780	2,588	2,018,640
11	F5926	最愛鑄鐵鍋! LODGE 鑄鐵鍋美味食譜	299	2,500	747,500

15-5 善用「自動篩選」功能找出需要的資料

前面使用過的「自動篩選」鈕, 除了可排序資料, 還可以幫我們篩選資料, 將不符合條件的記錄暫時隱藏起來, 只留下你想要的記錄。

篩選出需要的資料

請開啟範例檔案 Ch15-04, 我們來實際操作一遍。假設我們想要查看單價為 320 元的書籍有哪些, 就可如下操作:

STEP 01 請按下**單價**欄的**自動篩選**鈕, 然後取消**全選**項目, 接著再勾選 **320**:

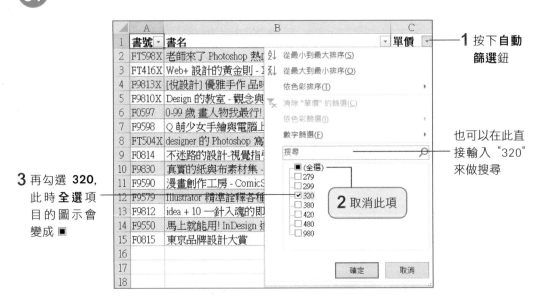

1 按下自動篩選鈕

也可以在此直接輸入 "320" 來做搜尋

3 再勾選 **320**, 此時**全選**項目的圖示會變成 ▣

2 取消此項

STEP 02 按下**確定**鈕, 只會列出單價為 320 的記錄, 其它記錄則被隱藏起來了。

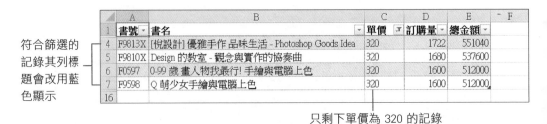

符合篩選的記錄其列標題會改用藍色顯示

只剩下單價為 320 的記錄

用來設定篩選條件的欄位 (此例的**單價**欄), 其**自動篩選**鈕會變成 圖示, 且**狀態列**還會顯示共找出幾筆符合的記錄, 之後我們還可以再利用其他欄位來設定篩選條件, 在目前的篩選結果上繼續進行篩選。

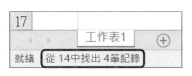

▲ **狀態列**亦會顯示結果

篩選後留下來的資料, 仍然可以比照一般工作表的資料進行各種處理, 例如加以排序或列印出來, 或者是將篩選後的資料繪製成圖表。

清除篩選條件

清除篩選條件是指將不符合篩選條件, 且暫時被隱藏的記錄重新顯示出來, 可分成以下 2 種方法:

● 清除單一欄位的篩選：若要移除某欄位所設定的篩選條件, 只要在該欄的**自動篩選**列示窗中執行『**清除 xx 的篩選**』命令, 就可將被隱藏的記錄重新顯示出來。

按一下此命令, 即可取消剛才套用的篩選條件

再次勾選**全選**項目, 也可以顯示所有資料

● 清除所有欄位的篩選：如果清單中有多個欄位都設有篩選條件, 請切換到**資料**頁次, 再按下**排序與篩選**區的**清除**鈕來清除所有欄位的篩選。

 你必須移除所有欄位的篩選條件, 表格資料才會全部顯示出來。

自訂篩選條件

在**自動篩選**列示窗中，除了可依欄位資料做篩選外，你還可以自訂篩選的條件以找出符合條件的記錄，依照所選的欄位不同，可分為**文字篩選**與**數字篩選**。

篩選包含特定文字的記錄

例如你想找書名中含有 "手繪" 或含有 "設計" 的書籍，就可以設定條件只找出符合條件的記錄，請先清除先前所做的篩選條件，然後按下**書名欄**的**自動篩選**鈕，執行『**文字篩選／包含**』命令：

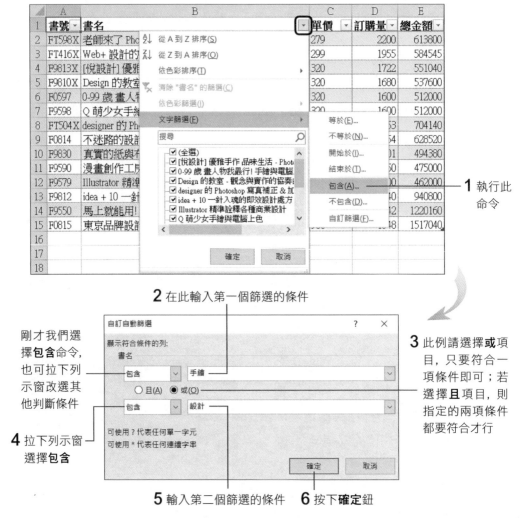

2 在此輸入第一個篩選的條件

剛才我們選擇**包含**命令，也可拉下列示窗改選其他判斷條件

3 此例請選擇**或**項目，只要符合一項條件即可；若選擇**且**項目，則指定的兩項條件都要符合才行

4 拉下列示窗選擇**包含**

5 輸入第二個篩選的條件　**6** 按下**確定**鈕

	A	B	C	D	E
1	書號	書名	單價	訂購量	總金額
3	FT416X	Web+ 設計的黃金則 - XHTML + CSS 虎之卷	299	1955	584545
4	F9813X	[悅設計] 優雅手作 品味生活 - Photoshop Goods Idea	320	1722	551040
6	F0597	0-99 歲 畫人物我最行! 手繪與電腦上色	320	1600	512000
7	F9598	Q 萌少女手繪與電腦上色	320	1600	512000
9	F0814	不迷路的設計-視覺指引的秘密	380	1654	628520
12	F9579	Illustrator 精準詮釋各種商業設計	420	1100	462000
13	F9812	idea + 10 一針入魂的即效設計處方	420	2240	940800
15	F0815	東京品牌設計大賞	980	1548	1517040

找到符合條件的資料了

數字篩選

如果篩選的欄位資料皆為數字, 那麼可在**自動篩選**列示窗中, 執行『**數字篩選**』命令, 由子功能表來選擇要篩選的運算元。來看底下兩個例子:

● 篩選符合某數量區間的記錄

例如我們要查詢**訂購量**大於 1000, 小於 2000 的記錄, 請先清除剛才的篩選條件, 再如下操作:

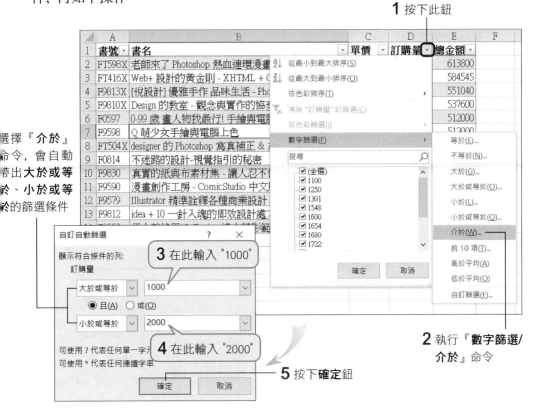

選擇『**介於**』命令, 會自動帶出**大於或等於、小於或等於**的篩選條件

1 按下此鈕

2 執行『**數字篩選/介於**』命令

3 在此輸入 "1000"

4 在此輸入 "2000"

5 按下**確定**鈕

	A	B	C	D	E
1	書號 ▾	書名 ▾	單價 ▾	訂購量 ▾	總金額 ▾
3	FT416X	Web+ 設計的黃金則 - XHTML + CSS 虎之卷	299	1955	584545
4	F9813X	[悅設計] 優雅手作 品味生活 - Photoshop Goods Idea	320	1722	551040
5	F9810X	Design 的教室 - 觀念與實作的協奏曲	320	1680	537600
6	F0597	0-99 歲 畫人物我最行! 手繪與電腦上色	320	1600	512000
7	F9598	Q 萌少女手繪與電腦上色	320	1600	512000
8	FT504X	designer 的 Photoshop 寫真補正 & 加工大原則	380	1853	704140
9	F0814	不迷路的設計-視覺指引的秘密	380	1654	628520
10	F9830	真實的紙與布素材集 - 讓人忍不住想伸手觸摸的溫度	380	1301	494380
11	F9590	漫畫創作工房 - ComicStudio 中文版	380	1250	475000
12	F9579	Illustrator 精準詮釋各種商業設計	420	1100	462000
15	F0815	東京品牌設計大賞	980	1548	1517040

找出訂購量介於 1000
到 2000 之間的記錄

● **篩選數量最多的前幾筆記錄**

數字篩選還有幾項很實用的功能, 像是**前 10 項、高於平均、低於平均**等。你不
必辛苦地輸入公式或套用函數, Excel 即可馬上幫你找出符合條件的記錄。

請先清除剛才的篩選條件, 然後再次按下**訂購量**欄的**自動篩選**鈕, 執行**數字篩選**
命令, 我們要找出**訂購量**最多的前 5 筆記錄。

1 執行此命令

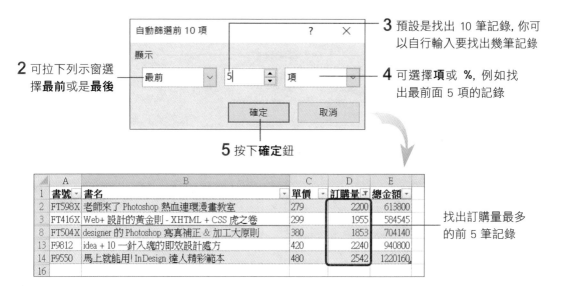

3 預設是找出 10 筆記錄, 你可以自行輸入要找出幾筆記錄

2 可拉下列示窗選擇**最前**或是**最後**

4 可選擇**項**或 **%**, 例如找出最前面 5 項的記錄

5 按下**確定**鈕

找出訂購量最多的前 5 筆記錄

利用剛才的方法所篩選出來的資料並沒有經過排序, 你可以在**自動篩選**列示窗中進行**遞增**或是**遞減**排序, 例如將剛才篩選後的訂購量由大到小排序 (遞減)。

依色彩篩選

Excel 的篩選功能不止能快速地進行文字及數字的篩選, 還能依照儲存格或字體的色彩來篩選資料, 請開啟範例檔案 Ch15-05 來練習:

有些比較重要的資料, 我們會特別以不同顏色或是變換字體色彩來標示

你也可以參考 7-3 節將重要資料套上**儲存格樣式**, 或參考 8-1 節, 利用**設定格式化的條件**功能, 標示出你所在意的資料。

請按下**書名**欄的**自動篩選**鈕，我們要找出儲存格底色為黃色的資料。

1 按下**自動篩選**鈕

這裡會自動幫你列出此欄中使用過的儲存格底色及文字色彩

2 執行『**依色彩篩選/依儲存格色彩篩選**』命令，並選擇黃色

或是你也可以選擇儲存格**無填滿**的資料

如果儲存格中的文字有不同顏色標示，可執行此命令來篩選

找到 2 筆儲存格底色為黃色的記錄

移除自動篩選箭頭

如果不再需要使用**自動篩選**的功能，你可以將**自動篩選**鈕移除掉，請切換到**資料**頁次，然後按下**排序與篩選**區的**篩選**鈕，即可移除所有欄位的篩選條件。

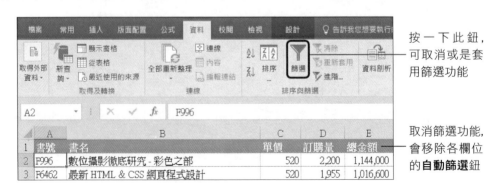

按一下此鈕，可取消或是套用篩選功能

取消篩選功能，會移除各欄位的**自動篩選**鈕

自動小計功能

「自動小計」功能可以很快地為資料加上一些摘要資訊, 而不需我們自己設計或輸入公式, 是一項實用又方便的功能。底下先帶你了解「自動小計」的運作方式, 再實際練習看看。

自動小計的三大要素

使用小計功能時, 必須先決定下列 3 件事:(1) **分組**、(2) 使用的**函數**、以及 (3) 計算小計的**欄位**。

(1) 分組

要在儲存格中插入自動小計, 首先要考慮資料分組的問題。例如有一袋子的球, 其中有黃、紅、藍三種顏色, 也有大、中、小三種尺寸, 我們可以依照顏色來分組, 計算每一種顏色有幾顆球;或以尺寸分組, 計算每一種尺寸有幾顆球。同樣一袋球, 因分組的方式不同, 所得到的意義也不同;在執行小計之前, 先決定要用哪個欄位來分組, 也是同樣的道理。

請開啟範例檔案 Ch15-06, 以這份清單來說, 若按照**房屋類型**來分組, 我們可以找出同一類型的房屋價格最便宜的是多少錢;若以**屋齡**來分組, 可以算出同一屋齡共有多少間房屋要租售。而分組的方法就是按照要分組的欄位先做好**排序**。

	A	B	C	D	E	F
1	租售分類	房屋類型	價格	坪數	車位	屋齡
2	賣屋	公寓	$5,150,000	30	1	14
3	賣屋	套房	$2,150,000	12	0	4
4	出租	公寓	$10,000	30	1	5
5	賣屋	套房	$2,400,000	14	0	3
6	出租	套房	$6,000	6	0	15
7	出租	雅房	$5,000	6	0	15
8	賣屋	公寓	$4,950,000	25	1	10
9	出租	套房	$8,000	8	0	6
10	賣屋	套房	$2,200,000	12	0	3
11	出租	雅房	$6,000	6	0	12
12	賣屋	套房	$1,920,000	16	0	2

(2) 使用的計算函數

自動小計功能提供了許多計算函數, 如加總、平均值、項目個數、最大值、最小值…等。如果要計算每一組的坪數最大值是多少, 就選擇「最大值」函數;如果要計算每一組共有幾間房屋, 可選擇「項目個數」函數。

(3) 指定欲進行小計的欄位

假設我們想知道範例檔案 Ch15-06 中，每種房屋類型最便宜的價格為何？則**價格**欄就是要進行小計的欄位，使用的函數便是**最小值**。

使用小計功能

現在各位已經知道**自動小計**功能的三大要素，那我們就以 Ch15-06 **工作表 1** 中的資料來進行自動小計的練習：

STEP 01 首先要為資料排序。請選取資料範圍中的任一個儲存格，然後切換到**資料**頁次，按下**排序**鈕：

2 按下**新增層級**鈕，以
建立**次要排序方式**

1 將**租售分類**
欄設為主要
的排序欄位，
並以**遞增**(由
小到大) 的
方式排序

3 將**房屋類型**欄設為次
要排序欄位，同樣也
是以**遞增**的方式排序

4 按下**確定**鈕

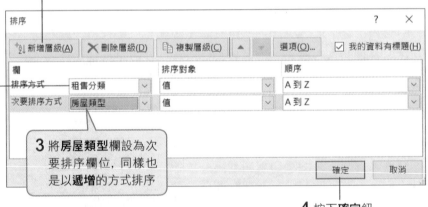

	A	B	C	D	E	F
1	租售分類	房屋類型	價格	坪數	車位	屋齡
2	出租	公寓	$10,000	30	1	5
3	出租	套房	$6,000	6	0	15
4	出租	套房	$8,000	8	0	6
5	出租	雅房	$5,000	6	0	15
6	出租	雅房	$6,000	6	0	12
7	賣屋	公寓	$5,150,000	30	1	14
8	賣屋	公寓	$4,950,000	25	1	10
9	賣屋	套房	$2,150,000	12	0	4
10	賣屋	套房	$2,400,000	14	0	3
11	賣屋	套房	$2,200,000	12	0	3
12	賣屋	套房	$1,920,000	16	0	2

STEP 02 同樣選取資料範圍中的任一個儲存格，切換到**資料**頁次，按下**大綱**區的**小計**鈕，開啟**小計**交談窗：

1 設為**房屋類型**

2 選取**最小**

3 勾選**價格**，其它項目請取消

STEP 03 按下**確定**鈕，結果如圖所示：

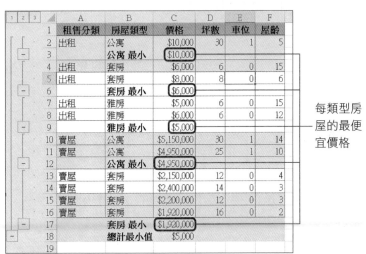

每類型房屋的最便宜價格

插入小計後的清單

從剛才的執行結果發現，**自動小計**後的清單加入了許多資料：

- 在每一組的下方插入一列，在分組欄位 (此例為**房屋類型**) 的下方顯示每一組的標題，以及在執行小計的欄位 (此例為**價格**) 下顯示計算結果。

- 在清單的最下方則顯示出執行小計欄位的總計結果。

- 執行**自動小計**功能最特殊的地方是會為清單建立**大綱**，即清單最左邊的符號。有關**大綱**功能我們將在下一節介紹。

「小計」功能的其他設定

在**小計**交談窗的下方, 還有 3 個設定選項, 其用法如下:

● **取代目前小計**: Excel 會自動勾選這個項目, 所以即使你
  執行多次的自動小計, 最後的結果也是每一組只有一列小
  計, 整張清單只有一個總計列, 因為新的小計總是將原來的小計取代掉。如果希望
  每一次的小計都保留下來, 就取消這個項目。

● **每組資料分頁**: 若勾選此項, 則 Excel 會在每一組資料的下方插入分頁線, 因
  此若將這份清單列印出來, 則每一組資料皆會印成一頁。

● **摘要置於小計資料下方**: Excel 也會自動勾選這個項目, 所以**小計**列和**總計**列
  都是位在分組資料的下方。若取消這個項目, 情況就會完全相反, 也就是總計列
  會顯示在清單的最上方, 每一個**小計**列也會顯示在分組資料的上方。

> **摘要置於小計資料下方**必須在勾選**取代目前小計**的狀態下才有效。

取消小計列

最後若要將資料恢復原狀,只要
再次切換到**資料**頁次, 按下**大綱**區的
小計鈕, 在**小計**交談窗中按下**全部移
除**鈕即可。

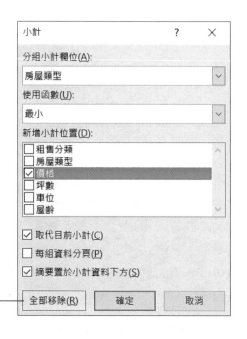

按下此鈕移除小計列 —

「大綱」是將工作表的資料分成多個層級, 以方便各層級的資料管理。例如以一個「學校」來說, 其下可分成各個「年級」, 年級之下又分成「各班」, 班之下再分出許多「學生」；學校、年級、班、學生就形成一個大綱結構。

建立大綱

上一節在執行**自動小計**後, 資料就自動加上**大綱結構**, Excel 是按照公式的參照位址方向來建立大綱, 所有的小計公式都是合計其上方儲存格的數值, 所以 Excel 就依垂直方向建立每一組公式的大綱層級。每個小計都屬於同一層 (第 2 層), 而總計則屬於較高的一層 (第 1 層)。

共分 3 層 ──

	A	B	C	D	E	F	G
1	租售分類	房屋類型	價格	坪數	車位	屋齡	
2	出租	公寓	$10,000	30	1	5	
3		**公寓 最小**	$10,000				
4	出租	套房	$6,000	6	0	15	
5	出租	套房	$8,000	8	0	6	
6		**套房 最小**	$6,000				
7	出租	雅房	$5,000	6	0	15	
8	出租	雅房	$6,000	6	0	12	
9		**雅房 最小**	$5,000				
10	賣屋	公寓	$5,150,000	30	1	14	
11	賣屋	公寓	$4,950,000	25	1	10	
12		**公寓 最小**	$4,950,000				
13	賣屋	套房	$2,150,000	12	0	4	
14	賣屋	套房	$2,400,000	14	0	3	
15	賣屋	套房	$2,200,000	12	0	3	
16	賣屋	套房	$1,920,000	16	0	2	
17		**套房 最小**	$1,920,000				
18		**總計最小值**	$5,000				
19							

Excel 除了可以建立垂直的大綱層級, 也可建立水平的大綱層級, 只要公式是參照其左方或右方的儲存格, 不過所有公式的方向必須一致。執行**自動小計**功能可以建立大綱, 此外還有一個**自動建立大綱**功能, 它仍是依照工作表的公式及參照位址來建立大綱。

	A	一月	二月	三月	第一季	四月	五月	六月	第二季	上半年總計
1				105 年度銷售額統計						
2		一月	二月	三月	第一季	四月	五月	六月	第二季	上半年總計
3	台北									
4	忠孝店	87,512	75,413	95,121	258,046	65,413	78,112	65,441	208,966	467,012
5	淡水店	65,442	65,894	84,541	215,877	75,113	85,413	84,321	244,847	460,724
6	中和店	35,487	54,874	75,413	165,774	65,441	84,511	78,431	228,383	394,157
7	台北計	188,441	196,181	255,075	639,697	205,967	248,036	228,193	682,196	1,321,893
8	台中									
9	豐原店	65,487	54,879	35,448	155,814	87,411	87,453	95,221	270,085	425,899
10	文心店	38,541	65,441	32,113	136,095	98,423	35,488	685,743	819,654	955,749
11	中港店	68,774	78,411	85,446	232,631	48,756	65,444	87,413	201,613	434,244
12	台中計	172,802	198,731	153,007	524,540	234,590	188,385	868,377	1,291,352	1,815,892

每個地區的公式, 是合計其上方 3 個分店的數值

每一季的公式, 是合計其左方 3 個月的數值

請開啟範例檔案 Ch15-07, 底下我們就試試如何建立大綱結構:

STEP 01 選取欲建立大綱的範圍, 若要建立整份資料的大綱, 則選取清單中的任一個儲存格就可以了。

STEP 02 切換到**資料**頁次, 按下**大綱**區**組成群組**鈕的下拉箭頭, 執行『**自動建立大綱**』命令:

2 執行此命令　　**1** 按下此鈕

水平大綱結構

垂直大綱結構　　　　　▲ 自動建立大綱

大綱符號

建立大綱之後, 工作表上會多出許多符號, 各符號的意義說明如下:

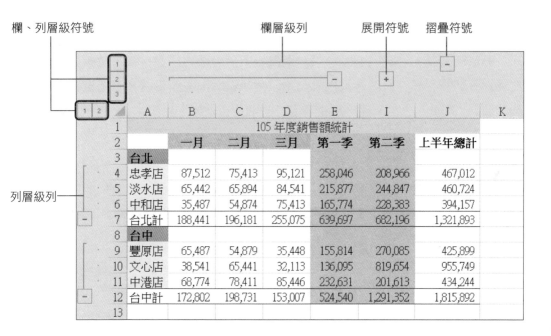

● **欄、列層級符號** 1 2 :標示欄、列各分成幾個層級。此例中, 水平方向共分為 3 層, 垂直方向分為 2 層。公式所參照的儲存格稱為**明細資料**, 屬於最低的層次。

● **欄、列層級列**:顯示某一層級包含哪些明細資料。

● **摺疊符號** − :表示這一層級的明細資料都顯示出來了, 可按一下**摺疊符號**將明細資料隱藏, 則**摺疊符號**會變成**展開符號**。

● **展開符號** + :表示這一層級的明細資料被隱藏起來了, 可按一下**展開符號**將明細資料顯示出來, 且**展開符號**會變成**摺疊符號**。

> 若想取消大綱結構, 只要切換到**資料**頁次, 按下**大綱**區的**取消群組**鈕的下拉鈕, 執行『**清除大綱**』命令即可。

大綱的應用

建立大綱之後，對於各層級資料的隱藏、顯示、搬移、和複製會方便很多。

隱藏和顯示詳細資料

若欲隱藏某一層級的明細資料，則按一下該層級的**摺疊符號、層級列、或層級符號**，該層的明細資料就會被摺疊起來，同時顯示出**展開符號**。若要重新顯示被摺疊的資料，則按一下該層級的**展開符號**，明細資料就又顯示出來了。

顯示某一層級的資料

若只要顯示某個層級的資料，則在**層級符號**的地方按一下該層級的編號即可。例如水平方向只要顯示出第一層的資料，則在水平方向的**層級符號**上按一下 1。

選取某個層級

當要複製或搬移一整個層級的資料時，首先必須選取該層的所有儲存格。Excel 有個很簡便的方法可以輕易地選取整個層級的資料：按下 Shift 鍵，再按一下該層的摺疊、展開符號、或層級列，就可一次選取該層級的所有儲存格了。

選取層級之後，可以按照以前的方法複製或搬移資料，也可以運用**大綱**區中的**顯示詳細資料**鈕 或**隱藏詳細資料**鈕 來摺疊或顯示該層級的資料。

自訂大綱

剛才介紹的做法是由 Excel 自動建立大綱，其實我們也可以自己動手建立大綱結構，底下即介紹自訂大綱的做法。

組成群組

大綱是由許多層級構成，所以自訂大綱即是由使用者自己決定由哪幾個相鄰的欄或列構成一個層級，進而形成大綱組織。

在此仍以 Ch15-07 的**工作表 1** 清單來示範，但請先將該清單的大綱結構清除。假設現在要將 B、C 欄組成一個層級：

STEP 01 請選取欲組成一個群組的範圍，如 B2：C2（也可以選取 B、C 兩欄）。

STEP 02 切換到**資料**頁次，按下**大綱**區**組成群組**鈕的下拉箭頭，執行『**組成群組**』命令，在開啟的**組成群組**交談窗中，選取**欄**項目：

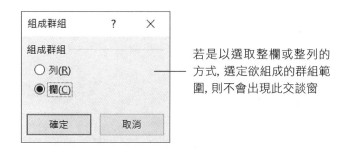

若是以選取整欄或整列的方式，選定欲組成的群組範圍，則不會出現此交談窗

STEP 03 按下**確定**鈕，即可將 B、C 兩欄組成一個群組：

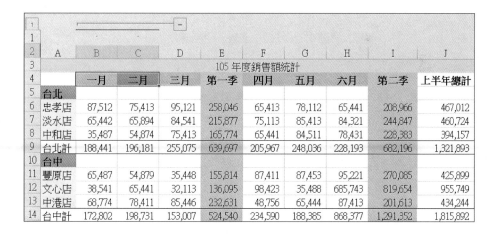

	A	B	C	D	E	F	G	H	I	J
3				105 年度銷售額統計						
4		一月	二月	三月	第一季	四月	五月	六月	第二季	上半年總計
5	台北									
6	忠孝店	87,512	75,413	95,121	258,046	65,413	78,112	65,441	208,966	467,012
7	淡水店	65,442	65,894	84,541	215,877	75,113	85,413	84,321	244,847	460,724
8	中和店	35,487	54,874	75,413	165,774	65,441	84,511	78,431	228,383	394,157
9	台北計	188,441	196,181	255,075	639,697	205,967	248,036	228,193	682,196	1,321,893
10	台中									
11	豐原店	65,487	54,879	35,448	155,814	87,411	87,453	95,221	270,085	425,899
12	文心店	38,541	65,441	32,113	136,095	98,423	35,488	685,743	819,654	955,749
13	中港店	68,774	78,411	85,446	232,631	48,756	65,444	87,413	201,613	434,244
14	台中計	172,802	198,731	153,007	524,540	234,590	188,385	868,377	1,291,352	1,815,892

若要取消你所建立的層級，請先選取該層級，如 B、C 兩欄，再切換到**資料**頁次，按下**大綱**區**取消群組**鈕的下拉箭頭，執行『**取消群組**』命令即可。

仿上述步驟多設定幾個群組，就可以形成一個大綱結構了。若是選取多列來組成一個群組，則在**組成群組**交談窗內應選取**列**項目。

核算個人收支— 使用「合併彙算」功能

養成記帳的好習慣，容易掌握金錢的收支流向，幫助自己看緊荷包。本節就以計算個人每月的花費為例，教您製作每月的收支明細表。最後，利用 Excel 的**合併彙算**功能，算出整年度的各項收支金額。

月收支明細

請您開啟範例檔案 Ch15-08，並切換到一月**收支明細**工作表：

	A	B	C	D	E
1	項目		收入	支出	
2	薪水		32,000		
3	伙食費			3,000	
4	交通費			3,000	
5	娛樂費			2,800	
6	置裝費			3,200	
7	其他:	稿費	1,000		
8		績效獎金	1,600		
9		婚喪禮金		2,000	
10	小計:				
11	餘額:				
12					

計算收支明細

我們已經將一月份的收入及支出費用輸入在一月**收支明細**工作表中，接下來便要核算一月份的收支明細：

STEP 01 請選取 C10 儲存格，然後切換到**公式**頁次，按下**函數程式庫**區的**自動加總**鈕，選取 C2：C9 做為引數，按下 Enter 鍵，即可計算出一月份的收入總和：

C10		× ✓ fx	=SUM(C2:C9)	

	A	B	C	D	E
1	項目		收入	支出	
2	薪水		32,000		
3	伙食費			3,000	
4	交通費			3,000	
5	娛樂費			2,800	
6	置裝費			3,200	
7	其他:	稿費	1,000		
8		績效獎金	1,600		
9		婚喪禮金		2,000	
10	小計:		34,600		
11	餘額:				

一月份總收入

STEP 02 接著拉曳 C10 的填滿控點到 D10，將公式複製到 D10 中。由於引數使用相對參照，所以 D10 儲存格的公式會自動調整為 "=SUM(D2：D9)"，算出一月份的總支出。

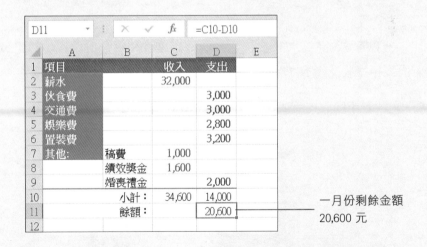

STEP 03 儲存格 D11 是用來記錄每月收入扣除支出後的剩餘金額，所以請輸入如下的公式："= C10-D10"：

如此一來，就完成一月份的收支核算了。若要建立其它月份的收支明細，您可參考 6-8 節的說明，將**一月收支明細**工作表進行複製，再修改一下工作表的頁次標籤名稱與工作表內容，即可建立完成。

利用「合併彙算」製作年度收支總表

詳細記錄好每個月的收支明細之後，到了年底如果能再做出一張總表，還能幫助你做好次年度的理財規劃喔！請您開啟範例檔案 Ch15-09，我們已事先建立好一到十二月的收支明細：

可利用**頁次**標籤列切換到
欲顯示的工作表頁次標籤

若想將一到十二月的收支明細彙總起來，利用**合併彙算**功能是最方便的了！請切換到**年度收支總表 (**最後一張工作表)，然後跟著底下的步驟操作：

STEP 01 選取**年度收支總表**的 C2：D11，做為合併彙算的目標區域：

選取 C2：D11

STEP 02 切換到**資料**頁次, 按下**資料工具**區的**合併彙算**鈕, 開啟如下的**合併彙算**交談窗:

1 選取**加總**做為合併資料的運算方式

2 按下**折疊**鈕, 到工作表選取參照位址

STEP 03 由於我們要在**年度收支總表**中彙算出一到十二月的收支明細資料, 因此合併彙算的參照位址欄應該設為**一月收支明細**的 C2:D11、**二月收支明細**的 C2:D11…一直到**十二月收支明細**的 C2:D11, 請如圖操作:

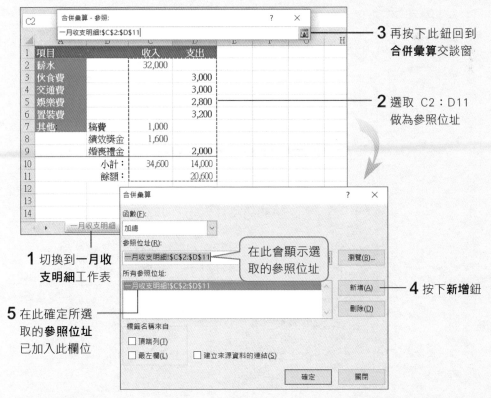

3 再按下此鈕回到**合併彙算**交談窗

2 選取 C2:D11 做為參照位址

在此會顯示選取的參照位址

1 切換到**一月收支明細**工作表

4 按下**新增**鈕

5 在此確定所選取的**參照位址**已加入此欄位

STEP 04 接著請重複步驟 3 的動作，依序切換到二月**收支明細**、三月**收支明細**…等頁次標籤，選取 C2：D11 範圍之後，回到**合併彙算**交談窗按下**新增**鈕…如此反覆，將十二個月份的 C2：D11 範圍都新增到**所有參照位址**欄位中：

您也可以直接在此欄位輸入**參照位址**

總共有 12 組參照位址

合併彙算 ? ×

函數(F):

加總

參照位址(R):

十二月收支明細!$C$2:$D$11 [ ] 瀏覽(B)…

所有參照位址:

二月收支明細!$C$2:$D$11
八月收支明細!$C$2:$D$11
十一月收支明細!$C$2:$D$11
十二月收支明細!$C$2:$D$11

新增(A)

刪除(D)

標籤名稱來自

☐ 頂端列(T)
☐ 最左欄(L) ☐ 建立來源資料的連結(S)

確定 關閉

STEP 05 最後按下**合併彙算**交談窗的**確定**鈕，則整年度的收支總表就呈現在您的眼前了：

		A	B	C	D
	1	項目		收入	支出
+	14	薪水		397,500	
+	27	伙食費			45,060
+	40	交通費			32,300
+	53	娛樂費			73,080
+	66	置裝費			41,170
+	76	其他:	稿費	12,600	
+	86		績效獎金	12,600	
+	94		婚喪禮金	4,200	19,200
+	107		小計：	426,900	210,810
+	120		餘額：		216,090
	121				

◀ ▶ … 十二月收支明細 年度收支總表 ⊕

執行**合併彙算**功能之後，Excel 會自動為工作表加上**大綱結構** (出現 [1] [2] 與 [+] 等符號)，有關工作表大綱的操作，請參考 15-7 節的說明。

CHAPTER

16

樞紐分析表及
樞紐分析圖

相信現在各位已經知道如何建立以及彙整表格資
料了, 這一章我們要在表格上應用樞紐分析表以
及樞紐分析圖的功能, 進行 "互動式" 分析, 看看
這些表格資料能為我們帶來些什麼有用的資訊。

- 認識樞紐分析表
- 建立樞紐分析表
- 新增及移除樞紐分析表的欄位
- 調整樞紐分析表的欄位
- 設定樞紐分析表的篩選欄位
- 更新樞紐分析表
- 改變資料欄位的摘要方式
- 美化樞紐分析表
- 繪製樞紐分析圖

樞紐分析表的應用

請先開啟範例檔案 Ch16-01, 這是一份咖啡機銷售清單, 分別列出 104 及 105 年度各種咖啡機在不同區域的銷售情形。現在老闆希望你統計一下, 這兩年中每種咖啡機在各個區域的總銷售量, 並製作一份如下圖的報表, 該怎麼做呢?

年度	產品名稱	區域	單位(台)	銷售額
104	義式咖啡機	北區	2,000	1,900,000
104	美式咖啡機	北區	3,000	2,250,000
104	膠囊咖啡機	北區	5,000	88,700,000
104	義式咖啡機	中區	800	8,000,000
104	美式咖啡機	中區	2,000	1,950,000
104	義式咖啡機	南區	500	5,000,000
104	美式咖啡機	南區	300	1,050,000
104	膠囊咖啡機	南區	1,000	3,300,000
104	義式咖啡機	東區	450	31,200
104	膠囊咖啡機	東區	300	1,000,000
105	義式咖啡機	北區	25,000	23,750,000
105	美式咖啡機	北區	1,500	975,000
105	膠囊咖啡機	北區	2,500	6,250,000
105	義式咖啡機	中區	9,000	85,500,000
105	美式咖啡機	中區	100	65,500
105	膠囊咖啡機	中區	250	627,500
105	義式咖啡機	南區	8,000	76,650,000
105	膠囊咖啡機	南區	500	1,253,000
105	義式咖啡機	東區	1,000	8,500,000

製作統計報表

單位 (台)	區域				小計
	中區	北區	東區	南區	
美式咖啡機	2,100	4,500	450	300	7,350
義式咖啡機	9,800	27,000	1,000	8,500	46,300
膠囊咖啡機	250	7,500	300	1,500	9,550
小計	12,150	39,000	1,750	10,300	63,200

(產品名稱)

先別急著按電子計算機, 利用 "互動式" 樞紐分析表功能即可根據表格資料快速產生上述的報表, 而且這份報表可隨意變更欄位, 無論是新增、移除欄位、變換欄位的位置, 這份報表都能在瞬間調整, 以我們所要的形式將資料呈現出來。

樞紐分析表的組成元件

在說明如何建立樞紐分析表之前, 我們先來認識一下樞紐分析表的組成元件。

● 欄位：樞紐分析表中有**篩選**、**欄**、**列**與 **Σ 值** 4 種欄位。建立樞紐分析表時, 我們必須指定要以表格中的哪些欄位作為**篩選**、**欄**、**列**與 **Σ 值**欄位, 這樣 Excel 才能根據我們的設定產生樞紐分析表。

	A	B	C	D	E
1	年度	產品名稱	區域	單位(台)	銷售額
2	104	義式咖啡機	北區	2,000	1,900,000
3	104	美式咖啡機	北區	3,000	2,250,000
4	104	膠囊咖啡機	北區	5,000	88,700,000
5	104	義式咖啡機	中區	800	8,000,000
6	104	美式咖啡機	中區	2,000	1,950,000
7	104	義式咖啡機	南區	500	5,000,000
8	104	美式咖啡機	南區	300	1,050,000
9	104	膠囊咖啡機	南區	1,000	3,300,000
10	104	美式咖啡機	東區	450	31,200
11	104	膠囊咖啡機	東區	300	1,000,000
12	105	義式咖啡機	北區	25,000	23,750,000
13	105	美式咖啡機	北區	1,500	975,000
14	105	膠囊咖啡機	北區	2,500	6,250,000
15	105	義式咖啡機	中區	9,000	85,500,000
16	105	美式咖啡機	中區	100	65,500
17	105	膠囊咖啡機	中區	250	627,500
18	105	義式咖啡機	南區	8,000	76,650,000
19	105	膠囊咖啡機	南區	500	1,253,000
20	105	義式咖啡機	東區	1,000	8,500,000

▶ 事先建立好的 表格資料

產品名稱指定為**列**　　　　　　　　**區域**指定為**欄**　　**單位 (台)** 指定為 **Σ 值**

	A	B	C	D	E	F	G
1							
2							
3	加總 - 單位(台)	欄標籤					
4	列標籤		中區	北區	東區	南區	總計
5	美式咖啡機		2100	4500	450	300	7350
6	義式咖啡機		9800	27000	1000	8500	46300
7	膠囊咖啡機		250	7500	300	1500	9550
8	總計		12150	39000	1750	10300	63200
9							

▶ 樞紐分析表

 Σ 值欄位通常指定的是數值類型的資料, 可計算出加總、平均值…等運算結果。

● 列 (欄) 項目：欄位中每個唯一的值便稱為**項目**，例如**產品名稱**欄就有**義式咖啡機、美式咖啡機、膠囊咖啡機** 3 個項目。

	A	B	C	D	E
1	年度	產品名稱	區域	單位(台)	銷售額
2	104	義式咖啡機	北區	2,000	1,900,000
3	104	美式咖啡機	北區	3,000	2,250,000
4	104	膠囊咖啡機	北區	5,000	88,700,000
5	104	義式咖啡機	中區	800	8,000,000
6	104	美式咖啡機	中區	2,000	1,950,000
7	104	義式咖啡機	南區	500	5,000,000
8	104	美式咖啡機	南區	300	1,050,000
9	104	膠囊咖啡機	南區	1,000	3,300,000
10	104	美式咖啡機	東區	450	31,200
11	104	膠囊咖啡機	東區	300	1,000,000
12	105	義式咖啡機	北區	25,000	23,750,000
13	105	美式咖啡機	北區	1,500	975,000
14	105	膠囊咖啡機	北區	2,500	6,250,000
15	105	義式咖啡機	中區	9,000	85,500,000
16	105	美式咖啡機	中區	100	65,500
17	105	膠囊咖啡機	中區	250	627,500
18	105	義式咖啡機	南區	8,000	76,650,000
19	105	膠囊咖啡機	南區	500	1,253,000
20	105	義式咖啡機	東區	1,000	8,500,000

▶ 表格資料

3 個列項目 ▶ ◀ 4 個欄項目

	A	B	C	D	E	F	G
1							
2							
3	加總 - 單位(台)	欄標籤					
4	列標籤	中區	北區	東區	南區	總計	
5	美式咖啡機	2100	4500	450	300	7350	
6	義式咖啡機	9800	27000	1000	8500	46300	
7	膠囊咖啡機	250	7500	300	1500	9550	
8	總計	12150	39000	1750	10300	63200	
9							

▶ 樞紐分析表

16-2 建立樞紐分析表

對樞紐分析表的結構有了基本概念後，現在我們就要利用 Ch16-01 工作表 1 中的數據資料來建立樞紐分析表，以便了解 104~105 年每項產品在不同區域的銷售總數量。

設定資料來源

請選取資料範圍中的任一個儲存格，然後切換至**插入**頁次，按下**表格**區中的**樞紐分析表鈕**：

按此鈕

接著會開啟**建立樞紐分析表**交談窗讓我們做進一步的設定。第 1 步要先設定資料來源，好讓 Excel 知道要根據什麼資料來產生樞紐分析表。

可按下此鈕重新選擇資料來源

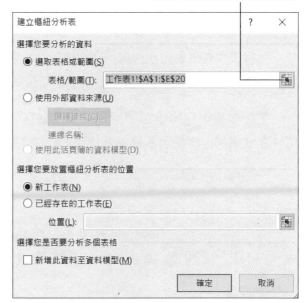

由於我們之前已選取資料表格中的某一個儲存格，所以 Excel 會自動選取整個表格資料做為來源資料範圍。如果 Excel 自動選取的範圍不對，可在**表格/範圍**欄直接輸入來源資料範圍，或按下旁邊的**折疊鈕** 到工作表中選取範圍。此外，亦可選擇外部資料庫 (如 Access、SQL Server 等軟體所建立的資料庫)，做為樞紐分析表的資料來源。

設定樞紐分析表的位置

請在交談窗下方設定樞紐分析表要放置的位置, 此例我們選擇**新工作表**, 在目前的工作表前插入一張新工作表來放置樞紐分析表:

若選擇**已經存在的工作表**項目, 可直接輸入位置, 或按下**折疊**鈕 選取工作表及儲存格

建立樞紐分析表　　　　　? ✕

選擇您要分析的資料

◉ 選取表格或範圍(S)

　　表格/範圍(T):　工作表1!$A$1:$E$20

○ 使用外部資料來源(U)

　　　選擇連線(C)...

　　連線名稱:

○ 使用此活頁簿的資料模型(D)

選擇您要放置樞紐分析表的位置

◉ 新工作表(N)

○ 已經存在的工作表(E)

　　位置(L):

選擇您是否要分析多個表格

☐ 新增此資料至資料模型(M)

　　　　　　　　　　確定　　取消

設定好之後請按下**確定**鈕

版面配置

此時工作表上會出現一個空白的樞紐分析表, 右側則會開啟**樞紐分析表欄位**工作窗格, 我們可利用此窗格來指定要以哪些欄位做為**篩選**、**欄**、**列**與 **Σ 值**欄位。

工作窗格會列出清單中所有的欄位名稱, 只要拉曳欄位名稱到對應的位置即可。在此要指定**產品名稱**欄為**列標籤**, 請如下操作:

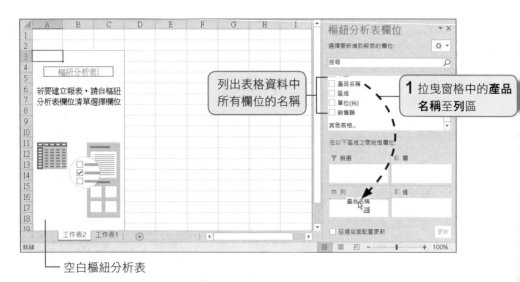

列出表格資料中所有欄位的名稱

1 拉曳窗格中的**產品名稱**至列區

空白樞紐分析表

16-6

看似複雜的樞紐分析表已經輕鬆完成了，由上圖您可以很清楚地了解 104~105 年每項產品在不同區域的銷售總數量。

此外，樞紐分析表中的**欄位標題**，目的是方便我們篩選資料的檢視內容，如果不想要顯示欄位標題，請切換至**樞紐分析表工具/分析**頁次，利用**顯示**區的**欄位標題**鈕來切換是否隱藏。

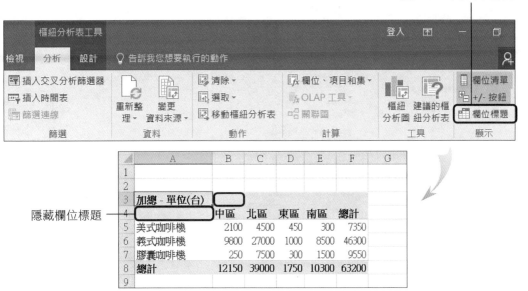

用「快速分析」鈕來建立樞紐分析表

當你選取了資料範圍後, 在選取範圍的右下角會出現一個**快速分析**鈕 圖, 按下此鈕並切換到**表格**頁次下, 可從清單中選取 Excel 建議的樞紐分析表範本, 快速建立樞紐分析表。

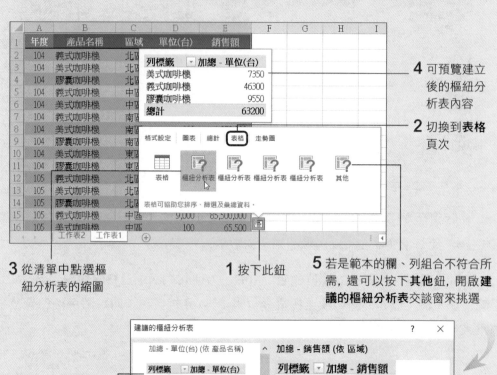

4 可預覽建立後的樞紐分析表內容

2 切換到**表格**頁次

3 從清單中點選樞紐分析表的縮圖

1 按下此鈕

5 若是範本的欄、列組合不符合所需, 還可以按下**其他**鈕, 開啟**建議的樞紐分析表**交談窗來挑選

這裡列出更多的欄、列組合供你挑選

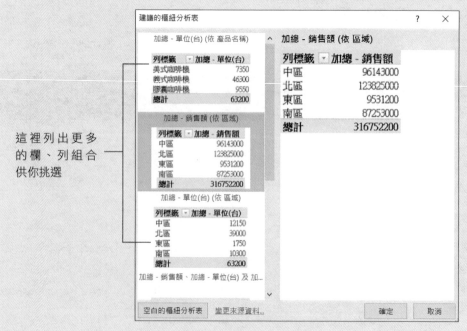

刪除樞紐分析表

若想刪除樞紐分析表，方法十分簡單，只要將樞紐分析表所在的那張工作表刪除即可。若只要刪除樞紐分析表的內容，請參考以下的操作步驟：

STEP 01 先選取樞紐分析表中的任一個儲存格，然後將功能區切換至**樞紐分析表工具/分析**頁次。

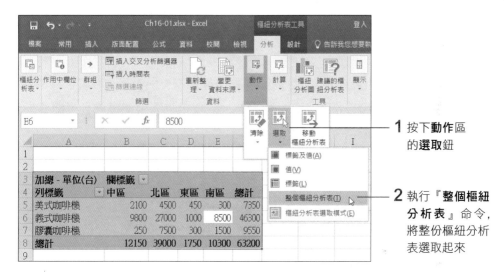

1 按下**動作**區的**選取**鈕

2 執行『**整個樞紐分析表**』命令，將整份樞紐分析表選取起來

STEP 02 接著按下**動作**區的**清除**鈕執行『**全部清除**』，便會回復至空白的樞紐分析表，讓您重新建立欄、列標籤。

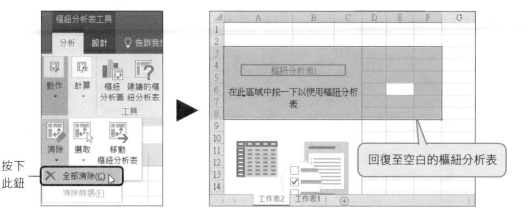

按下此鈕

回復至空白的樞紐分析表

假如有根據樞紐分析表來繪製樞紐分析圖 (參考 16-9 節)，則刪除樞紐分析表後，所繪製的樞紐分析圖並不會消失，只是會變成靜態圖表，也就是沒有互動功能了。

16-3 新增及移除樞紐分析表的欄位

樞紐分析表已經建好了，假設老闆想進一步比較兩年的銷售量變化情況，我們只需將「年度」欄加入樞紐分析表中，樞紐分析表的資料就會自動進行調整，不需要重新製作喔！

新增樞紐分析表欄位

請開啟範例檔案 Ch16-02 並切換到**工作表 2**，內容是上一節所建立的樞紐分析表。只要選定樞紐分析表內任一儲存格，就會自動開啟**樞紐分析表欄位**工作窗格，我們要利用此工作窗格來新增欄位：

 當你選取樞紐分析表範圍以外的儲存格，工作窗格將會自動隱藏起來，只要按一下樞紐分析表範圍內的儲存格，工作窗格就會再次顯示了。若仍沒有顯示工作窗格，請直接按下滑鼠右鈕選擇『**顯示欄位清單**』命令即可 (或切換至**樞紐分析表工具/分析**頁次，按下**顯示**區的**欄位清單**鈕，亦可顯示**樞紐分析表欄位**工作窗格)。

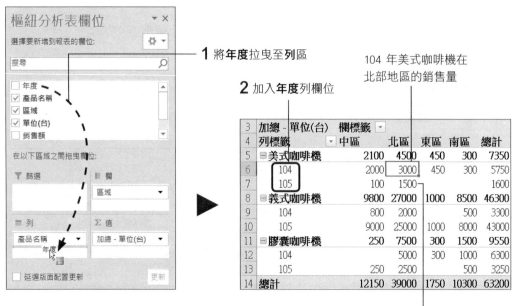

1 將**年度**拉曳至**列**區

2 加入**年度**列欄位

104 年美式咖啡機在北部地區的銷售量

3	加總 - 單位(台)	欄標籤				
4	列標籤	中區	北區	東區	南區	總計
5	⊟ 美式咖啡機	2100	4500	450	300	7350
6	104	2000	3000	450	300	5750
7	105	100	1500			1600
8	⊟ 義式咖啡機	9800	27000	1000	8500	46300
9	104	800	2000		500	3300
10	105	9000	25000	1000	8000	43000
11	⊟ 膠囊咖啡機	250	7500	300	1500	9550
12	104		5000	300	1000	6300
13	105	250	2500		500	3250
14	總計	12150	39000	1750	10300	63200

105 年美式咖啡機在北部地區的銷售量

即時更新樞紐分析表

在**樞紐分析表欄位**工作窗格下方的**延遲版面配置更新**項目，預設是沒有勾選的，表示當您調整欄位時，樞紐分析表會即時更新所有的資料。但是如果工作表的資料量很大，則在新增、刪除欄位時，工作表即時更新的動作可能會使系統變慢，尤其是一次更新多個欄位時，延遲的時間更是明顯，這時建議您勾選此項，一次調整好所有的欄位後，再手動按下右側的**更新**鈕，以加速工作效率。

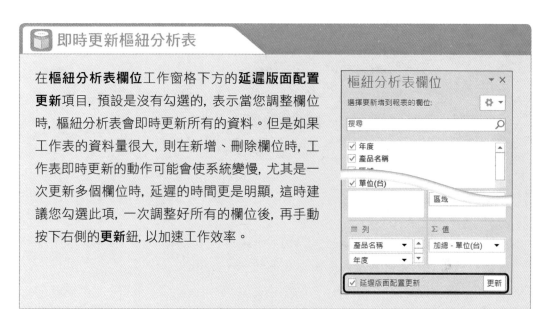

移除樞紐分析表欄位

我們可以隨時新增樞紐分析表中的欄位，也可以將欄位移除。接續上例，假設要將剛才新增至**列**標籤的**年度**欄移除，只要取消工作窗格中**年度**前的打勾符號：

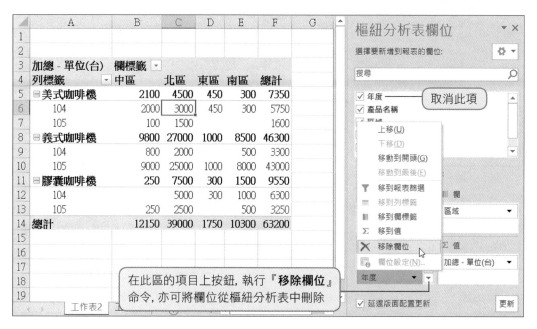

16-4 調整樞紐分析表的欄位

樞紐分析表保留了調整欄位的彈性，除了可以調整欄位的排列順序，還可以控制欄位項目的顯示或隱藏狀態，以便隨時調整成我們要觀看的內容，可說是很有彈性的報表。我們來學學相關的調整技巧。

顯示或隱藏欄位中的項目

請開啟範例檔案 Ch16-03，並切換到**工作表 2**。在樞紐分析表的**欄標籤**及**列標籤**右方各有一個下拉鈕，按下此鈕即可在列示窗中選擇欲顯示或隱藏的欄位項目：

按下此鈕

打勾表示這個項目會顯示在樞紐分析表中

假設我們只想要查閱**義式咖啡機**與**膠囊咖啡機**的銷售狀況，那就取消**美式咖啡機**項目前的打勾符號，再按下**確定**鈕即可：

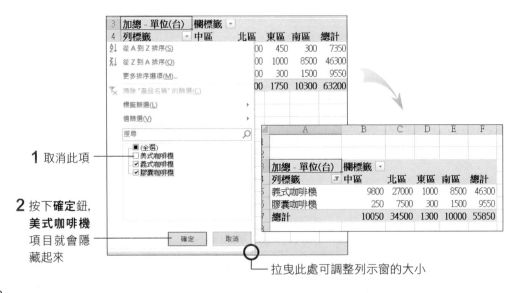

1 取消此項

2 按下**確定**鈕，**美式咖啡機**項目就會隱藏起來

拉曳此處可調整列示窗的大小

調整欄位的排列順序

我們也可以調整樞紐分析表上各欄位的位置及排列順序，透過不同的角度來檢視資料。請切換到 Ch16-03 的**工作表 3**，我們同時將**產品名稱**及**年度**欄置於**列**內，可同時比較 3 項產品在 2 個年度的銷售數字：

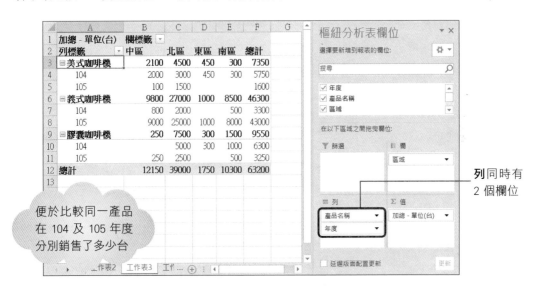

便於比較同一產品在 104 及 105 年度分別銷售了多少台

列同時有 2 個欄位

如果想要改以**年度**做主要的分類，同時比較相同年度 3 項產品的銷售情況，只要將**列**中 2 個項目的順序對調即可：

便於比較 3 項產品在同一年、同一區域中的銷售量多寡

將**產品名稱**欄向下拉曳至**年度**欄下方

16-5 設定樞紐分析表的篩選欄位

樞紐分析表除了可以讓我們自由調整欄、列的項目外, 若是需要將資料分頁顯示, 透過樞紐分析表的篩選欄位即可輕鬆完成, 這一節我們就來看看如何從報表中篩選出需要的資料。

設定分頁欄位

請開啟範例檔案 Ch16-04, 底下將以**工作表 2** 中的樞紐分析表為例。假設我們想要單獨檢視 104 年及 105 年的銷售狀況, 那麼就可以將**年度**欄設為**篩選欄位**:

2 會新增此篩選欄位, 預設是顯示**全部**年度的資料

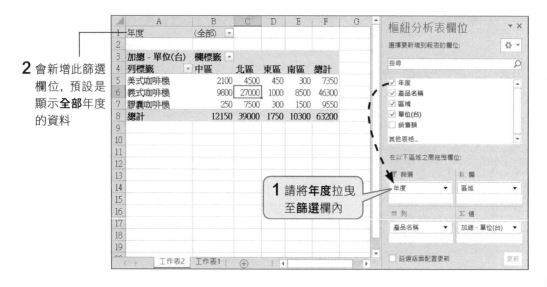

若要觀看不同的頁次, 請按下**年度**欄位右方的篩選鈕, 再選取你所要的項目即可:

● 選擇 104 年：

	A	B	C	D	E	F
1	年度	104 ⊤				
2						
3	加總 - 單位(台)	欄標籤 ▾				
4	列標籤 ▾	中區	北區	東區	南區	總計
5	美式咖啡機	2000	3000	450	300	5750
6	義式咖啡機	800	2000		500	3300
7	膠囊咖啡機		5000	300	1000	6300
8	總計	2800	10000	750	1800	15350

◀ 104 年的銷售情況

● 選擇 105 年：

	A	B	C	D	E	F
1	年度	105 ⊤				
2						
3	加總 - 單位(台)	欄標籤 ▾				
4	列標籤 ▾	中區	北區	東區	南區	總計
5	美式咖啡機	100	1500			1600
6	義式咖啡機	9000	25000	1000	8000	43000
7	膠囊咖啡機	250	2500		500	3250
8	總計	9350	29000	1000	8500	47850

◀ 105 年的銷售情況

使用交叉分析篩選器

除了上述的方法外，我們也可以使用**交叉分析篩選器**，不需使用**篩選**欄位，就能找到您要篩選的項目。請切換到範例檔案 Ch16-04 的**工作表 3**，底下將以其中的樞紐分析表來說明。

STEP 01 假設我們想要單獨檢視 104 年及 105 年的銷售狀況，請選取樞紐分析表中的任一儲存格，並將功能區切換至**樞紐分析表工具/分析**頁次，按下**篩選**區的**插入交叉分析篩選器**鈕：

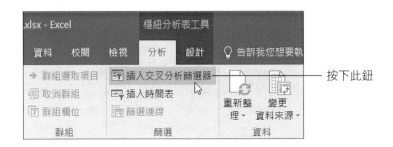

按下此鈕

STEP 02 在開啟的**插入交叉分析篩選器**交談窗中如圖操作：

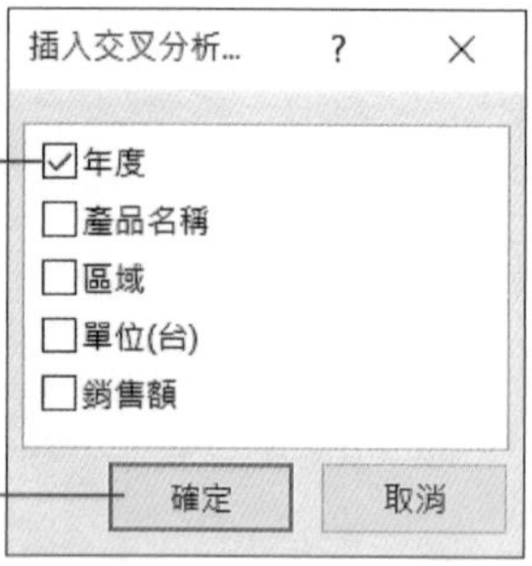

插入交叉分析...	?	×
☑ 年度		
☐ 產品名稱		
☐ 區域		
☐ 單位(台)		
☐ 銷售額		
	確定	取消

1 勾選**年度**項目

2 按下**確定**鈕

STEP 03 在樞紐分析表上即出現了如下圖的一組交叉分析篩選器，只要點選其中的按鈕，便可以只顯示篩選後的資料。例如按下 **104** 按鈕，便會幫你統計出 104 年的銷售情況：

交叉分析篩選器標題：會列出交叉分析篩選器中的項目類別

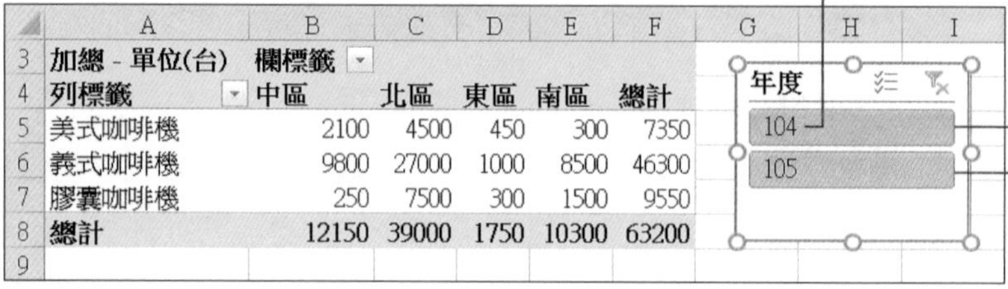

	A	B	C	D	E	F	G	H	I
3	加總 - 單位(台)	欄標籤 ▼					年度	≋	▼ₓ
4	列標籤 ▼	中區	北區	東區	南區	總計			
5	美式咖啡機	2100	4500	450	300	7350	104		
6	義式咖啡機	9800	27000	1000	8500	46300	105		
7	膠囊咖啡機	250	7500	300	1500	9550			
8	總計	12150	39000	1750	10300	63200			
9									

依**年度**產生的交叉分析篩選器

● **統計 104 年度的銷售情況：**

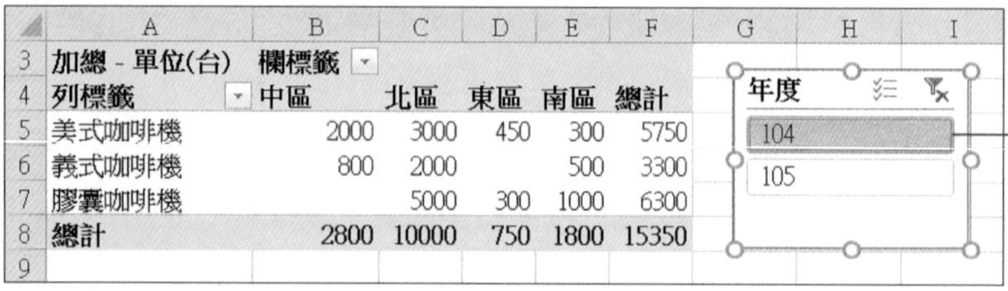

	A	B	C	D	E	F	G	H	I
3	加總 - 單位(台)	欄標籤 ▼					年度	≋	▼ₓ
4	列標籤 ▼	中區	北區	東區	南區	總計			
5	美式咖啡機	2000	3000	450	300	5750	104		
6	義式咖啡機	800	2000		500	3300	105		
7	膠囊咖啡機		5000	300	1000	6300			
8	總計	2800	10000	750	1800	15350			
9									

按下此鈕

● **統計 105 年度的銷售情況：**

	A	B	C	D	E	F	G	H	I
3	加總 - 單位(台)	欄標籤 ▼					年度	≋	▼ₓ
4	列標籤 ▼	中區	北區	東區	南區	總計			
5	美式咖啡機	100	1500			1600	104		
6	義式咖啡機	9000	25000	1000	8000	43000	105		
7	膠囊咖啡機	250	2500		500	3250			
8	總計	9350	29000	1000	8500	47850			
9									

按下此鈕

按下交叉分析篩選器右上角的**清除篩選**鈕 ▼ₓ，可恢復顯示 104 年與 105 年的銷售合計。若是要刪掉整個交叉分析篩選器，則可選取交叉分析篩選器再按下 Delete 鍵。

16-6 更新樞紐分析表

樞紐分析表是根據來源資料 (如 Excel 清單) 而產生的。因此, 若來源資料有任何更動, 則樞紐分析表也要更新, 才能確保資料的正確性, 避免發生錯誤。

我們實際來練習一次, 請先開啟範例檔案 Ch16-05, 然後如下操作:

STEP 01 切換到樞紐分析表的來源資料**工作表 1**, 然後將儲存格 D4 的內容更改為 0:

原為 5000, 現在將它改成 0

	A	B	C	D	E
1	年度	產品名稱	區域	單位(台)	銷售額
2	104	義式咖啡機	北區	2,000	1,900,000
3	104	美式咖啡機	北區	3,000	2,250,000
4	104	膠囊咖啡機	北區	0	88,700,000
5	104	義式咖啡機	中區	800	8,000,000
6	104	美式咖啡機	中區	2,000	1,950,000

STEP 02 再來請切換到樞紐分析表所在的**工作表 2**:

	A	B	C	D	E	F
1	加總 - 單位(台)	欄標籤				
2	列標籤	中區	北區	東區	南區	總計
3	美式咖啡機	2100	4500	450	300	7350
4	義式咖啡機	9800	27000	1000	8500	46300
5	膠囊咖啡機	250	7500	300	1500	9550
6	總計	12150	39000	1750	10300	63200

▶ 尚未更新的結果

STEP 03 選取樞紐分析表中的任一儲存格, 並將功能區切換至**樞紐分析表工具/分析**頁次, 按下**資料**區的**重新整理**鈕:

按下此鈕

	A	B	C	D	E	F
1	加總 - 單位(台)	欄標籤				
2	列標籤	中區	北區	東區	南區	總計
3	美式咖啡機	2100	4500	450	300	7350
4	義式咖啡機	9800	27000	1000	8500	46300
5	膠囊咖啡機	250	2500	300	1500	4550
6	總計	12150	34000	1750	10300	58200

▲ 資料更新了

如果有多個工作表都參照到修改的原始資料, 可按下**重新整理**鈕的向下箭頭, 從中執行『**全部重新整理**』命令, 可一次更新所有相關的工作表。

若要更新來源資料範圍, 請按下此鈕

16-7 改變資料欄位的摘要方式

「摘要方式」是指樞紐分析表「Σ 值」欄位所採用的計算方式。您可從樞紐分析表的左上角看到目前採用的摘要方式, 例如在本例中加總是預設的摘要方式。

改變摘要方式

請開啟範例檔案 Ch16-06, 我們以**工作表 2** 中的樞紐分析表來說明如何改變 **Σ 值**欄位的摘要方式。

STEP 01 選取 **Σ 值**欄位區中的任一個儲存格, 例如 D4 , 接著按下**樞紐分析表工具/ 分析**頁次作用中欄位區的**欄位設定**鈕:

按下此鈕

STEP 02 在列示窗中選取要採用的計算方式, 例如選擇**最大**:

選此項

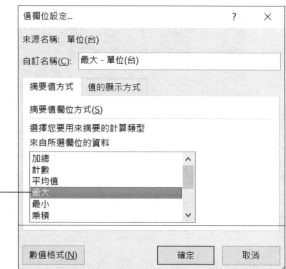

STEP 03 設定完成後, 按下**確定**鈕:

	A	B	C	D	E	F
1	最大 - 單位(台)	欄標籤 ▾				
2	列標籤 ▾	中區	北區	東區	南區	總計
3	美式咖啡機	2000	3000	450	300	3000
4	義式咖啡機	9000	25000	1000	8000	25000
5	膠囊咖啡機	250	5000	300	1000	5000
6	總計	9000	25000	1000	8000	25000

▲ **摘要方式**改成**最大**的計算結果

新增計算欄位

樞紐分析表的欄位除了來自表格資料以外, 我們還可以建立**計算欄位**, 設計公式來分析樞紐分析表中的資料。接續上例, 假設我們要在**工作表2** 中建立一個計算「銷售平均值」的公式欄位, 可如下操作:

STEP 01 選取樞紐分析表中的任一個儲存格, 然後按下**樞紐分析表工具/分析**頁次中**計算**區的**欄位、項目和集**鈕, 執行『**計算欄位**』命令。

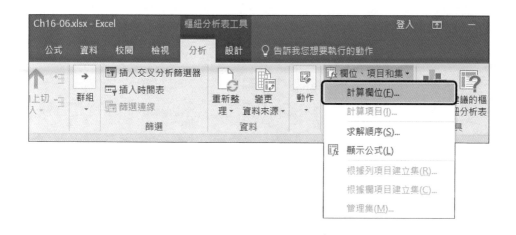

02 在開啟的**插入計算欄位**交談窗進行如下的設定：

3 在引號後面輸入 "/2", 因為有兩個年度

1 輸入 "平均" 做為這個計算欄位的名稱

2 雙按**欄位**列示窗中的**單位(台)**項目 (或選取**單位(台)**項目, 再按**插入欄位**鈕), 將**單位(台)**輸入到**公式**欄中

> **公式**欄僅能使用**欄位**列示窗中的欄位資料, 不能使用 Excel 的函數來建立公式

03 按下**確定**鈕, 則樞紐分析表中便多了一欄**平均**欄位。請由**樞紐分析表欄位**窗格確認各標籤的欄位內容, 若與下圖不同, 可直接拉曳各項目來進行調整：

新增了**平均**, 可方便查看每個產品平均銷售幾台

	A	B	C	D	E	F
1		欄標籤				
2	列標籤	中區	北區	東區	南區	總計
3	美式咖啡機					
4	最大 - 單位(台)	2000	3000	450	300	3000
5	加總 - 平均	1,050	2,250	225	150	3,675
6						
7	義式咖啡機					
	最大 - 單位(台)	9000	25000	1000	8000	25000
8	加總 - 平均	4,900	13,500	500	4,250	23,150
9	膠囊咖啡機					
10	最大 - 單位(台)	250	5000	300	1000	5000
11	加總 - 平均	125	3,750	150	750	4,775
12	最大 - 單位(台) 的加總	9000	25000	1000	8000	25000
13	加總 - 平均 的加總	6,075	19,500	875	5,150	31,600

顯示樞紐分析表中的公式

想知道樞紐分析表中一共有多少公式, 以及公式的內容嗎?你可以選取樞紐分析表中的任一個儲存格, 然後按下**樞紐分析表工具/分析**頁次中**計算**區的**欄位、項目和集**鈕, 執行『**顯示公式**』命令, 則活頁簿便會插入一張新的工作表, 顯示樞紐分析表中所有的公式以及公式內容:

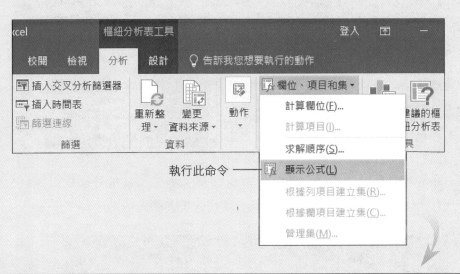

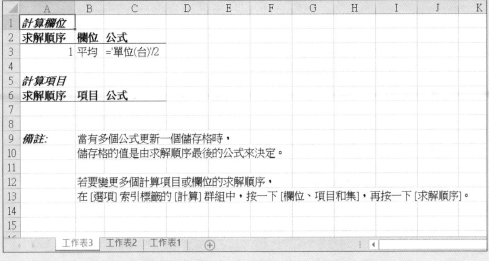

16-8 美化樞紐分析表

Excel 提供許多專業化的報表格式, 其中樞紐分析表樣式便可以幫助我
們來美化樞紐分析表, 只要輕鬆點選一下, 報表馬上變得美觀大方, 不用
煩惱自己不會搭配表格色彩、格線、底紋喔!

套用樞紐分析表樣式

請開啟範例檔案 Ch16-07, 我們這
就來為**工作表 2** 中的樞紐分析表套上
Excel 提供的報表格式。

	A	B	C	D	E	F
1	加總 - 單位(台)					
2		中區	北區	東區	南區	總計
3	美式咖啡機	2100	4500	450	300	7350
4	義式咖啡機	9800	27000	1000	8500	46300
5	膠囊咖啡機	250	7500	300	1500	9550
6	總計	12150	39000	1750	10300	63200

STEP 01 首先選取樞紐分析表中的任一個儲存格, 然後將功能區切換至**樞紐分析表**
工具/設計頁次, 就會在功能區看到**樞紐分析表樣式**:

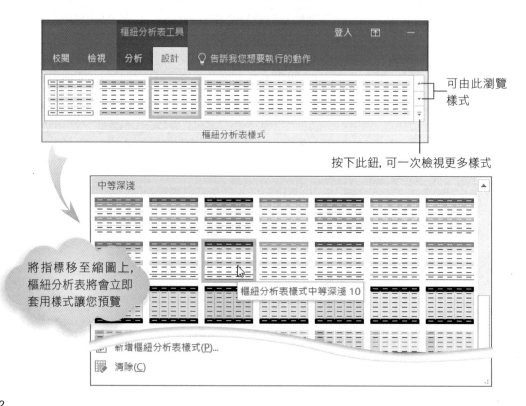

可由此瀏覽
樣式

按下此鈕, 可一次檢視更多樣式

將指標移至縮圖上,
樞紐分析表將會立即
套用樣式讓您預覽

樞紐分析表樣式中等深淺 10

STEP 02 在喜歡的樣式上按一下，樞紐分析表就會套用點選的樣式：

	A	B	C	D	E	F	G
1	加總 - 單位(台)						
2		中區	北區	東區	南區	總計	
3	美式咖啡機	2100	4500	450	300	7350	
4	義式咖啡機	9800	27000	1000	8500	46300	
5	膠囊咖啡機	250	7500	300	1500	9550	
6	總計	12150	39000	1750	10300	63200	
7							

移除套用的樞紐分析表樣式

若不滿意套用後的結果，可立即按下**快速存取工具列**上的**復原**鈕 ，將樞紐分析表恢復成先前的狀態；或是選取樞紐分析表中的任一儲存格，再切換至**樞紐分析表工具/設計**頁次，按下**樞紐分析表樣式**區右側的**其他**鈕 ，執行『**清除**』命令。不過此舉會將樞紐分析表的樣式完全清除，而非回到預設的狀態；預設狀態則是套用**樞紐分析表樣式淺色 16** 這個樣式。

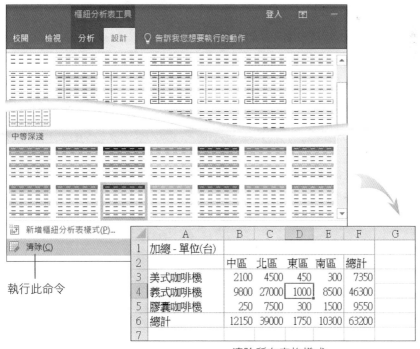

執行此命令

▲ 清除所有表格樣式

16-9 繪製樞紐分析圖

樞紐分析表是以表格的方式來呈現統計的資料, 而樞紐分析圖則是以視覺化的圖表方式, 呈現樞紐分析表上的資訊, 讓我們更容易做比較、判斷, 及找出數據發展的趨勢。

建立樞紐分析圖

請重新開啟範例檔案 Ch16-07, 我們要利用**工作表 2** 中的樞紐分析表來繪製樞紐分析圖:

	A	B	C	D	E	F
1	加總 - 單位(台)					
2		中區	北區	東區	南區	總計
3	美式咖啡機	2100	4500	450	300	7350
4	義式咖啡機	9800	27000	1000	8500	46300
5	膠囊咖啡機	250	7500	300	1500	9550
6	總計	12150	39000	1750	10300	63200

STEP 01 請選取樞紐分析表中的任一個儲存格, 然後將功能區切換至**樞紐分析表工具/分析**頁次, 再按下工具區的**樞紐分析圖**鈕, 此時會開啟**插入圖表**交談窗, 讓我們選擇要建立的圖表類型:

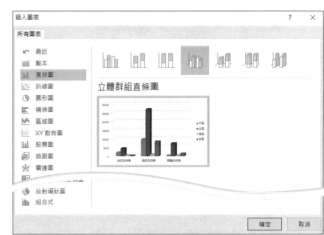

STEP 02 此例請選擇**直條圖**中的**立體群組直條圖**, 按下**確定**鈕即可在樞紐分析表所在的工作表中建立好樞紐分析圖。

選取樞紐分析表中的任一儲存格後, 按下 F11 快速鍵, 可快速在新工作表中建立樞紐分析圖。

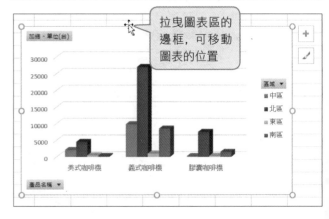

拉曳圖表區的邊框, 可移動圖表的位置

STEP 03 接下來你可以利用**樞紐分析圖工具/設計**頁次中的**圖表樣式**列示窗，為圖表套用喜歡的樣式。

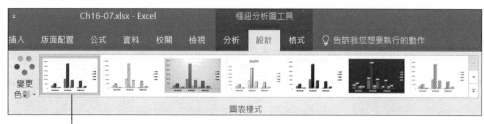

按下縮圖樣式即可改變樞紐分析圖的外觀

搬移樞紐分析圖

如果你想要將圖表搬移到單獨的工作表中，請切換至**樞紐分析圖工具/設計**頁次，按下**位置**區的**移動圖表**鈕；或在圖表區的邊框上按右鈕，執行『**移動圖表**』命令：

選擇將圖表移動到新工作表

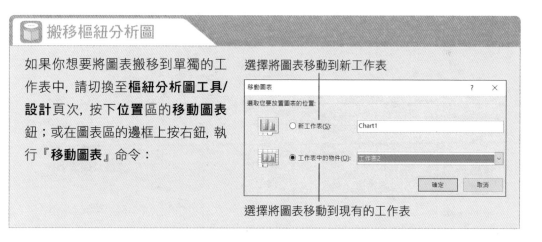

選擇將圖表移動到現有的工作表

調整樞紐分析圖的欄位及項目

　　樞紐分析圖是根據樞紐分析表的資料所繪製的，所以如果樞紐分析表有所變動，樞紐分析圖也會跟著立即調整。例如我們回到**樞紐分析表欄位**工作窗格，將**年度**欄拉曳到**列**區，則樞紐分析圖上會立即反應結果：

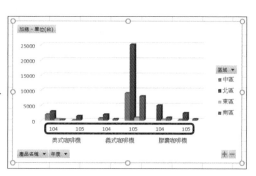

若要控制樞紐分析圖上欄位項目的顯示/隱藏，方法也很簡單，假設我們希望圖表只顯示**中區**、**北區**的產品銷售資料，可如下操作：

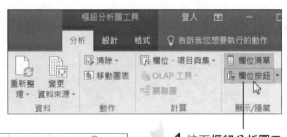

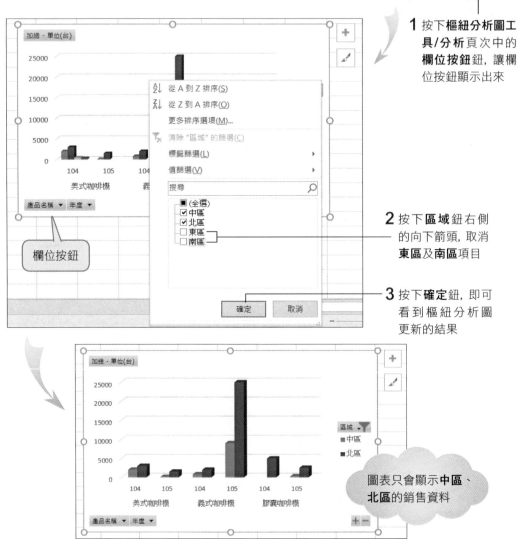

欄位按鈕

1 按下**樞紐分析圖工具/分析**頁次中的**欄位按鈕**鈕，讓欄位按鈕顯示出來

2 按下**區域**鈕右側的向下箭頭，取消**東區**及**南區**項目

3 按下**確定**鈕，即可看到樞紐分析圖更新的結果

圖表只會顯示**中區**、**北區**的銷售資料

我們在樞紐分析圖上所做的調整，同樣會反應到其所根據的樞紐分析表。若想變更樞紐分析圖的其它設定，如圖表類型、位置、其它選項、或格式設定，請參考第 11、12 章的說明。

CHAPTER

17

將 Excel 文件
儲存到雲端

出差時最怕到了當地遇到電腦裡沒有安裝 Excel, 無法開啟或編輯 Excel 文件, 或者是忘了攜帶儲存 Excel 文件的隨身碟, 現在你可以跟這些囧境說拜拜, 只要透過**微軟**提供的 **OneDrive** 網路儲存空間, 就能隨時隨地開啟資料並進行編輯了!

- 將文件儲存到 OneDrive 網路硬碟
- 從 OneDrive 開啟與修改文件內容
- 與他人共享網路上的 Excel 文件

將文件儲存到 OneDrive 網路硬碟

Excel 2016 可以與雲端服務整合, 只要電腦已連上網路, 就可以直接將 Excel 文件儲存到 OneDrive 網路硬碟中。不論你在哪裡, 只要可連上網路, 就能用電腦、筆電、…等裝置, 存取 OneDrive 上的 Excel 文件。而且就算電腦中沒有安裝 Excel, 也能直接在 OneDrive 中進行編輯。

從「另存新檔」交談窗中將文件儲存到雲端

OneDrive 是**微軟**公司提供的免費網路硬碟服務, 在使用此服務存放你的檔案前, 請先用瀏覽器連上 http://onedrive.live.com 網站, 依畫面的指示申請 **Microsoft** 帳號。註冊後, 即可擁有 5GB 的免費網路空間。

按下**免費註冊**即可依畫面指示申請一組 **Microsoft** 帳號

STEP 01 請開啟範例檔案 Ch17-01，我們以此份文件為例，示範將檔案上傳到 **OneDrive**，開啟檔案後切換到**檔案**頁次，再點選視窗左側的**另存新檔**項目：

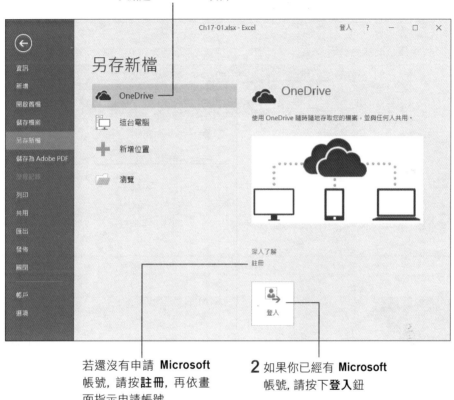

1 點選 OneDrive 項目

若還沒有申請 **Microsoft** 帳號，請按**註冊**，再依畫面指示申請帳號

2 如果你已經有 **Microsoft** 帳號，請按下**登入**鈕

STEP 02 輸入你的 **Microsoft** 帳號、密碼。

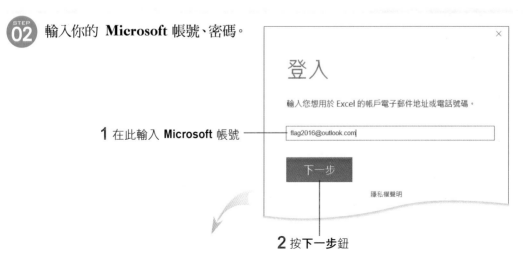

1 在此輸入 **Microsoft** 帳號

2 按下**一步**鈕

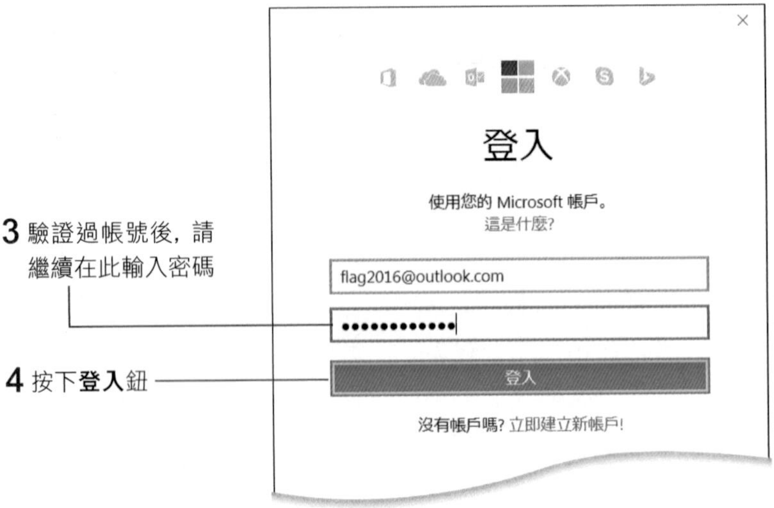
登入
使用您的 Microsoft 帳戶。
這是什麼?
flag2016@outlook.com
登入
沒有帳戶嗎? 立即建立新帳戶!
3 驗證過帳號後, 請繼續在此輸入密碼
4 按下**登入**鈕

STEP 03 將 Excel 文件儲存到雲端資料夾。

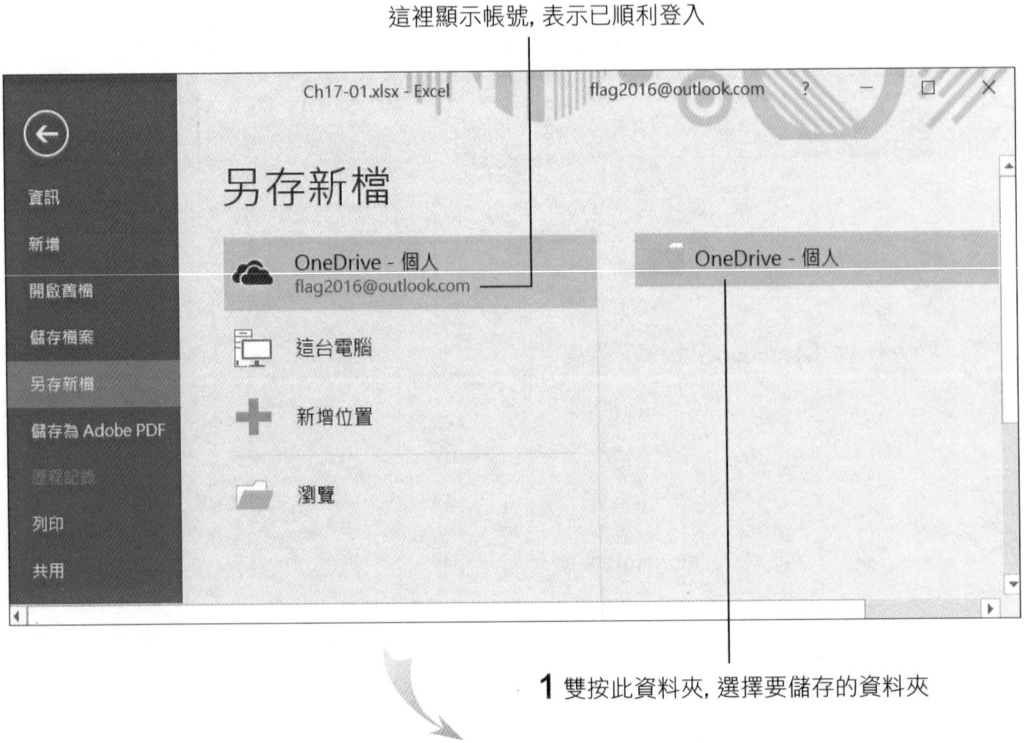
這裡顯示帳號, 表示已順利登入
Ch17-01.xlsx - Excel
flag2016@outlook.com
另存新檔
資訊
新增
開啟舊檔
儲存檔案
另存新檔
儲存為 Adobe PDF
歷程記錄
列印
共用
OneDrive - 個人
flag2016@outlook.com
這台電腦
新增位置
瀏覽
OneDrive - 個人
1 雙按此資料夾, 選擇要儲存的資料夾

這 2 個資料夾是 OneDrive 事先建立好的

2 請雙按**文件**資料夾, 我們要將 Excel 文件儲存到此資料夾中

3 進入**文件**資料夾後, 直接 按下**儲存**鈕就完成了

STEP 04 將文件儲存到 OneDrive 後，畫面會跳回 Excel 的編輯畫面，為了保險起見，請開啟 IE 在**網址列**輸入 http://onedrive.live.com，登入你的帳號、密碼後，就會看到如下的畫面，我們來確認一下檔案是否已儲存到**文件**資料夾。

這裡會顯示雲端硬碟還有多少可用的空間

雙按**文件**資料夾

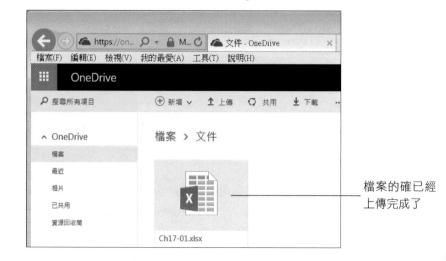

檔案的確已經
上傳完成了

登出 Microsoft 帳戶

一旦登入了 Microsoft 帳戶, 下次開啟 Office 的任一套軟體都會以此帳戶自動登入。萬一你不是在自己的電腦上傳檔案, 請務必在上傳之後登出自己的 Microsoft 帳戶。登出時請切換到**檔案**頁次, 再按下左側的**帳戶**項目：

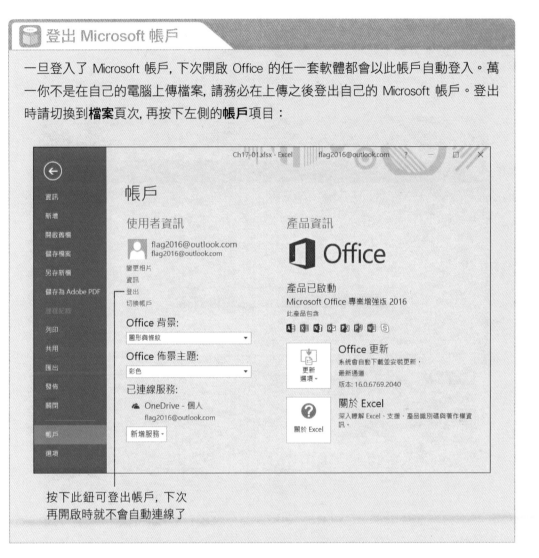

按下此鈕可登出帳戶, 下次
再開啟時就不會自動連線了

使用瀏覽器上傳檔案到 OneDrive

除了可在 Excel 中透過**另存新檔**交談窗來上傳檔案, 你還可以開啟 IE, 直接從 OneDrive 網頁中上傳檔案。

STEP 01 請用 IE 連到 OneDrive 網站，登入帳號密碼後，會看到如下的畫面，點選畫面最上方的**上傳**鈕，即可將電腦中的檔案上傳到 OneDrive。

1 點選上傳鈕

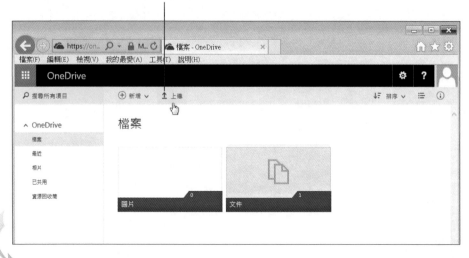

2 挑選電腦中的檔案來上傳，
再按下**開啟舊檔**鈕

STEP 02 接著會在畫面的右上角顯示上傳進度，顯示**完成**訊息，就會在 OneDrive 中看到檔案了。

顯示上傳的進度

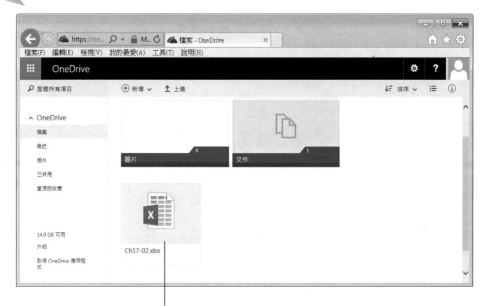

上傳完成就會看到檔案了

STEP 03 剛才我們將上傳的檔案放在所有資料夾的最上層, 現在想將檔案移到**文件**資料夾中以便管理。

1 將指標移到檔案上, 會出現核取方塊, 在此按一下勾選此檔案

2 點選此鈕

3 再點選**移動至**

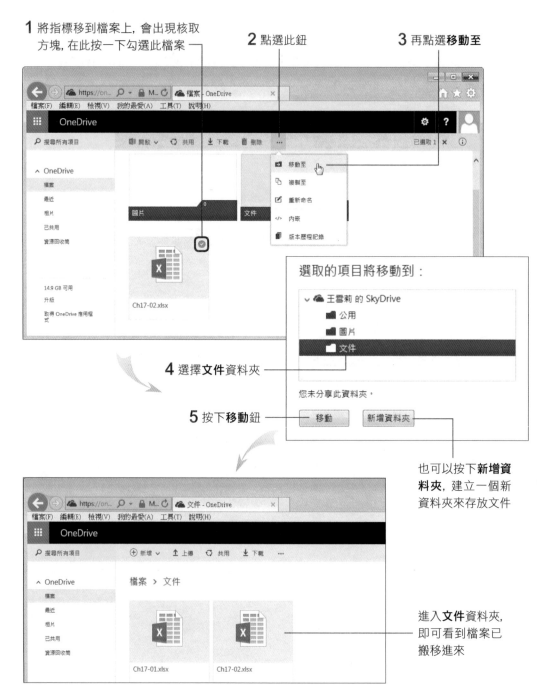

4 選擇**文件**資料夾

5 按下**移動**鈕

也可以按下**新增資料夾**, 建立一個新資料夾來存放文件

進入**文件**資料夾, 即可看到檔案已搬移進來

17-2 從 OneDrive 開啟與修改文件內容

將 Excel 檔案上傳到 OneDrive, 不論你在哪裡, 只要能連上網路, 就可以隨時開啟檔案來瀏覽或是進行編輯喲!

透過「Excel Online」來開啟檔案

登入 OneDrive 網站後, 進入檔案所在的資料夾, 只要勾選檔案, 就能選擇要使用 Excel Online 或是開啟電腦中的 Excel 來編輯。如果你的電腦中沒有安裝 Excel 軟體, 那麼請選擇使用 Excel Online 的方式來編輯檔案, 編輯後還會自動進行儲存非常方便, 不過可使用的編輯功能會比較少。

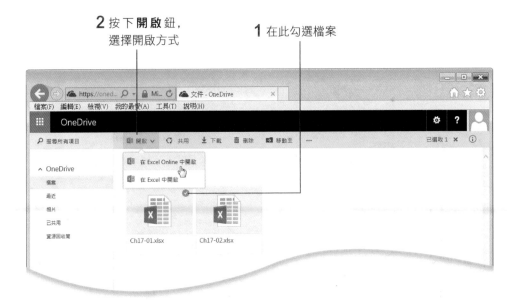

2 按下 **開啟** 鈕, 選擇開啟方式

1 在此勾選檔案

● 選擇在 **Excel Online** 中開啟：直接在網頁中開啟 Excel 的內容, 你可以在此修改文件內容, 修改後不需特別儲存, 按下畫面左上角的 OneDrive 就可回到主畫面。若是想將修改後的文件另存一份, 請按下**檔案**頁次, 點選**另存新檔**項目, 將檔案另存一份在 OneDrive 中。

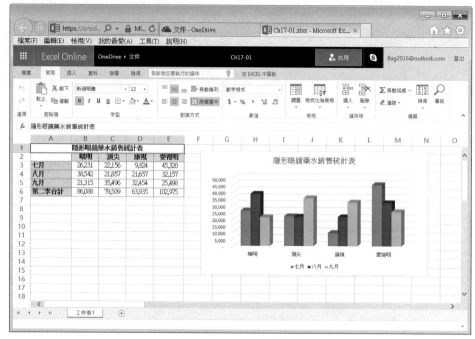

▲ 直接在網頁中編輯 Excel 文件

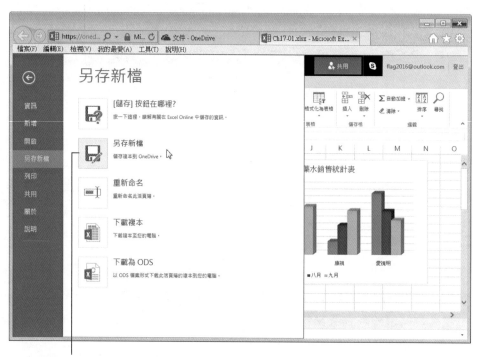

切換到**檔案/另存新檔**頁次, 可將檔案另存一份

● 選擇在 **Excel** 中開啟：若你使用的電腦有安裝 Excel，選擇此項會開啟 Excel 讓你進行編輯。

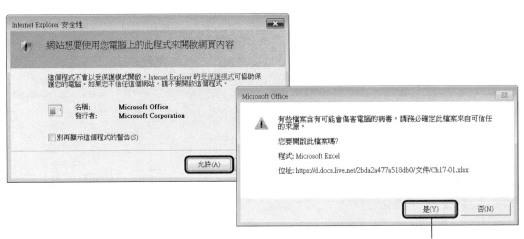

1 首先會出現安全性的提醒說明，由於檔案是我們剛才上傳的所以沒有安全性問題，請按下**允許**鈕，再按下**是**鈕

2 編輯後，只要按下**儲存檔案**鈕，即會自動存回到 OneDrive 雲端硬碟

▲ 開啟電腦中所安裝的 Excel，讓你編輯內容

17-3 與他人共享網路上的 Excel 文件

Excel Online 除了方便自己可以隨時連上網路來編輯試算表, 更大的優點是可以讓朋友共同瀏覽、編輯試算表的內容, 達到共享的目的。這一節就來看看 Excel Online 如何與朋友分享檔案。

傳送檔案連結給朋友

　　檔案上傳到 OneDrive 後, 就可以將檔案連結用 E-mail 傳送給朋友, 收到 mail 的朋友, 只要點按郵件中的連結就會自動開啟網頁。此外, 也可以將檔案連結寄給自己, 當你出門在外到了目的地便可利用連結開啟試算表進行修改。

STEP 01 同樣請登入 OneDrive 網站, 然後勾選要共享的檔案, 再點選最上方的**共用**鈕。

2 按下**共用**鈕

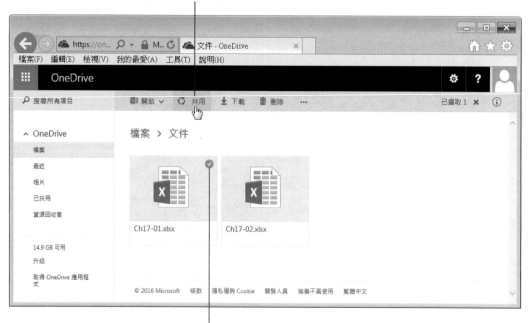

1 選取檔案

STEP 02 接著選擇要共享文件的對象, 並編輯郵件內容：

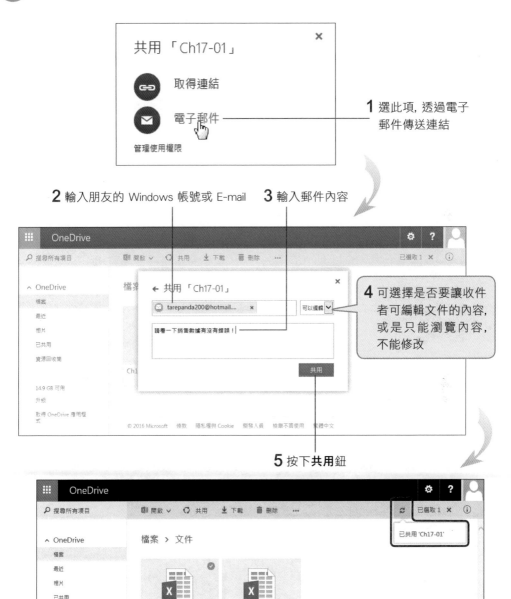

1 選此項, 透過電子郵件傳送連結

2 輸入朋友的 Windows 帳號或 E-mail

3 輸入郵件內容

4 可選擇是否要讓收件者可編輯文件的內容, 或是只能瀏覽內容, 不能修改

5 按下共用鈕

檢視共享的試算表檔案

再來看看如何共享檔案, 當朋友收到郵件後, 只要點選連結就可以開啟檔案了。

1 開啟收到的郵件, 按下此連結

若要下載檔案, 請按下 ▪▪▪ 鈕, 再點選**下載**

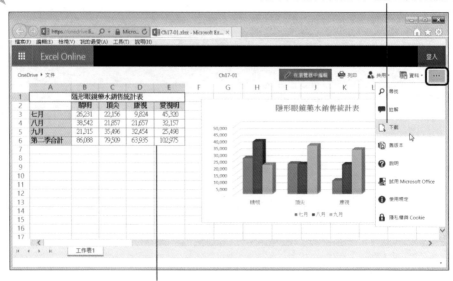

2 隨即透過瀏覽器開啟文件內容

CHAPTER

18

透過網路運用
活頁簿

Excel 可以將活頁簿存成 Internet 上流通的網
頁文件，讓我們在瀏覽器中檢視工作表的資料，
或將網頁中的表格資料匯入 Excel 的活頁簿裡
做編輯，這些精彩的內容我們都將在這一章中
呈現給您！

- 在活頁簿裡建立超連結
- 將活頁簿存成網頁
- 將網頁上的資料匯入 Excel

在活頁簿裡建立超連結

在 Excel 活頁簿建立超連結, 可以讓您從這本活頁簿連結到另一本活頁簿, 也可以讓您連結到網頁甚至是電子郵件信箱。我們就先來看看如何在 Excel 的活頁簿中加入超連結。

建立超連結

請開啟範例檔案 Ch18-01 並切換到**工作表 1**, 我們想在 B5 儲存格上建立一個可連結到 Ch18-02 的超連結, 就可以如下操作:

STEP 01 首先選取要設定超連結的儲存格 B5。

	A	B	C	D	E	F
1	品名	一月	二月	三月	第一季	
2	熱情曼巴咖啡豆	810	1,231	2,153	4,194	
3	嚴選深焙咖啡豆	2,451	2,352	1,354	6,157	
4	哥倫比亞特選咖啡豆	1,650	3,251	3,225	8,126	
5	黃金曼特寧咖啡豆	3,579	2,135	4,235	9,949	
6	夏威夷火山咖啡豆	352	4,122	3,531	8,005	
7						
8	有任何疑問, 請聯絡業務部!					

STEP 02 按下滑鼠右鈕執行『**超連結**』命令 (或按下**插入**頁次**連結**區的**超連結**鈕), 接著在**插入超連結**交談窗指定連結的對象:

1 切換到此頁次

2 按此鈕從電腦中找出欲連結的檔案, 例如 Ch18-02

若要連結網頁, 請按下此鈕設定

目前設定的連結對象

STEP 03 按下**確定**鈕即可完成設定，請回到編輯狀態，再來看看工作表上有什麼變化？

	A	B	C	D	E
1	品名	一月	二月	三月	第一季
2	熱情曼巴咖啡豆	810	1,231	2,153	4,194
3	嚴選深焙咖啡豆	2,451	2,352	1,354	6,157
4	哥倫比亞特選咖啡豆	1,650	3,251	3,225	8,126
5	黃金曼特寧咖啡豆	3,579	2,135	4,235	9,949
6	夏威夷火山咖啡豆				,005
7					
8	有任何疑問，請聯絡業務部！				
9					

> 檔:///D:\!!!0Book\F6002\
> F6002範例檔案\Ch18\Ch18-02.xlsx -
> 按一下以追蹤。
> 按住以選取此儲存格。

超連結會以藍色加底線顯示，且當指標移至超連結上時會變成小手狀，同時會出現**工具提示**

STEP 04 來測試一下剛才設定的超連結，請在 B5 儲存格上按一下，Excel 馬上就會顯示 Ch18-02 的內容：

上述的操作是以「一個儲存格」為例，此外連續的儲存格範圍、工作表中的圖片也都可以建立超連結。不過這裡的圖片是指 .gif、.jpg、.bmp… 等圖檔，並非 Excel 繪製的統計圖表與樞紐分析圖，請不要弄錯囉！

 切換到**插入**頁次，再按下**圖例**區的**圖片**鈕即可在工作表插入圖片。

「插入超連結」交談窗的設定

我們再針對**插入超連結**交談窗的各項設定為您做說明。請選取任一儲存格, 並切換至**插入**頁次再按下**超連結**鈕。

● 現存的檔案或網頁：可設定連結至其它的活頁簿、檔案或網頁。

按此可選擇最近瀏覽過的網頁

這裡列出該資料夾中所有的檔案

按此可連結至最近編輯過的 Office 檔案及網頁

● 這份文件中的位置：可連結至目前文件中的其他位置。

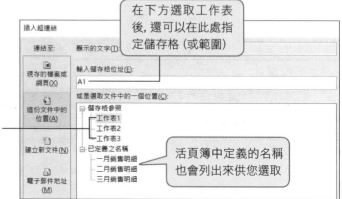

在下方選取工作表後, 還可以在此處指定儲存格 (或範圍)

活頁簿中的工作表都列示在此

活頁簿中定義的名稱也會列出來供您選取

● **建立新文件**：可建立新文件來連結。

在此輸入新文件的
檔名 (可包含路徑)

新文件預設會儲存在目前文件
所在的路徑, 但可按**變更**鈕修改

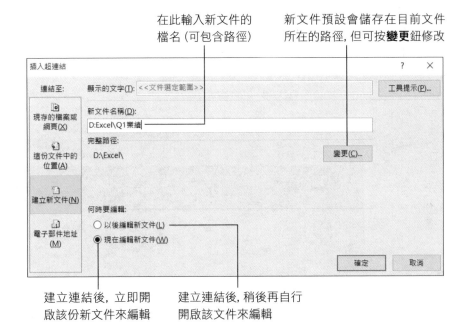

建立連結後, 立即開
啟該份新文件來編輯

建立連結後, 稍後再自行
開啟該文件來編輯

● **電子郵件地址**：按下連結後, 會啟動電子郵件軟體, 並自動填入主旨與收件人。

輸入收件人的 E-mail 地址
(地址前會自動加上 "mailto:")

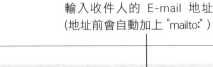

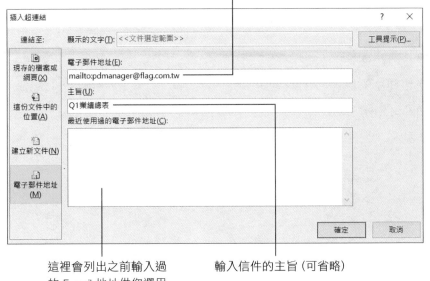

這裡會列出之前輸入過
的 E-mail 地址供您選用

輸入信件的主旨 (可省略)

按下電子郵件地址這種超連結，會啟動電子郵件軟體讓瀏覽者寄信給**插入超連結**交談窗中設定的收件人：

按一下此連結

在範例檔案 Ch18-03 的**工作表 1** 設定了許多不同的超連結，您可以開啟來玩玩看。

自動填上收件者及主旨

編輯與移除超連結

若要修改超連結的設定或移除超連結，請在超連結的儲存格上按右鈕，從功能表中執行相關的命令：

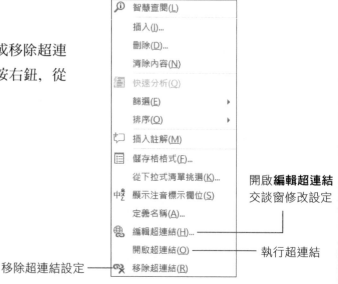

開啟**編輯超連結**交談窗修改設定

執行超連結

移除超連結設定

　　編輯超連結交談窗的內容和**插入超連結**交談窗一樣，只不過在右下角多了一個**移除連結**鈕，按下此鈕亦可移除超連結。

輸入網址時自動套用格式

　　如果要在工作表上以網址或郵件位置來建立超連結，只要直接在儲存格中輸入，例如 "http://www.flag.com.tw" 或 "service@flag.com.tw"，Excel 便會自動替它們建立超連結：

	A	B	C	D	E
1	品名	一月	二月	三月	第一季
2	熱情曼巴咖啡豆	810	1,231	2,153	4,194
3	嚴選深焙咖啡豆	2,451	2,352	1,354	6,157
4	哥倫比亞特選咖啡豆	1,650	3,251	3,225	8,126
5	黃金曼特寧咖啡豆	3,579	2,135	4,235	9,949
6	夏威夷火山咖啡豆	352	4,122	3,531	8,005
7					
8	有任何疑問，請聯絡業務部！				
9					
10	訂購網站				
11	http://www.flag.com.tw				

1 直接輸入網址

2 按 Enter 鍵

	A	B	C	D	E
1	品名	一月	二月	三月	第一季
2	熱情曼巴咖啡豆	810	1,231	2,153	4,194
3	嚴選深焙咖啡豆	2,451	2,352	1,354	6,157
4	哥倫比亞特選咖啡豆	1,650	3,251	3,225	8,126
5	黃金曼特寧咖啡豆	3,579	2,135	4,235	9,949
6	夏威夷火山咖啡豆	352	4,122	3,531	8,005
7					
8	有任何疑問，請聯絡業務部！				
9					
10	訂購網站				
11	http://www.flag.com.tw				
12					

變成超連結了

上述操作其實是運用**自動校正**中的**自動套用格式**功能來完成的，如果想要變更內容，可利用**自動校正選項**按鈕來修正：

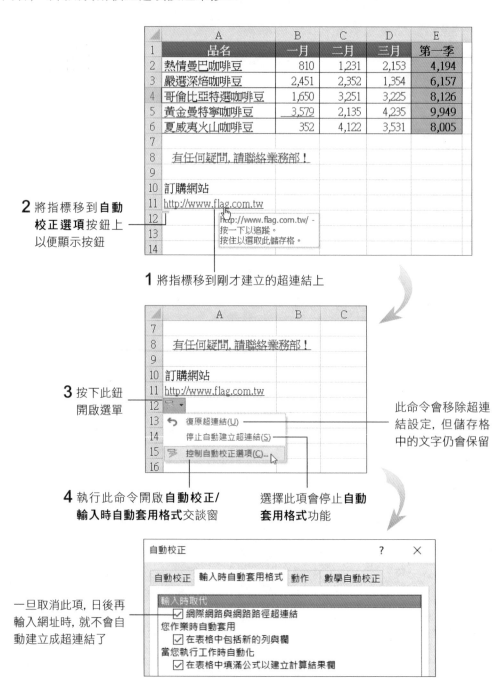

2 將指標移到**自動校正選項**按鈕上以便顯示按鈕

1 將指標移到剛才建立的超連結上

3 按下此鈕開啟選單

此命令會移除超連結設定，但儲存格中的文字仍會保留

4 執行此命令開啟**自動校正／輸入時自動套用格式**交談窗

選擇此項會停止**自動套用格式**功能

一旦取消此項，日後再輸入網址時，就不會自動建立成超連結了

18-2 將活頁簿存成網頁

除了在活頁簿中加入超連結外，我們也可以直接將活頁簿存成網頁，這樣一來，即使電腦裡沒有安裝 Excel，只要有瀏覽器，就能輕輕鬆鬆觀看到活頁簿的內容。

請開啟範例檔案 Ch18-04，這一節我們將利用這份活頁簿來說明與示範各項操作。

STEP 01 開啟檔案後先切換到**檔案**頁次並按下**另存新檔**項目，再按下**瀏覽**鈕，於**另存新檔**交談窗中切換到要存放網頁的資料夾。請把網頁存到自己的硬碟中，同時建議您，該資料夾最好只存放網頁，不要和其它的資料摻雜在一塊兒：

1 按下**瀏覽**鈕

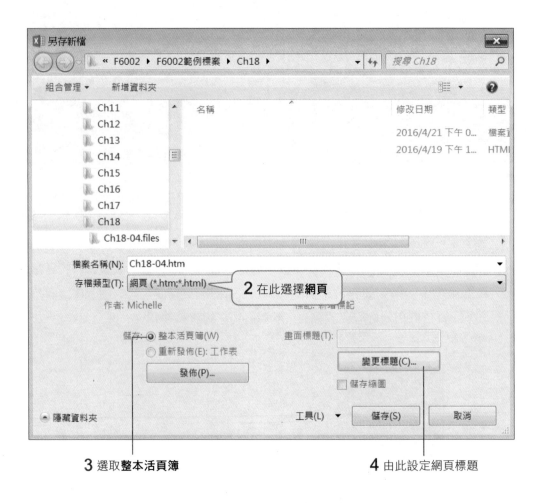

3 選取**整本活頁簿**

4 由此設定網頁標題

STEP 02 開啟**輸入文字**交談窗後，請在**畫面標題**欄輸入網頁標題，按下**確定**鈕回到**另存新檔**交談窗，再按下**儲存**鈕。

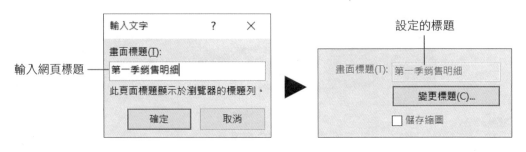

輸入網頁標題

設定的標題

將活頁簿存成網頁後，有些填滿圖樣與虛線框線的效果會消失。

　　將活頁簿存成網頁後，接著請打開您先前用來存放網頁文件的資料夾，我們來看看儲存後的結果：

另外產生一個同名加 .files 的資料夾，其內
存放網頁中所用到的圖片、動畫等檔案

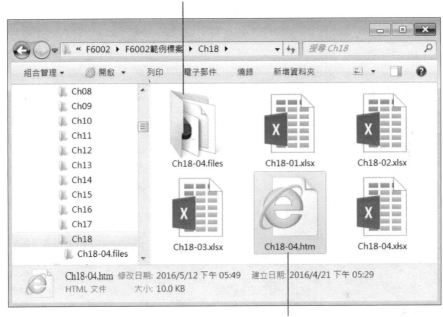

剛剛儲存的 HTML 檔

　　HTML 檔與同名的 .files 資料夾是一組的，它們就像連體嬰一樣不可分割。若您要搬移或複製 HTML 檔，請務必將同名的 .files 資料夾也一起搬移、複製，否則網頁中的多媒體資料就無法顯示出來了。

🗄 網頁文件的檔案格式

Excel 可儲存的網頁檔案格式有 2 種，一是 **網頁** 的 HTML 格式，副檔名為 .htm 或 .html；另一種是 **單一檔案網頁** 的 MHTML 格式，副檔名為 .mht 或 .mhtml。這 2 者的差別，在於前者會將網頁中的多媒體資料 (如圖形、動畫) 獨立存檔，後者則是將網頁中的所有元件 (包括文字及多媒體資料) 都儲存在一個檔案中。

至於要選用哪種格式則沒有一定的標準，唯一需要考量的是大部份的瀏覽器都支援 HTML 格式的網頁，可是 MHTML 格式的網頁，在 IE 以外的瀏覽器可能無法正常開啟。

18-3 將網頁上的資料匯入 Excel

在瀏覽網頁時, 我們可以將網頁上的資料, 例如:貨幣匯率、統一發票號碼、股價…等, 直接複製到 Excel 中, 或利用 Web 查詢功能匯入 Excel, 做進一步的分析與彙整。

複製網頁資料

要將網頁上的資料拿到 Excel 活頁簿, 最簡單的方法就是用**複製**與**貼上**的方式了, 以下就來練習看看。

開啟瀏覽器, 選取要複製的資料,
並按下滑鼠右鈕執行『**複製**』命令

開啟一份新活頁簿，在儲存格上按下滑鼠右鈕並點
選**貼上選項**的**保持來源格式設定**鈕將資料複製過來

	A	B	C	D	E	F	G
1	抱歉!您的	貼上選項:		...ipt語法,但是並不影響您讀取本網站			
2	幣別			即期匯率		遠期匯率	歷史匯率
3		保持來源格式設定 (K)	賣出	買入	賣出	買入/賣出	
4	(USD)	31.91	32.452	32.21	32.31	查詢	查詢
5	(HKD)	4.009	4.204	4.129	4.189	查詢	查詢
6	(GBP)	45.08	47.01	45.95	46.37	查詢	查詢
7	(AUD)	24.83	25.49	25.02	25.25	查詢	查詢
8	(CAD)	24.9	25.64	25.17	25.39	查詢	查詢
9	(SGD)	23.5	24.28	23.92	24.1	查詢	查詢
10	(CHF)	32.79	33.85	33.32	33.61	查詢	查詢
11	(JPY)	0.2872	0.2982	0.2936	0.2976	查詢	查詢
12	(ZAR)	-	-	2.2	2.3	查詢	查詢
		3.59	4.1	3.93	4.03	查詢	查詢

文字的格式設定也會一併複製過來

接下來我們可以根據資料做進一步的整理、分析，或是繪製成方便閱讀的圖表等。不過，**複製**與**貼上**的功能雖然簡單卻有個缺點，就是當來源網頁的資料有所變動時，複製到活頁簿中的資料是不會跟著更新的。如果想要讓活頁簿中的資料能夠跟著來源網頁更新，請使用 **Web 查詢**功能。

將網頁資料匯入活頁簿並進行更新

Web 查詢功能可以將網頁資料匯入活頁簿中，這種方式會在匯入的資料與來源網頁之間建立連結，若來源網頁的內容有所變更，Excel 便可藉由這個連結更新匯入的資料。

STEP 01 請切換至**資料**頁次，按下**取得外部資料**區的**從 Web** 鈕，會開啟**新增 Web 查詢**視窗：

這就如同一個小型瀏覽器, 它會自動連到您 IE 所設定的首頁, 現在只要把它當成 IE 來使用即可

STEP 02 請在**地址**欄輸入欲查詢網頁的 URL (例如:"http://tw.stock.yahoo.com/"), 然後按下**到**鈕, 就會連結到該網頁:

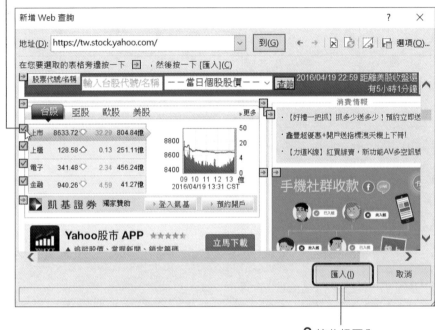

STEP 03 若有看到需要的資料, 可按一下網頁中的 ⬛ 鈕, 就會變成 ☑ 鈕, 表示要選取該表格, 您可以選取多個表格, 然後按下**匯入鈕**:

1 若要匯入此表格, 必須按下這個鈕選取

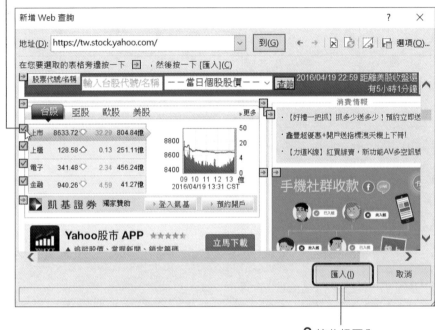

2 按此鈕匯入

STEP 04 按下**匯入鈕**, 接著會詢問您資料存放的位置:

設好位置後, 按下**確定鈕**, 便會開始將資料匯進 Excel 了:

	A	B	C	D	E	F
1	上市	8633.72	跌	32.29	804.84億	
2	上櫃	128.58	漲	0.13	251.11億	
3	電子	341.48	跌	2.34	456.24億	
4	金融	940.26	跌	4.59	41.27億	
5						

　　如此一來, 在連上 Internet 的情況下, 網頁的資料一旦更新, 只要打開活頁簿, 工作表中的資料也會自動跟著更新喔!

APPENDIX

自訂功能區

在使用 Excel 一段時間後, 若您覺得功能區中許多按鈕根本用不到、或者常用的某個按鈕老是忘記在哪裡⋯這時可參考本附錄的說明, 打造出符合個人使用習慣的功能區。

- 建立自訂的頁次標籤、功能區和按鈕
- 調整頁次、功能區、按鈕的排列順序

A-1 建立自訂的頁次標籤、功能區和按鈕

假設我們經常需要繪製某幾種圖表, 就可以自訂一個「圖表」頁次, 然後將自己常用的圖表按鈕放置進來, 這樣以後直接切換到此頁次, 就可以找到我們常用的圖表按鈕了。

我們要自訂一個如下圖的**圖表**頁次, 並分成兩個功能區來放入常用按鈕, 底下就來看看要怎麼做!

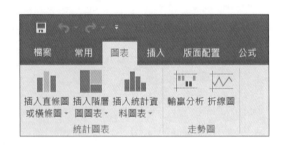

新增頁次標籤

請在功能區中的空白處按下滑鼠右鈕, 在開啟的快顯功能表中選擇『**自訂功能區**』命令, 然後如下操作:

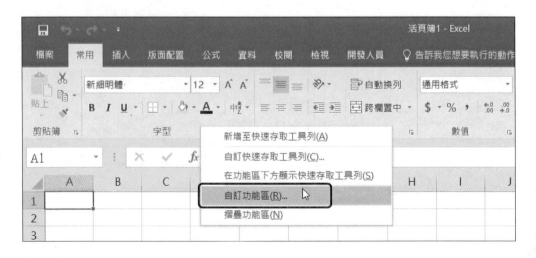

STEP 01　開啟 **Excel 選項**交談窗之後, 會自動切換到**自訂功能區**頁次, 裡面已列出目前 Excel 的各個頁次及工具鈕, 按下交談窗中的**新增索引標籤**鈕, 便可如下新增一個自訂的頁次標籤和功能區：

列出 Excel 所有功能區中的工具鈕

1 選擇新增頁次的位置, 在此選擇**常用**, 則新增的頁次將出現在**常用**頁次的右側

在此列出目前 Excel 的各個功能表頁次

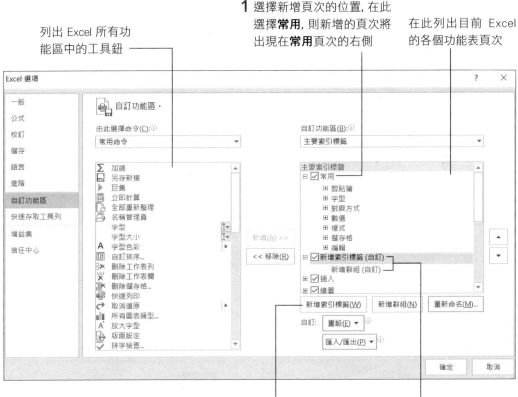

2 按下**新增索引標籤**鈕　　**3** 在此會新增一組**新增索引標籤 (自訂)**與**新增群組 (自訂)**

STEP 02　請點選**新增索引標籤 (自訂)**, 接著按下**重新命名**鈕, 即可輸入新的頁次名稱。

輸入自訂的頁次標籤名稱, 如 "圖表" 再按下**確定**鈕

STEP 03 接著點選**新增群組（自訂）**項目，再按下**重新命名**鈕，將群組名稱設為**統計圖表**，並為此功能區設定一個按鈕圖示。

輸入自訂的功能區
名稱, 如 "統計圖表"
再按下**確定**鈕

可在此設定當功能區範圍太小而無法顯
示全部按鈕時, 要合併顯示為哪個圖示

重新命名後的頁次名稱

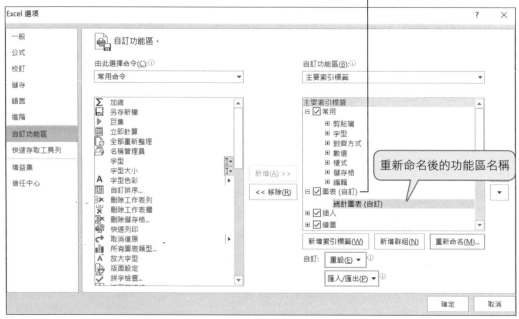

重新命名後的功能區名稱

STEP 04 接著就可以將想要的按鈕加入功能區中。請在中央的**由此選擇命令**列示窗中選擇功能按鈕的排列方式：

2 展開**插入/圖表**項目

1 在此選擇**所有索引標籤**，可方便我們依頁次找到需要的按鈕

4 重複上個步驟，新增這些功能

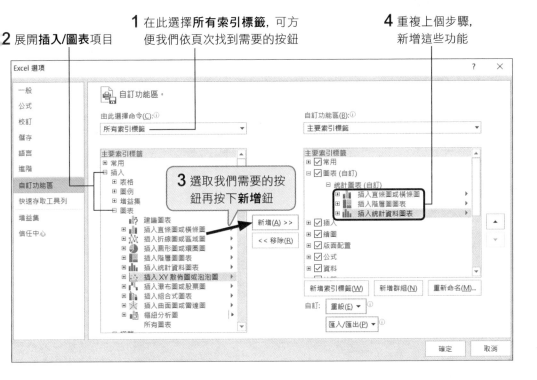

3 選取我們需要的按鈕再按下**新增**鈕

STEP 05 接著再按下**新增群組**鈕，仿照上述的做法，再新增一個**走勢圖**功能區，並將**輸贏分析**和**折線圖**按鈕新增進來：

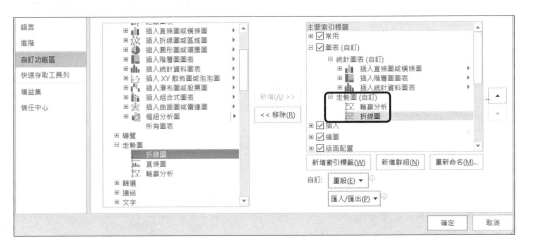

06 按下**確定**鈕便可在 Excel 主視窗中看到多了一個**圖表**頁次, 切換到**圖表**頁次, 便可以看到我們剛剛自訂的兩個功能區和按鈕：

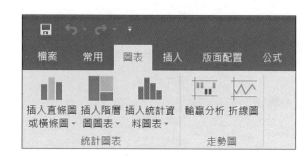

移除自訂頁次標籤、功能區、按鈕

若要移除自訂的頁次標籤、功能區、按鈕, 同樣要先進入 **Excel 選項**交談窗的**自訂功能區**頁次, 在右側選取要移除的對象, 再按下中央的**移除**鈕即可：

1 先選取要移除的頁次標籤、功能區或按鈕

Excel 選項

一般
公式
校訂
儲存
語言
進階
自訂功能區
快速存取工具列
增益集
信任中心

自訂功能區。

由此選擇命令(C)：
常用命令

Σ 加總
另存新檔
巨集
立即計算
全部重新整理
名稱管理員
字型
字型大小
A 字型色彩
自訂排序
刪除工作表列
刪除工作表欄
刪除儲存格...
快速列印
取消復原
所有圖表類型...
A⁺ 放大字型
版面設定

新增(A) >>

<< 移除(R)

自訂功能區(B)：
主要索引標籤

主要索引標籤
☐ ☑ 常用
☐ ☑ 圖表 (自訂)
　☐ ☑ 統計圖表 (自訂)
　　☐ ☑ 插入直條圖或橫條圖
　　☐ ☑ 插入階層圖圖表
　　☐ ☑ 插入統計資料圖表
　☐ ☑ 走勢圖 (自訂)
☐ ☑ 插入
☐ ☑ 繪圖
☐ ☑ 版面配置

新增索引標籤(W)　新增群組(N)　重新命名(M)...

自訂：　重設(E) ▼
　　　　匯入/匯出(P) ▼

確定　　取消

2 按下**移除**鈕

3 再按下**確定**鈕即可

若有些預設的頁次、功能區、按鈕你不需要用到, 也可比照上面的方法移除掉, 讓工作環境中只出現自己用得到的功能。

A-2 調整頁次、功能區、按鈕的排列順序

頁次標籤、功能區、以及功能區中的按鈕順序都可以按照自己的喜好來排列喔！例如你可以將自己常用的功能排在前面一點，這樣要找的時候比較方便。

　　在**自訂功能區**視窗的**自訂功能區**清單中，點選要移動的頁次、功能區或按鈕，再按下右側的**上移**或**下移**箭號，即可調整先後順序。

1 點選要變更順序的群組　　　　　　　　　　　順序變更了

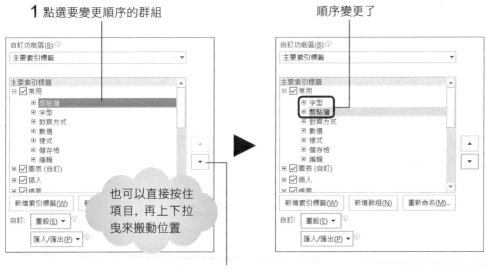

也可以直接按住項目，再上下拉曳來搬動位置

2 按一次**下移**箭號

▲ 預設的順序是**剪貼簿**區在最前面

▲ 現在變成**字型**區在最前面了

回復 Excel 預設的工作環境

若要將工作環境恢復為預設的模樣, 可在 **Excel 選項/自訂功能區**交談窗中按下**重設**鈕執行『**重設所有自訂**』命令。

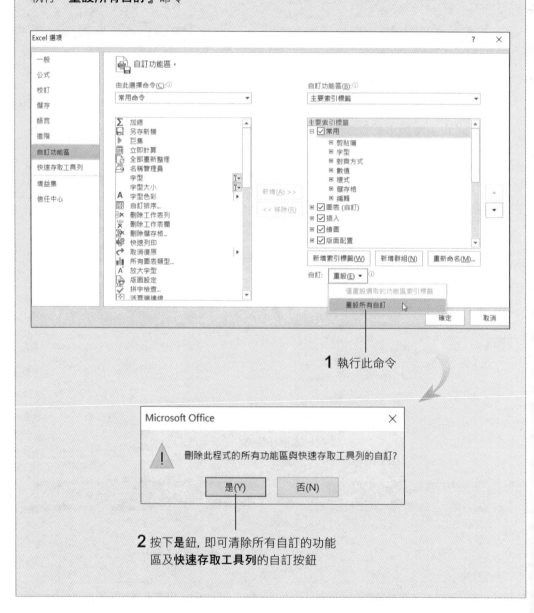

1 執行此命令

2 按下**是**鈕, 即可清除所有自訂的功能區及**快速存取工具列**的自訂按鈕

Flag Publishing

http://www.flag.com.tw

旗 標 事 業 群

好書能增進知識　提高學習效率　卓越的品質是旗標的信念與堅持

Flag Publishing

http://www.flag.com.tw